国家大宗淡水鱼产业技术体系（CARS-45）

国家重点研发计划"蓝色粮仓科技创新"重点专项（2019YFD0900303）

湖北省院士专家科技服务"515"行动（协同推广计划）资助

淡水养殖池塘环境生物修复技术

谢从新　李大鹏　陆诗敏　汤　蓉等　著

科学出版社

北　京

内 容 简 介

我国内陆池塘养殖产量为 2210.97 万 t, 占全国渔业产量的 34.2%。在保障国家食品安全、保证优质蛋白质和农产品供给、增加农民收入和农村就业率、加强生态文明建设等方面发挥了重要作用。保障水产品质量安全和防止环境污染成为池塘养殖业可持续发展的关键。本书总结了作者多年来对生物浮床（biological floating bed）和生态沟渠池塘水质复合修复技术的研究成果，主要内容包括养殖池塘生物浮床和生态沟渠的改造，池塘水质理化特性、饵料生物群落结构，浮床植物水蕹菜和沟渠植物苦草生长规律及对水体磷形态赋存的影响，底泥-水界面营养物质变化特征与底质改良技术，以及池塘氨氧化微生物组成、基因多样性与系统发育，人工基质富集氨氧化微生物净化水质效果等。基于上述研究成果，分析了系统的水质修复效果与经济效益，讨论了系统的水质修复原理、养殖池塘的能量与物质流动等问题。

本书可供水产院校水产养殖专业及其他大专院校生物学或动物学专业的师生，科研院所研究人员，以及从事水产养殖和渔业环境研究、生产、管理的有关人员参考。

图书在版编目（CIP）数据

淡水养殖池塘环境生物修复技术/谢从新等著. —北京：科学出版社，2023.3

ISBN 978-7-03-074265-0

Ⅰ.①淡… Ⅱ.①谢… Ⅲ.①淡水养殖-水环境-生态恢复-研究 Ⅳ.①S964

中国版本图书馆 CIP 数据核字（2022）第 237840 号

责任编辑：罗 静 白 雪 付丽娜/责任校对：郑金红
责任印制：吴兆东/封面设计：刘新新

科学出版社 出版

北京东黄城根北街 16 号
邮政编码：100717
http://www.sciencep.com

北京虎彩文化传播有限公司 印刷
科学出版社发行 各地新华书店经销

*

2023 年 3 月第 一 版 开本：787×1092 1/16
2024 年 1 月第二次印刷 印张：15 1/4 插页：1
字数：360 000

定价：180.00 元
（如有印装质量问题，我社负责调换）

《淡水养殖池塘环境生物修复技术》
著者名单

主要著者　谢从新　李大鹏　陆诗敏　汤　蓉

其他著者（按姓氏笔画排序）

吕元蛟　刘丰雷　李　佩　李　爽

李瑞娇　吴强亮　张　念　陈　见

赵　峰　胡　雄　段晓姣　黄海平

前　言

我国池塘养鱼历史悠久，3000多年前的殷代末期就有养鱼的记载，春秋时期范蠡所著《养鱼经》是世界上第一部养鱼著作。公元618～907年的唐代，开始了多种鱼类的混养。公元1368～1644年的明代在太湖流域和珠江三角洲地区已形成现今闻名中外的基塘养鱼，悠久的养鱼历史为我国池塘养殖积累了丰富的经验。

新中国成立以来，特别是改革开放40余年以来，我国坚持"以养为主"的渔业发展道路，淡水池塘养殖快速发展，取得令世界瞩目的辉煌成就。美国著名生态经济学家莱斯特·布朗曾高度评价我国的淡水渔业，认为中国的淡水渔业取得长足的发展是对世界的重大贡献。2018年我国淡水池塘养殖产量2210.97万t，约占全国淡水渔业产量的70.1%。池塘养殖已经成为我国渔业的重要组成部分，在保障我国粮食安全、保证优质蛋白质供给、提高人民生活水平、增强淡水渔业资源保护、促进农村产业结构调整、增加农民收入与农村就业率、加强农村生态文明建设、提高水产品国际贸易竞争力等方面发挥了重要作用。

20世纪80年代以前，社会经济基础薄弱，物质匮乏，养殖方式粗放，采用"人放天养"或"沤青"肥水和投喂低值农副产品养鱼，养殖产量和效益极低，水产品供应主要来自自然水域捕捞。直到1980年，全国渔业产量不到500万t，淡水渔业年产量不足100万t，年人均水产品占有量不到4.6kg。20世纪80年代初期，为了解决长期存在的"吃鱼难"问题，国内开始大规模建设商品鱼基地，加速水产饲料工业的发展，推广"高投入、高产出"养殖模式，全国淡水池塘养殖产量迅速提高，有效解决了"吃鱼难"问题。随着人们生活水平的提高，水产品市场需求发生变化，在池塘养殖发达地区，传统养殖鱼类"卖鱼难"问题逐渐显现。20世纪90年代，国内开始重视"名、特、优"水产品养殖，以"80：20"模式为代表的"两高一优"养殖模式成为主要的池塘养殖模式，高度集约化的工厂化养鱼兴起并逐步产业化。进入21世纪后，针对渔业资源严重衰退、养殖方式粗放、设施装备落后、水域污染严重、效益持续下滑和水产品质量安全隐患等阻碍渔业可持续发展的问题，保障水产品质量安全和环境安全、提高养殖效益成为渔业可持续发展的战略目标。在"环保、安全、健康、优质"理念指导下，国内大力发展资源节约型和环境友好型的绿色健康养殖，创建人工湿地、生物浮床、生态沟渠、循环水养殖、零排放养殖等池塘绿色健康养殖模式，历史悠久的稻田养鱼焕发新春，发展成稻渔综合种养系列模式，拓展渔业功能的休闲渔业蓬勃发展，为推进渔业高质量绿色发展注入了新的动能。"跑道"养鱼等新型养殖形式不断出现。

根据我国社会经济发展实际，池塘养殖在今后相当长时间内仍将是我国淡水水产品的主要生产方式，创建行之有效的池塘绿色健康养殖模式，对我国淡水养殖业的可持续发展仍具有重要意义。

自2008年以来，在"国家大宗淡水鱼产业技术体系""国家重点研发计划'蓝色粮仓科技创新'重点专项""湖北省院士专家科技服务'515'行动（协同推广计划）"资助下，我们研究团队在湖北省公安县崇湖渔场建立了研究基地，开展了稻渔综合种养、循环水养殖、生物浮床和生态沟渠水质修复、精准投喂等技术的基础研究、模式验证和推广。本书是在对生物浮床和生态沟渠水质修复技术相关研究资料进行全面总结、梳理的基础上撰写而成的。参加上述研究的人员先后有谢从新、李大鹏、何绪刚、马徐发、张学振和周琼教授，张敏和汤蓉副教授，廖明军博士后，陆诗敏和王雪光博士，以及陈柏湘、杨慧君、胡雄、黄海平、李瑞娇、段晓姣、陈见、李佩、赵峰、张念、刘丰雷、吕元蛟、吴强亮、何露露、孙金凤、范兴胜、王景伟、李保民、皮坤、李爽和张松等硕士研究生。借此机会对上述同志在研究期间的辛勤工作表示感谢。

感谢农业农村部和财政部"国家大宗淡水鱼产业技术体系"的资助，感谢湖北省公安县崇湖渔场对研究工作的大力协助。

遵循"生态优先、绿色发展"理念，创建绿色健康养殖模式是我国池塘养殖可持续发展的必由之路。本书介绍我们团队在此方面的一些探索，希望对我国淡水养殖业的可持续发展有所帮助。限于著者的学识水平，书中难免存在不足，诚望读者批评指正，不胜感谢。

著　者

2021 年 10 月

目　　录

第一章　养殖池塘生物浮床和渔场沟渠的改造

传统的粗放养殖方式，投入大量的肥料和饲料，导致养殖水体的富营养化，不仅影响鱼类生长，还易诱发病害，增加渔药使用，产生水产品质量安全隐患。未经处理的富营养化养殖尾水排放还会造成环境污染。水产品质量安全和养殖尾水对环境的污染成为普遍关注的社会问题，影响池塘养殖业的可持续发展。近十几年来，为了解决水产品质量安全及环境污染问题，科技人员创建了许多养殖模式和养殖工程设施（吴振斌等，2002；Lin et al.，2002）。其中"生物浮床"和"生态沟渠"是使用最为广泛的技术（邴旭文和陈家长，2001；宋海亮，2005；林东教等，2004），前者为原位修复技术，即水质修复在池塘进行，贯穿鱼类养殖期；后者为异位修复技术，对从池塘排入沟渠的养殖尾水进行净化处理。将两者有机结合，构建"生物浮床+生态沟渠"水质修复复合系统，能够有效降低养殖池塘富营养的水平，达到水质修复效果，实现养殖用水循环利用，避免养殖尾水对环境的污染。本章介绍池塘生物浮床的构建和渔场沟渠的改造技术。

第一节　生物浮床的构建

生物浮床，又称生物浮筏（biological floating raft）、人工浮岛（artificial floating island）。生物浮床技术通过水生植物发达的根系及根际生物群落，经过吸收、吸附和降解作用，有效消除水体中营养物质，达到修复污染水体的目的。生物浮床结构简单，制作成本低廉、维护简便、节约能源、净水效果明显，在各类水体的水质修复与景观建设中得到广泛应用。

一、生物浮床制作与架设

（一）浮床结构与制作

生物浮床由浮床和浮床生物两部分组成。浮床由框架、床体、保护网和支撑固定等部件构成（图 1-1）。

1. 浮床床体

浮床由框架和床面组成。框架可用聚氯乙烯（PVC）管、毛竹、钢绳等制作，根据经济条件和材料来源等选择框架材料。采用具有一定浮力的轻质材料，可减少浮力配备。

养殖池塘浮床宜采用长条形浮床，一般宽 2.0m 左右，便于采收植物，长度则依池塘大小而定。根据框架材质，浮床可分为柔性浮床和刚性浮床。

1）柔性浮床：采用网片等柔性材料制作的浮床称为柔性浮床。将渔用网片剪裁成网目张开后宽 2m 的长方形，长度根据池塘而定，四周穿上钢绳作为框架，即成为柔性浮床。

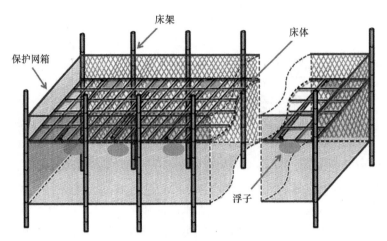

图 1-1　适用于养殖池塘的生物浮床结构示意图

柔性浮床造价低廉，便于制作，如利用废旧渔网可达到节省费用的目的。

2）刚性浮床：采用 PVC 管等刚性材料制作的框架称为刚性浮床。用 3 根 4m 长 PVC 管，将其中 1 根截成长 2m 的短管，作为端管，将 2 根 4m 的长管作为边管，用弯头连接，即成一个 2m×4m 框架，在框架间每隔 10～20cm 拉上绳索，形成网格状床面（浮床植物载体），即为一个完整的单体浮床，架设时可将多个单体浮床连接。刚性浮床形状规则，便于安装，费用较柔性浮床高。

2. 保护网

生物浮床通常设置在主养吃食性鱼类的池塘，为了保护浮床植物根系不被鱼类啃食，影响植物吸收营养，故需要加装保护网。

保护网形状为"U"形，宽度和长度与浮床框架相同，高度 0.7～0.8m，网目 3～4cm，可根据放养鱼类的规格调整，既要防止养殖鱼类进入啃食浮床植物根系，又能最大限度地保持水体交流。架设在无草食性鱼类池塘的浮床，可不设保护网。

3. 辅助材料

辅助材料包括架设浮床需要的固定材料和浮力材料。

1）固定材料：绳索、竹（木）竿，用于将浮床固定在池塘的适宜位置。绳索网片制作的柔性浮床，每隔 3～5m 插竹竿固定浮床形状和位置。

2）浮力材料：采用浮筒或空饮料瓶配备浮床浮力，防止浮床下沉。

（二）生物浮床的架设

1. 浮床面积和架设位置

浮床面积：通常浮床架设面积比例越高，其吸污抑藻的能力越强，水质净化的效果越好，但过高的浮床覆盖率会显著降低水体溶解氧（dissolved oxygen，DO，又称溶氧）和 pH，对养殖鱼类造成不利影响（邴旭文和陈家长，2001；李文祥等，2011；Li and Li，2009）。浮床面积与肥料、饲料等营养物投入量以及浮床对营养物的消除能力等有关。浮床覆盖率不宜过高。可根据鱼类放养量和预期产量确定架设生物浮床的面积。推荐的不同产量池塘架设生物浮床面积见表1-1。

表1-1　池塘鱼产量与浮床面积关系

鱼产量/kg	覆盖率/%	浮床面积/m²
750	7.5～8.0	51～54
1000	10～12	67～80
1250	12～15	80～100
1500	20	133

浮床布置：浮床架设位置应注意如下事项。①应离池埂3m以上为宜，防止边坡对浮床生物根须生长产生影响，同时减少对边坡生物群落生长的干扰；②应与投饵机和增氧机保持一定距离，以免影响鱼类摄食和增氧机正常使用（图1-2）。

图1-2　池塘浮床布置示意图

2. 浮床装配与架设

1）装配。刚性浮床无须配备浮力。柔性浮床的装配主要是浮床本体与保护网的拼装和浮力的配备。

保护网拼装：在保护网敞口端边缘穿一条钢绳，沿钢绳均匀分配网片，尽可能保证保护网舒展，网目张开；在高于浮床框架约30cm处，将钢绳系于支撑杆。

浮力配备：浮床框架两侧每隔1～1.5m配备一个塑料泡沫浮球或密封空塑料瓶。

2）架设方法。

柔性浮床的架设：在预定位置的两端，按照浮床长度各固定一竹竿，将箱体一侧的钢绳固定于竹竿，拉紧绷直捆扎好，注意保持钢绳在一条直线上。沿钢绳以3m为距将支撑竹竿固定于池底，将浮床和保护网箱边缘钢绳系于竹竿，以箱体宽度为基准，同样地完成另一侧的固定，保持与另一侧钢绳平行，两侧竹竿处于对应位置。在两侧竹竿间，通过床面底部架横杆，并固定于两侧支撑竹竿，使床体与池塘水面平行，保护网高出水面25cm左右，防止鱼类摄食植物茎叶。

刚性浮床的架设：将浮床单体置于预定位置，依次摆放后，彼此连接，每个单体浮床对角用竹竿固定；将保护网固定在支撑杆上；对浮床进行整理，使保护网高出水面25cm左右，浮床与池塘水面平行；理顺保护网水下部分，并在不同部位放置若干卵石等重物，防止网体漂浮、摆动。

二、浮床植物选择、育苗与移植

（一）浮床植物品种选择

种植浮床植物的主要目的是利用植物消除水体中过剩的营养物质。因此，浮床植物应具有生长速度快、分蘖力强、根系发达、喜湿耐肥和吸收能力强等特点，并适宜当地气候环境，具有一定的经济价值和观赏价值。可用于浮床栽培的植物达 130 余种。水蕹菜（*Ipomoea aquatica*，蕹菜）俗称空心菜或竹叶菜，是较为普遍采用的浮床植物之一（附图 1A），除具上述优点外，全株为鱼类所喜食。冬季凋谢前撤去保护网，全株可被鱼类摄食，不会因腐烂对水体造成次生污染。华中地区常见的水蕹菜有大叶白梗、大叶青梗、细叶青梗和柳叶白梗 4 个品种，大叶白梗品种在池塘富营养化水体中生长、生物量积累、新生枝条数、根系发育（附图 1B），以及对 N、P 的去除能力等方面明显优于其他三个品种。例如，用水蕹菜作为浮床植物，宜选择大叶白梗品种。为了同时达到美化环境效果，可增加其他蔬菜和花卉植物。

（二）水蕹菜育苗

就近选择较肥、平整、水源便利的地块作为育苗床。用种量根据需苗量确定，育苗床面积根据浮床面积估算，移植密度为 15 株/m² 和育苗密度 100 株/m² 时的育苗床面积与浮床面积的关系见表 1-2。

表 1-2　育苗床面积与浮床面积的关系

浮床覆盖比例/%	浮床面积/m²	育苗床面积/m²
7.5	50	7.5
10	67	10
15	100	15

华中地区的播种期一般在 4 月中下旬。播种前深翻土壤，施足基肥，与土壤混匀后耙平整细。播种可采用露地直播的方式进行条播或点播，行距 25～30cm，穴距 15～20cm，每穴点播 3～4 粒种子。播种后随即浇水、覆盖塑料薄膜增温，育苗期间适当浇水保湿，待幼苗出土后撤除薄膜，后期适时适量施肥，促进幼苗生长（附图 2A）。不同日龄幼苗的生长情况见附图 2B。

（三）水蕹菜移栽

水蕹菜幼苗经 30～40d 培育，茎长超过 20cm 即适合移栽。移栽时间在 5 月上旬至 6 月上旬。移栽株行距为 25cm×25cm，将水蕹菜幼苗插在浮床上，保持植物根系在水面以下即可。水蕹菜繁殖再生能力强，幼苗不足时，可剪取枝条置于浮床，让其自然生根发芽形成新植株即可。水蕹菜不同生长期的实景见附图 3。

（四）水蕹菜采收

适时采收能够有效促进水蕹菜生长，提高根系吸收能力。当水蕹菜茎长达 25cm 以上时即可采收。每次采收，保留 2～3 个节，以利新芽萌发，侧枝发生。侧枝发生过多时，对植株进行重采，即茎基保留 1～2 个节。每次采收后，应捞除枯枝、残叶。

经测算，50m² 浮床的制作材料、浮床植物种子、育苗肥料等费用，具保护网约为 340 元，无保护网约为 100 元。浮床使用年限按 3 年计算，安装保护网和不安装保护网的浮床，平均每年材料费用分别约为 150 元和 84 元。如网片和饮料瓶用废弃品代替，则费用更低。

第二节　渔场沟渠的改造

新建的养殖场沟渠通常做到养殖用水和养殖废水分离。我国多数养殖场建于 20 世纪 80 年代甚至更早，一些养殖场进水和排水共用沟渠。养殖尾水滞留于沟渠或排入周边自然水域，不仅污染养殖用水，还对周边水体产生污染，给水产品质量和环境安全带来隐患。有必要在不破坏渔场整体布局的情况下，将原有沟渠改造为生态沟渠，既做到进、排水分离，又具有输水和净水双重功能是较为切合实际的途径。

一、渔场沟渠工程改造

沟渠改造的主要内容包括：干渠改造、支渠改造、进水干渠与净化渠之间节制闸建设以及进水和排水三级渠增建。不同养殖场沟渠布局会存在差异，可以根据具体情况规划改造内容。

（一）干渠改造

土质沟渠边坡任由植物生长，边坡植物种类和生物量均显著高于水泥护坡沟渠（见第六章），具有一定的消除水体营养物质的作用。但易发生边坡垮塌、壅塞渠道，阻碍过水。有的养殖场将土质沟渠改造为水泥板护坡，有效解决沟渠边坡垮塌、阻碍过水的问题，但水泥护坡沟渠边坡无法生长植物，降低了其水质净化功能。

采用镂空水泥板护坡对沟渠边坡具有良好的保护作用，镂空孔与土壤贯通，镂空孔适合陆生、湿生和沉水植物生长，可增加边坡植物群落多样性，具有一定消除水体营养物质的功能。从附图 4 可以看出，用镂空水泥板护坡，边坡植被茂密，与水泥护坡（白色部分）寸草不生的景观全然不同。如在水上部分镂空孔种栽观赏植物，则美化环境效果更好。

（二）支渠改造

将原来供池塘进排水共用支渠改造为具有净水功能的生态净化渠。可在远离进水干渠一端约 1/4 处修建土质潜水式低坝，该段沟渠即为尾水沉淀池（渠）。其余 3/4 沟渠构建生态沟渠生物群落，利用植物吸收消除水体中的营养物。潜水低坝高度低于水面 20～30cm，坝面宽约 50cm，坝面种植芦苇（*Phragmites australis*）等湿生植物，增加植物种植面积，吸收水体营养物质，拦截水体中漂浮物，有利于沉淀废水中的泥浆和其他悬浮物。

（三）节制闸建设

在干渠与支渠连接处修建节制闸（附图4D），控制水体的自由流通，防止池塘养殖废水在净化达标前直接进入进水渠（干渠），污染养殖用水。池塘废水排入生态净化渠时关闭闸门，净化达标后开启闸门，进入进水渠，实现养殖水的循环利用。

（四）进水和排水三级渠增建

为了避免养殖用水和养殖废水混合，应修建进水和排水三级渠。养殖用水由干渠提水经三级进水渠供应池塘，池塘养殖废水经三级排水渠进入生态净化渠。

通过上述沟渠改造工程，将原来单一输水沟渠改变为具有输水和净化养殖废水双重功能的生态沟渠。

二、生态沟渠生物群落重建

沟渠生物群落构建应坚持以改善水质为主，兼顾美化环境的原则。沟渠生物应以适应本地环境、生长旺盛、根系发达、吸收能力强的土著种为主，观赏性植物为辅。

根据沟渠边坡、渠底、水层和水面环境和植物的适应性，移植不同生态类型生物。

1）沟渠底部和边坡的水下部分移植沉水植物，以及螺、蚌等底栖动物。

2）边坡水上部分移植菖蒲（*Acorus calamus*）、水葱（*Scirpus validus*）、水芹（*Oenanthe javanica*）、野慈姑（*Sagittaria trifolia*）、美人蕉（*Canna indica*）等湿生和陆生植物。

3）渠堤顶面与边坡相交处，可移植盘根草固土，防止雨水冲刷造成堤顶土壤流失。

4）水面架设生物浮阀，水层中吊养蚌类，强化水质修复功能。

通过沟渠工程改造和全方位生物群落重建，充分利用生态沟渠生物吸附、吸收等途径消除水体过量营养物质和有害物质，实现净化水质和养殖用水循环利用的目标。

第三节 浮床和生态沟渠的管理与运行

一、浮床和生态沟渠管理

（一）浮床管理

1. 移植初期管理

杀灭青苔，防止晒根：移栽早期，浮床出现大量青苔，甚至在水面形成"膜"，膜下产生空泡，使床体上浮脱离水面，导致水蕹菜须根暴露在空气中，无法从水体获得营养，水蕹菜生长受到影响，甚至被晒死。防治方法：①适时调水，防止水质过瘦；②药物杀灭，可在晴天上午9:00～10:00，每平方米浮床用0.75g $CuSO_4$溶解后，在生长青苔处泼洒杀灭青苔；③破"膜"放气。

喷洒叶面肥：移栽初期池塘水温较低，水质较瘦，造成植株生长缓慢，应及时喷洒叶面肥，促其生长。按每平方米氮15g、磷6g、钾10g的比例，充分溶解于1000g水后，喷洒叶面。每天上午9:00左右喷洒1次，雨天停止喷洒。随着养殖时间延长，饵料不断投入，池塘中营养物质增加，水质变肥，水蕹菜生长正常，可停止施叶面肥。

2. 生长期管理

定期检查浮床生物生长情况，防止鱼类啃食植物根系；及时清除枯叶和病残体。

病虫害防治：水蕹菜常见虫害有斜纹夜蛾（*Spodoptera litura*）和甘薯麦蛾（*Brachmia macroscopa*）幼虫的啃食，以及多种细菌性和病毒性病害，主要病虫害的危害症状和防治方法见表 1-3。防治用药应符合 GB 3301/T007.1—1999（中华人民共和国农业部，1999）和 NY 5071—2002（中华人民共和国农业部，2002）的规定。

表 1-3　水蕹菜主要病虫害病症与防治方法

病虫害	症状	防治方法
斜纹夜蛾 甘薯麦蛾	幼虫啃食叶片、幼芽、嫩茎、嫩梢或把叶卷起咬成孔洞，发生严重时仅残留叶脉	成虫：用黑光灯、诱虫灯、糖醋液诱杀 幼虫：①选用 5% 甲氨基阿维菌素苯甲酸、30% 茚虫威悬浮剂或 2.5% 高效氯氟氰菊酯乳油等，1～3 次/10d；②在孵化盛期至 1～2 龄幼虫期喷洒苏云金芽孢杆菌杀虫剂（Bt）
白锈病	叶背部产生近圆形或不规则形白蜡状疱斑，严重时大小病斑连结成片，叶片畸形	72% 锰锌·霜脲可湿性粉剂或 50% 甲霜铜可湿性粉剂
褐斑病	初期为黄褐色小点，后扩大成圆形或椭圆形坏死病斑。致病叶枯黄	50% 多菌灵悬浮剂或 60% 多菌灵盐酸盐可溶性粉剂
轮斑病	叶片出现褐色至红褐色圆形、椭圆形，具同心轮纹斑点，病斑上产生稀疏小黑点	用 75% 百菌清可湿性粉剂、58% 甲霜灵、锰锌可湿性粉剂等药剂喷洒
病毒病	全株受害，病株矮缩，叶片变小、粗厚，畸形皱褶	病株早拔除；叶面营养加 5% 菌毒清水剂混合，隔 5～10d 喷洒 1 次，连喷 3～4 次
腐败病	初期叶片现水浸状病斑，后至叶柄和茎，出现褐斑或腐败，产生大量暗褐色菌核	用种子质量 0.2% 的拌种双拌种；苗期用 0.1%～0.2% 磷酸二氢钾，增强抗病力

及时收割水蕹菜，延长水蕹菜营养生长期，增加水蕹菜生物量。

3. 凋谢期管理

秋末冬初气温下降，水蕹菜开始凋谢时，及时撤除浮床，让池塘中的吃食性鱼类摄食浮床植物。并将浮床材料分别清洗、晾干、保存，备次年使用。

（二）生态沟渠管理

生态沟渠管理主要包括以下内容。

1）定期清除沉淀淤泥。"干塘"时不可避免地会带入池塘泥浆，泥浆沉淀淤积到一定程度将减少沟渠容积，应予以清除。

2）及时修整垮塌边坡，清理沟渠植物的残枝枯叶。

二、系统的运行管理

1）原水应达到 GB 11607—1989 的要求，进入进水干渠后应经过净化，达到 NY 5051 标准后，由水泵抽提经进水支渠进入池塘。净化时间根据原水水质确定。

2）当池塘水质过肥需要换水时，关闭排水渠与进水渠之间的节制闸，池塘富营养废水进入净水生态沟渠沉淀池，并向池塘内加入等量净化水。

3）进入沉淀池的养殖废水通过沉淀后进入净化渠，在净化渠滞留一段时间（因废水污染强度而异），达到养殖用水标准，开启节制闸，净化后的水进入进水渠，循环使用。养殖过程中只补充因蒸发等损失的水量，不向养殖区外排放养殖废水。

第四节　生物浮床应用效果

通过对多年来在实验基地研究和全国各地应用结果的分析总结，在养殖池塘使用生物浮床+生态沟渠复合水质修复技术具有以下优点。

一、改善池塘水质，显著降低水体富营养化水平

生物浮床覆盖率 7.5% 的池塘，水体透明度提高 6.9cm，降低 pH 波动，高温季节池塘水温下降 0.34℃。通过水蕹菜移出或被鱼类摄食转化为鱼肉的氮、磷分别为 1391.5g 和 248.0g；总氮（TN）和总磷（TP）去除率分别提高约 29% 和 32%，NH_4^+-N、NO_2^--N、NO_3^--N 去除率提高 15%～21%。生物浮床改善池塘水质，显著降低水体富营养化水平和有害物质含量，有利于鱼类生长。

二、改善池塘生物群落结构，显著提高生物多样性

1）浮床塘浮游植物多样性指数和均匀度指数分别提高 39.2% 和 26.09%，密度和生物量分别下降 42.62% 和 16.57%，叶绿素 a（Chl-a）浓度降低 21.63%；浮游动物多样性指数和均匀度指数分别提高 8.26% 和 3.48%，密度和生物量分别下降 23.64% 和 8.84%。生物浮床显著提高浮游生物多样性，显著降低浮游生物密度和生物量。

2）浮床植物水蕹菜根系为各种生物提供适宜栖居环境，仅摇蚊幼虫（chironomid）数量约达 3626ind./m²，为鱼类提供了丰富饵料，对提高浮床的净化效率有积极意义。

三、降低水华和鱼病发生，保障水体环境安全

通过生物浮床的生态调控作用，降低池塘水体的富营养化水平。浮床塘的水华、鱼病发生次数和用药量分别约减少 50%、44% 和 33%，渔药用量约减少 40%，有效降低了对养殖水体和养殖鱼类的药物污染，提高鱼产品质量，同时降低药物对环境的污染。

四、显著提升鱼类品质，保障水产品质量安全

生物浮床能够改善草鱼营养成分和鱼肉质构特性，显著降低粗脂肪含量，显著提高粗蛋白含量、熟肉率，提高肌肉硬度、弹性、胶着度和咀嚼度，浮床塘草鱼肌肉感官的总体评价显著高于非浮床塘。

五、提高养殖产量，显著提高养殖经济效益

1）浮床塘鱼种培育总成活率提高 3% 以上，商品鱼养殖总成活率提高 6.89%。虽然

鲢（*Hypophthalmichthys molitrix*）产量下降44.1%，但草鱼（*Ctenopharyngodon idella*）、鳙（*Aristichthys nobilis*）、团头鲂（*Megalobrama amblycephala*）和鲫（*Carassius auratus*）的产量分别提高39.6%、0.80%、16.8%和19.4%，池塘总产量仍提高15.8%。

2）鱼种培育每亩（1亩≈666.7m²）增收178.2元，利润提高21.6%，商品鱼养殖每亩增收574.7元，利润提高26.7%。

3）生物浮床生产的水蕹菜，鲜嫩、营养丰富，为优质蔬菜，可供食用或作为饲料。在有条件的地方上市销售，可产生一定经济效益。

4）水蕹菜的根、茎、叶均为鱼类喜食，在拆除浮床后，通过鱼类摄食转化为鱼产品，不会因腐败对池塘水体产生污染。

六、实现养殖水循环利用，节约水资源，降低尾水排放污染环境

生物浮床+生态沟渠复合水质修复系统，利用池塘生物浮床的原位修复，降低池水营养物浓度，养殖尾水进入生态沟渠，经物理沉降、拦截和生物吸收，水质得到净化后再用于养鱼，实现了养殖水的循环利用，不仅节约了水资源，同时还减少了养殖尾水对周边水域的污染。

七、系统的不足与局限性

1）养殖池塘铺设生物浮床后，显著降低了水体营养水平和浮游生物生物量，不利于以浮游生物为食的滤食性鱼类生长，以滤食性鱼类为主的池塘不适宜使用生物浮床。

2）生物浮床覆盖水域的溶氧会略有下降，需采取增氧措施提高溶氧。

3）需要每年育苗、架设浮床；生态沟渠需要定时修整，增加劳动量。

综上所述，生物浮床结构简单，制作容易，成本低廉；将渔场原有沟渠改造为生态沟渠，因利用渔场原有沟渠不破坏渔场原有格局，工程量小，不占用土地，易于推广；增产和增收效果显著，较好地解决了养殖效益低下问题；降低药物残留风险，提高了水产品品质，降低水产品质量安全风险；有效地改善了池塘水质，实现循环水养鱼，养殖尾水不外排，解决了养殖尾水对周边水域的污染。尽管存在局限性和不足，总体而言，生物浮床和生态沟渠复合技术仍然较好地解决了水产品质量安全和环境污染等阻碍池塘养殖业可持续发展的关键问题，社会、生态和经济效益显著。

小　　结

生物浮床制作简单、成本低廉，将现有沟渠改造为生态沟渠具有工程量小、不破坏渔场现有布局、不另占土地、易于推广等优点。生物浮床+生态沟渠是一种行之有效的养殖池塘水质修复系统。本章简要介绍生物浮床制作与架设，浮床植物选择、育苗与移栽技术，渔场生态沟渠工程改造与生物群落重建技术，以及系统的管理运行与技术，总结分析了该技术的应用效果及其应用中的不足。

参 考 文 献

邴旭文, 陈家长. 2001. 浮床无土栽培植物控制池塘富营养化水质. 湛江海洋大学学报, 21(3): 29-33

国家环境保护局. 1990. 渔业水质标准. 北京: 中国标准出版社

李文祥, 李为, 林明利, 等. 2011. 浮床水蕹菜对养殖水体中营养物的去除效果研究. 环境科学学报, 31(8): 1670-1675

林东教, 唐淑军, 何嘉文, 等. 2004. 漂浮栽培蕹菜和水葫芦净化猪场污水的研究. 华南农业大学学报, 25(3): 14-17

宋海亮. 2005. 水生植物滤床技术改善富营养化水体水质的研究. 中南大学博士学位论文

吴振斌, 成水平, 贺锋, 等. 2002. 垂直流人工湿地的设计及净化功能初探. 应用生态学报, 13(6): 715-718

中华人民共和国农业部. 1999. GB3301/T007.1—1999 无公害蔬菜生产技术规程. 北京: 中国标准出版社

中华人民共和国农业部. 2002. NY 5071—2002 无公害食品 渔用药物使用准则. 北京: 中国标准出版社

Li W, Li Z. 2009. *In situ* nutrient removal from aquaculture wastewater by aquatic vegetable *Ipomoea aquatica* on floating beds. *Water Science and Technology*, 59(10): 1937-1943

Lin YF, Jing SR, Lee DY, *et al*. 2002. Nutrient removal from aquaculture wastewater using a constructed wetlands system. *Aquaculture*, 209(1-4): 169-184

第二章　养殖池塘水质理化特性

俗话说"养鱼先养水"，池塘水质环境是渔业生产的重要物质基础，直接关系到水产品质量安全和养殖经济效益，对渔业经济可持续发展起着决定性的作用。随着我国社会经济不断发展，淡水池塘的"高投入、高产出"养殖模式使得"渔业产量越来越高，经济效益越来越低，池塘水质越来越差"成为普遍现象，池塘养殖废水排放还在一定程度上造成环境污染，严重影响池塘养殖业的可持续发展。华中地区是我国中部重要的淡水池塘养殖区。养殖品种多以草鱼等吃食性鱼类为主，以鲢、鳙等滤食性鱼类为辅。本研究对湖北公安崇湖渔场主养草鱼池塘的水质进行检测，分析池塘水质理化性质和污染特征，采用综合污染指数评价池塘水质环境，以期了解池塘水质变化规律，为构建绿色健康型生态养殖模式、提高水产品质量和渔业经济效益、维护生态环境安全提供依据。

第一节　养殖池塘水质特征

一、试验池塘与分析方法

试验在位于江汉平原南部的湖北省公安县崇湖渔场进行。渔场的基础设施和养殖模式在华中地区大型渔场具有代表性。3 口池塘（编号 P1、P2、P3），P1 和 P2 面积为 $4.87×10^4m^2$（73.01 亩），P3 为 $4.67×10^4m^2$（70.01 亩），水深 1.5～2.0m，底泥厚约 25cm。水源由一进水渠引自毗邻的崇湖。试验塘养殖鱼类及规格、尾数和质量见表 2-1。

表 2-1　试验塘养殖鱼类及规格、尾数和质量

鱼类	P1			P2			P3		
	规格/kg	数量/尾	质量/kg	规格/kg	数量/尾	质量/kg	规格/kg	数量/尾	质量/kg
草鱼 *Ctenopharyngodon idella*	0.5	12 000	6 000	0.5	12 000	6 000	0.5	12 000	6 000
鲫 *Carassius auratus*	0.15	10 000	1 500	0.2	7 000	1 050	0.15	7 000	1 050
	0.3	20 000	6 000						
黄颡鱼 *Pelteobagrus fulvidraco*	0.008	10 000	80	0.008	10 000	80	0.008	10 000	80
团头鲂 *Megalobrama amblycephala*	0.05						0.05	2 000	100
鳙 *Aristichthys nobilis*	0.5	5 000	2 500	0.1	4 500	2 250	0.15	4 000	2 000
	0.3	8 400	2 520						0
鲢 *Hypophthalmichthys molitrix*	1.25	1 200	1 500	0.3	10 000	12 500	0.125	11 000	13 750
总放养量		66 600	20 100		43 500	21 880		46 000	22 980
吃食性鱼类/%		78.08	67.56		66.67	32.59		67.39	31.46

鱼种放养前用生石灰清塘，生石灰用量60～75kg/亩。饵料以人工配合饲料为主，辅以黑麦草（*Lolium perenne*）和苏丹草（*Sorghum sudanense*），P1塘、P2塘和P3塘的饲料总投喂量分别为6494kg/亩、6080kg/亩和6110kg/亩。养殖期间不换水，只补充蒸发消耗的水分，全年补水量分别约为池塘总水量的12.7%、11.2%和11.4%。每口池塘配一台功率3000W的增氧机，一般在晴天中午开启2h左右，夜间视具体情况而定。鱼种在冬季一次性干塘捕捞。

2012年5～10月，每月中旬采样一次，共采样6次。采样在晴天8:00～10:00进行。在池塘的四角（距岸边15m左右）和池塘中心（对角线中点）共设5个采样点。

参照《渔业水质标准》（GB 11607—1989）、《淡水池塘养殖水排放要求》（SC/T 9101—2007）和《地表水环境质量标准》（GB 3838—2002）评价指标确定的监测指标及其测定方法如下。

溶氧（DO）、pH、水温（WT）：哈希HACH HQ40d多参数数字化分析仪测定。

透明度（SD）：黑白盘法测定。

总氮（TN）：碱性过硫酸钾消解紫外分光光度法（HJ 636—2012）测定。

总磷（TP）：流动注射-钼酸铵分光光度法（HJ 671—2013）测定。

氨态氮（NH_4^+-N）：纳氏试剂分光光度法（HJ 535—2009）测定。

硝态氮（NO_3^--N）：紫外分光光度法（HJ/346—2007）测定。

亚硝态氮（NO_2^--N）：分光光度法（GB 7493—1987）测定。

活性磷（PO_4^{3-}-P）：连续流动-钼酸铵分光光度法（HJ 670—2013）测定。

化学需氧量（COD_{Mn}）和悬浮物（SS）：参照水和废水监测分析方法（国家环境保护总局《水和废水监测分析方法》编委会，2002）测定。

试验数据采用SPSS Statistics 19软件进行统计分析。

二、池塘水质特征

（一）基本指标

监测池塘的水温、溶氧、透明度、悬浮物、pH和COD_{Mn} 6个水质指标的平均实测值见图2-1。

水温（WT）：监测期间，各月平均水温为18.4～33.5℃。10月最低（18.4℃），7月最高（33.5℃）。水温自5月的27.6℃逐渐上升，在7月达到最高（33.5℃），8月水温开始下降，到10月水温降到18.4℃。崇湖渔场位于亚热带季风气候区，光能充足、热量丰富，太阳年辐射总量为104～110kcal/m²，4～10月太阳辐射量占全年的75%，水热同步与鱼类主要生长发育期一致，适宜鱼类生长。

溶氧（DO）：平均溶氧为2.63～12.63mg/L，5月平均溶氧为12.63mg/L，6～9月的溶氧自（8.24±2.52）mg/L，逐渐下降到（2.63±0.85）mg/L，7～9月溶氧低于5mg/L，10月回升至（6.16±1.43）mg/L。5月，P1、P2和P3塘的溶氧分别为7.11mg/L、11.91mg/L和18.87mg/L，P2和P3塘的溶氧显著高于P1塘（$P<0.05$）。5月，P2和P3塘的测量时间为12:00，P1塘的测量时间为9:00左右，水体溶氧通常在早晨日出时开始上升，在午后达最大值，5月不同池塘溶氧的差异应与测量时间有关。

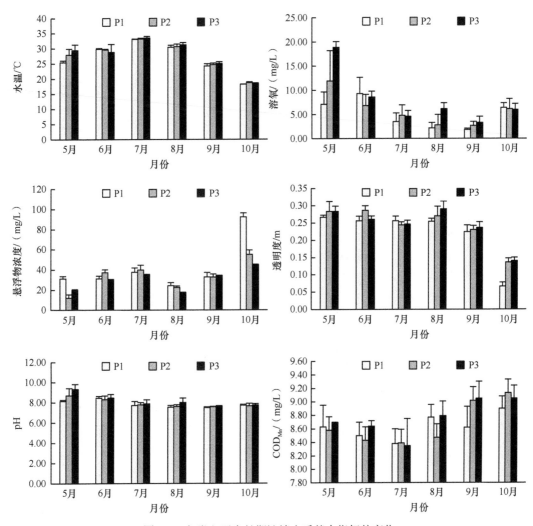

图2-1 鱼类主要生长期池塘水质基本指标的变化

监测池塘的溶氧，在鱼类主要生长期的变化与苏州地区池塘的溶氧变化趋势基本相似（戴修赢，2010）。当水体溶氧降低到4mg/L以下，鱼的生长会受到影响，在溶氧较低的月份采取增氧措施，保证水体中鱼类和其他水生生物的正常生长。

透明度（SD）：5～9月监测池塘的平均透明度为11～28cm，5月平均透明度较高，此后小幅下降，10月最低。5～9月各池塘平均透明度无显著差异，10月则显著低于其他月份（$P<0.05$），应与池塘形成了不同程度的血红裸藻（*Euglena sanguinea*）水华有关。10月3口池塘的透明度分别为7cm、14cm和14.1cm，P1塘与P2塘和P3塘差异显著。

悬浮物（SS）：各月平均悬浮物浓度为21.11～64.00mg/L，5～7月呈上升趋势，8月下降，9月继续上升，10月达到最大。10月悬浮物浓度显著高于其他月份（$P<0.05$）。

悬浮物是指水中颗粒直径为0.1～10μm的无机和有机颗粒物，养殖池塘悬浮物的无机颗粒物主要为泥沙、黏土微粒，有机颗粒物主要由有机碎屑（organic detritus）、原生动物（protozoa）、藻类（algae）、细菌（bacteria）、病毒（virus）等组成。悬浮物常成为微生物隐蔽的载体，有机物、无机物在悬浮物水相界面进行着一系列的迁移转化过程，如吸附作用和沉淀溶解作用等。水体透明度与悬浮物浓度呈负相关。

悬浮物浓度是衡量水污染程度的指标之一。《渔业水质标准》（GB 11607—1989）对养殖池塘悬浮物限量无规定，《淡水池塘养殖水排放要求》（SC/T 9101—2007）悬浮物排放限量，一级＞50mg/L，二级＞100mg/L，监测池塘10月悬浮物浓度为（64.00±4.90）mg/L，超过一级标准，其他各月悬浮物浓度均低于50mg/L。

pH：监测期间，各池的平均pH相对比较稳定，基本在7.50～8.50波动。5月，P2塘和P3塘采样时间为下午，pH分别达到8.70和9.35，超过《渔业水质标准》（GB 11607—1989）pH 6.5～8.5的上限；P3塘则超过《地表水环境质量标准》（GB 3838—2002）中Ⅲ类水pH 6～9的上限。

COD_{Mn}：各月化学需氧量平均值为8.37～9.03mg/L，整体上5～7月呈下降趋势，7月以后呈上升趋势，3口池塘均在10月达到最大值。COD_{Mn}反映了水中受还原性物质污染的程度，水中的还原性物质包括有机物、亚硝酸盐、硫化物、亚铁盐等。COD_{Mn}往往作为衡量水体中有机物质浓度多少的指标，越高说明水体受有机物污染越严重。《地表水环境质量标准》Ⅲ类水限量6mg/L，Ⅳ类水限量10mg/L，监测池塘COD_{Mn}月平均值介于Ⅲ类和Ⅳ类水限量之间。

池塘的COD_{Mn}浓度可以反映水体中的有机质水平（曲克明等，2000），COD_{Mn}浓度过高容易导致水体细菌的大量增长，过低则不能维持较高的池塘生产力（张瑜斌等，2009），苏州地区草鱼主养池塘的COD_{Mn}为5.98～15.18mg/L（戴修赢，2010），湖北荆州精养池塘COD_{Mn}为12.59～15.53mg/L（赵巧玲，2010），崇湖渔场主养草鱼池塘水体的COD_{Mn}浓度明显低于湖北荆州精养池塘。

（二）营养指标

监测池塘水体的总氮、总磷、氨态氮（氨氮）、硝态氮、亚硝态氮和活性磷等6个营养指标平均实测值见图2-2。

TN：月平均浓度为（1.16±0.24）mg/L，变动范围为0.80～1.93mg/L。月平均浓度自6月［（0.80±0.10）mg/L］开始，随养殖时间延续而逐月上升，10月达到最高值（1.93mg/L）。不同池塘的总氮浓度，除10月以P2塘最高外，5～9月均为P1塘最高。

NH_4^+-N：月平均浓度为（1.24±0.11）mg/L，变动范围为0.45～1.99mg/L。各月平均浓度的总体变化，6月最低（0.45mg/L），7月开始逐月增高，10月达最高值（1.99mg/L）。

NO_3^--N：月平均浓度为（0.53±0.06）mg/L，变动范围为0.26～1.44mg/L。月平均浓度的总体变化趋势为6月最低（0.26mg/L），7月小幅上升，8月和9月明显上升，10月大幅度上升，达到最高值（1.44mg/L）。6月、7月和9月P1塘的浓度显著高于P2塘和P3塘（$P<0.05$）。P1塘平均浓度为（0.60±0.05）mg/L，5月最低（0.35mg/L），10月最高（1.29mg/L），呈逐月上升趋势。P2塘和P3塘浓度分别为（0.62±0.04）mg/L和（0.36±0.07）mg/L，5月至7月持续下降，8月至10月逐月上升。

NO_2^--N：月平均浓度为（0.12±0.02）mg/L，变动范围自痕量到0.22mg/L。5～6月最低，8月最高（0.22mg/L），P1塘浓度显著高于P2塘和P3塘（$P<0.05$）。

TP：月平均浓度为（0.18±0.03）mg/L，变动范围为0.13～0.27mg/L。各池塘浓度变

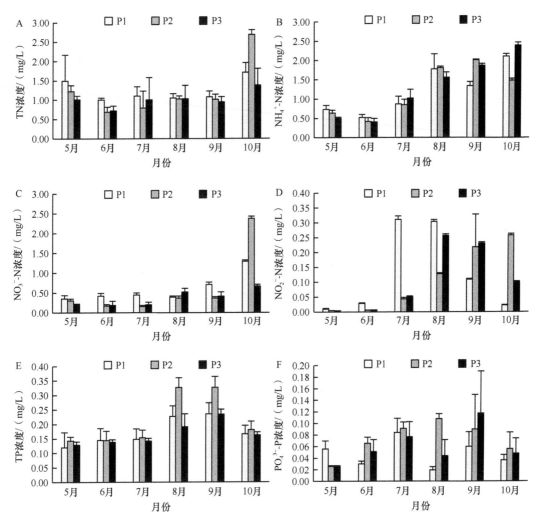

图 2-2 鱼类主要生长期池塘水质营养指标的变化

化趋势基本一致，在养殖前期（5～7月），浓度在 0.13～0.15mg/L 小幅波动；8～9月浓度较高；10月下降到 0.16～0.18mg/L。

PO_4^{3-}-P：月平均浓度为（0.06±0.02）mg/L，变动范围为 0.04～0.09mg/L。3 口池塘在不同月份的变化趋势波动较大，P2塘在5～7月逐月上升，8月达到最高值（0.11mg/L），9 月、10 月又逐渐下降；P1 塘 7 月浓度最高，8 月最低；P3 塘 5 月浓度最低，9 月最高。

养殖池塘的水质指标变化趋势与池塘中的饵料投喂和水生态系统中生物的生长代谢状况有关（Sumagaysay-Chavoso and San Diego-McGlone，2003）。本试验中，池塘的 NH_4^+-N、NO_3^--N 和 NO_2^--N 在 8 月以后呈上升趋势，TN、TP 随养殖时间的延长而增高，可能是由于养殖过程中投饲量增大、残饵积累和养殖鱼类代谢作用（张瑜斌等，2009；傅彩萍，2011）。一般来说，水体中的氮盐以硝酸盐氮为主，其浓度应该高于氨氮和亚硝酸盐氮的浓度（高攀等，2009；张红等，2013），但本试验中氨氮浓度高于硝态氮，推测是因为在溶氧水平较低的情况下水体中的硝化作用减弱，氨氮没有得到很好地转化。

第二节　池塘水质评价

一、水质评价标准和方法

（一）水质评价标准

水质评价参考《渔业水质标准》（GB 11607—1989）中规定的指标及限量，悬浮物的增加量在实际操作上很难确定，故不作规定。养殖尾水排放参考《淡水池塘养殖水排放要求》（SC/T 9101—2007），该标准未规定的指标则参照《地表水环境质量标准》（GB 3838—2002）中Ⅲ类水质评价标准（表 2-2）。

表 2-2　水质指标限量值

指标		GB 11607—1989	SC/T 9101—2007		GB 3838—2002 Ⅲ类水
			一级	二级	
水温/℃					最大温升≤1
pH		6.5~8.5	6~9		6~9
溶解氧/（mg/L）	≥	3			5
悬浮物/（mg/L）	≤		50	100	
高锰酸盐指数/（mg/L）	≤		15	25	6
生化需氧量/（mg/L）	≤		10	15	
氨氮/（mg/L）	≤				1.0
总磷/（mg/L）	≤		0.5	1.0	0.2
总氮/（mg/L）	≤		3.0	5.0	1.0
非离子氨/（mg/L）	≤	0.02			
挥发性酚/（mg/L）	≤	0.005			0.005
氰化物/（mg/L）	≤	0.005			0.02
硫化物/（mg/L）	≤		0.2	0.5	0.2
总余氯/（mg/L）	≤		0.1	0.2	
六价铬/（mg/L）	≤	0.1			0.005
铜/（mg/L）	≤	0.01	0.1	0.2	1.0
铅/（mg/L）	≤	0.05			0.05
砷/（mg/L）	≤	0.05			0.05
镉/（mg/L）	≤	0.005			0.005
锌/（mg/L）	≤	0.1	0.5	1.0	1.0
汞/（mg/L）	≤	0.0005			0.0001

（二）水质评价方法

池塘水质评价方法依据《农用水源环境质量监测技术规范》（NY/T 396—2000），采用单项污染指数（single pollution index）对水质指标进行评价，采用综合污染指数对采样区水质环境质量进行整体评价。

单项污染指数（P_s）：$P_i=C_i/S_i$。式中，P_i 为水环境中污染物 i 的单项污染指数；C_i 为水环境中污染物 i 的实测值；S_i 为水环境中污染物 i 的评价标准值。水温：$P_i \leq 1$，指标不达标，判定为不合格；$P_i > 1$，判定为合格。其他指标：$P_i > 1$，指标超标，判定为不合格；$P_i \leq 1$，判定为合格。

综合污染指数（P）：$P = \sqrt{\dfrac{P_{max}^2 + P_{ave}^2}{2}}$。式中，$P$ 为水质综合污染指数；P_{max} 为最大单项污染指数；P_{ave} 为平均单项污染指数。

根据《农用水源环境质量监测技术规范》（NY/T 396—2000），池塘水质按综合污染指数划分为 3 级（表 2-3）。

表 2-3　基于综合污染指数的水质等级标准

评价标准	水质等级		
	1	2	3
综合污染指数	≤0.5	0.5～1.0	≥1.0
污染程度	清洁	尚清洁	污染
污染水平	清洁	标准限量内	超出警戒水平

二、水质超标分析

（一）单项指标超标分析

选取溶氧、pH、COD_{Mn}、总磷、总氮、氨氮等 6 项指标进行单项评价，依据 GB 11607—1989 评价养殖用水质量，依据 SC/T 9101—2007 和 GB 3838—2002 中Ⅲ类水标准评价养殖尾水排放对自然水体的污染程度。评价结果见表 2-4。

表 2-4　基于《淡水池塘养殖水排放要求》（SC/T 9101—2007）的超标指标数及超标倍数

指标	超标指标数						合计		超标倍数
	5 月	6 月	7 月	8 月	9 月	10 月	n	超标率/%	
pH	1						1	5.6	1.04
悬浮物						2	2	11.11	1.47 (1.10～1.84)
合计	1					2	3	6.48	

1. 基于 GB 11607—1989 的超标指标

以《渔业水质标准》的限量为标准，监测池塘的 pH 和溶氧 2 个指标的部分实测值不符合标准。

pH：5 月 P2 塘和 P3 塘的 pH 分别为 8.70 和 9.32，超过淡水池塘 pH 6.5～8.5 的上限值，超标率分别为 2.35% 和 9.65%，超标倍数分别为 1.02 和 1.10。

溶氧：以溶氧在任何时候不得低于 3mg/L 为标准，18 个溶氧实测值有 4 个（8 月、9 月的 P1 塘和 P2 塘）低于 3mg/L，不合格率 22.22%，溶氧浓度为限量的 63%～94%。溶氧亦偏低，不利于鱼类生长。

2. 基于 SC/T 9101—2007 的超标指标

基于 SC/T 9101—2007 的超标指标评价结果见表 2-4。6 个指标中，pH 和悬浮物 2 个指标超标。pH：5 月 P3 塘实测值 9.32，超过 6～9 的上限，超标倍数 1.04；悬浮物：按二级标准（100mg/L）所有实测值均未超标，按一级标准（50mg/L），10 月 P1 塘 [（92.17±3.97）mg/L] 和 P2 塘 [（54.87±4.56）mg/L] 超标，超标率 11.11%，超标倍数分别为 1.84 倍和 1.10 倍。

COD_{Mn}、TN 和 TP 均未超过一级限量标准：COD_{Mn} 实测值为 8.37～9.05mg/L，均未超过一级标准 15mg/L 的限值。TN 一级标准限量为 3.0mg/L，实测值多数在 2.0mg/L（0.69～1.73mg/L）以下，仅 P2 塘 10 月最大值 2.69mg/L。TP 实测值为 0.12～0.33mg/L，均未超过一级标准（0.5mg/L）。

3. 基于 GB 3838—2002 Ⅲ类水限量的超标指标

以《地表水环境质量标准》中Ⅲ类水限量标准判定的养殖池塘水质指标超标情况见表 2-5。6 个评价指标共 108 个数据中，超过和低于（溶氧）限量值的有 54 个，达 50.0%。其中，COD_{Mn} 全部数据超过限量值，超标率 100.0%，超标倍数达 1.46（1.40～1.50）。DO 有 8 个低于限量标准，达 44.4%，均出现在 7～9 月，溶氧仅为Ⅲ类水限量的 0.71%（0.53%～0.86%）。NH_4^+-N 超标 10 个，超标率 55.6%，其中 9 个出现在 8～10 月，超标倍数 1.62（1.02～1.99）。TP 超标 5 个，超标率 27.8%，出现在 8～9 月，超标倍数 1.29（1.24～1.33）。TN 超标 12 个，5 月和 8～10 月的数据均超标，超标率 66.7%，超标倍数 1.33（1.02～1.93）。pH 仅 5 月有 1 个池塘超标，超标倍数 1.04。

表 2-5 池塘基于《地表水环境质量标准》Ⅲ类水限量的超标指标数及超标倍数

| 指标 | 超标指标数 | | | | | | 合计 | | 超标倍数 |
	5 月	6 月	7 月	8 月	9 月	10 月	n	超标率/%	
DO			3	2	3		8	44.4	0.71（0.53～0.86）
pH	1						1	5.6	1.04
COD_{Mn}	3	3	3	3	3	3	18	100.0	1.46（1.40～1.50）
NH_4^+-N			1	3	3	3	10	55.6	1.62（1.02～1.99）
TP				2	3		5	27.8	1.29（1.24～1.33）
TN	3			3	3	3	12	66.7	1.33（1.02～1.93）
合计	7	3	7	13	15	9	54	50.0	1.35（1.04～1.99）

监测期间（5～10 月），指标超标主要出现在 7～10 月，包括低于限量的 8 个 DO 值在内，超过和未达标的指标数 37 个，占超标指标总数的 68.5%（表 2-5），提示随着养殖时间的延长，鱼类活动能力增强，鱼类生物量增加，沉积的残饵和溶解物质增加，以及水温的季节性变化，是养殖池塘水质变化的主要原因。

（二）水质总体评价

依据《地表水环境质量标准》，结合监测指标情况，选取水温、溶解氧、pH、高锰酸盐指数、总氮、总磷、氨氮等 7 个指标，计算试验塘水质综合污染指数（表 2-6）。计算各池塘水质与标准类别的贴近度，对水质进行评价分类（表 2-7），分析评价养殖尾水排放对自然水体污染的潜在风险。

表 2-6　试验塘水质综合污染指数

池塘	5 月	6 月	7 月	8 月	9 月	10 月	均值（范围）
P1	1.17	0.81	1.09	1.44	1.40	1.65	1.26（0.81～1.65）
P2	0.97	0.67	0.87	1.47	1.62	2.05	1.28（0.67～2.05）
P3	0.97	0.68	0.90	1.26	1.48	1.84	1.19（0.68～1.84）
平均	1.04	0.72	0.95	1.39	1.50	1.85	1.24

表 2-7　池塘水质分类

池塘	5 月	6 月	7 月	8 月	9 月	10 月	范围
P1	Ⅲ	Ⅱ	Ⅲ	Ⅲ	Ⅲ	Ⅲ	Ⅱ～Ⅲ
P2	Ⅱ	Ⅱ	Ⅱ	Ⅲ	Ⅲ	Ⅲ	Ⅱ～Ⅲ
P3	Ⅱ	Ⅱ	Ⅱ	Ⅲ	Ⅲ	Ⅲ	Ⅱ～Ⅲ

结果显示：3 口试验塘的全年平均水质综合污染指数为 1.24，各月平均综合污染指数 6 月最低（0.72），自 6 月开始逐月上升，至 10 月达 1.85；5～7 月水质，除 P1 塘在 5 月和 7 月贴近Ⅲ类水质外，其余均贴近Ⅱ类水质，8～10 月，各池塘水质均贴近Ⅲ类水质。根据《农用水源环境质量监测技术规范》（NY/T 396—2000）评判标准（表 2-3），5～7 月水质为尚清洁状态，污染水平基本处于标准限量内，8～10 月水质为污染状态，污染水平超出警戒水平。

崇湖渔场建于 20 世纪 50 年代末，池塘龄长，部分池塘淤泥较深，水容量小，水的流动性差，水体自净能力弱，养殖密度高，大量投入饲料和肥料，加剧水体营养物积累，为其综合污染指数超出警戒水平的重要因素。

以四大家鱼为主要养殖对象的混养池塘，通常要求水质"活、肥、嫩、爽"。所谓"肥"，简单来讲是指池塘水体中鱼类易消化的浮游生物繁殖生长旺盛，种类、数量多。这样的池塘通常具有一定"肥力"才能够满足浮游生物的繁殖生长。但是，池塘养殖用水的"肥力"超过一定标准，不仅影响养殖鱼类生长，排入自然水体还将对周边自然水体造成一定程度的污染。应采取有效的控制措施改善水质，以保证水产品质量和生态环境安全。

小　结

1）试验期间，池塘水体的理化指标各月平均值变化范围：水温 18.4～33.5℃，透明度 7～28cm，溶氧 2.63～12.63mg/L，pH 7.50～9.35，总氮 0.80～1.93mg/L，总磷 0.13～0.27mg/L，亚硝态氮 0.004～0.22mg/L，硝态氮 0.26～1.44mg/L，氨氮 0.45～1.99mg/L，活性磷 0.04～0.09mg/L，化学需氧量 8.37～9.05mg/L，悬浮物 21.11～64.00mg/L，营养指标在养殖后期有升高趋势。

2）以 GB 11607—1989 限量标准，pH 超标率 2.35%～9.65%，超标倍数 1.02～1.10，溶氧低于限量值 3mg/L 的不合格率为 22.22%。以 SC/T 9101—2007 限量标准，pH 和悬浮物超标，超标率分别为 5.6% 和 11.11%，超标倍数分别为 1.04 和 1.84～1.10。溶氧偏低成为影响鱼类生长的主要因素。

3）依据《地表水环境质量标准》Ⅲ类水标准评价，单项超标指标为 COD_{Mn}、TN、TP 和 H_3-N，超标倍数为 1.29～1.62，溶氧则低于限量标准，为限量值的 0.71 倍，超标或不达标主要发生在 7～10 月。综合污染指数分析也表明，8～10 月水质为污染状态，污染水平超出警戒水平。养殖尾水直接外排存在污染周边水环境的风险。

参 考 文 献

戴修赢. 2010. 苏州地区七种养殖池塘水质及其氮、磷收支研究. 苏州大学硕士学位论文

傅彩萍. 2011. "底充氧" 对养殖池塘水质和浮游生物群落结构的影响. 宁波大学硕士学位论文

高攀, 蒋明, 赵宇江, 等. 2009. 主养草鱼池塘水质指标的变化规律和氮磷收支. 云南农业大学学报, 24(1): 71-77

国家环境保护局. 1987. GB 7493—1987 水质 亚硝酸盐氮的测定 分光光度法. 北京: 中国标准出版社

国家环境保护局. 1989. GB 11607—89 渔业水质标准. 北京: 中国标准出版社

国家环境保护局. 1989. GB/T 11901—89 水质 悬浮物的测定 重量法. 北京: 中国标准出版社

国家环境保护总局, 国家质量监督检验检疫总局. 2002. GB 3838—2002 地表水环境质量标准. 北京: 中国环境科学出版社

国家环境保护总局《水和废水监测分析方法》编委会. 2002. 水和废水监测分析方法(第四版). 北京: 中国环境科学出版社

环境保护部. 2009. HJ 535—2009 水质 氨氮的测定 纳氏试剂分光光度法. 北京: 中国环境科学出版社

环境保护部. 2012. HJ 636—2012 水质 总氮的测定 碱性过硫酸钾消解紫外分光光度法. 北京: 中国环境科学出版社

环境保护部. 2013. HJ 671—2013 水质 总磷的测定 流动注射-钼酸铵分光光度法. 北京: 中国环境科学出版社

环境保护部. 2013. HJ 670—2013 水质 磷酸盐的测定 连续流动-钼酸铵分光光度法. 北京: 中国环境科学出版社

曲克明, 李秋芬, 陈碧鹃, 等. 2000. 对虾养殖池生态环境的人工调控及其特征. 黄渤海海洋, 18(3): 72-80

张红, 赵卫红, 黄金田. 2013. 黄颡鱼养殖池塘氮磷营养盐周年变化研究. 水产养殖, 34(1): 41-44

张瑜斌, 章洁香, 詹晓燕, 等. 2009. 高位虾池养殖过程主要理化因子的变化及水质评价. 水产科学, 28(11): 628-634

赵巧玲. 2010. 植物浮床对精养池塘水质及浮游藻类群落结构的效应. 华中农业大学硕士学位论文

中华人民共和国农业部. 2000. NY/T 396—2000 农用水源环境质量监测技术规范. 北京: 中国标准出版社

中华人民共和国农业部. 2007. SC/T 9101—2007 淡水池塘养殖水排放标准. 北京: 中国标准出版社

Sumagaysay-Chavoso NS, San Diego-McGlone MLS. 2003. Water quality and holding capacity of intensive and semi-intensive milkfish (*Chanos chanos*) ponds. *Aquaculture*, 219(1-4): 413-429

第三章　养殖池塘浮游植物群落结构

浮游植物作为水生态系统中的初级生产者，是鱼类和其他经济动物直接或间接的饵料，池塘水体中溶解氧主要来源于浮游植物的光合作用（雷衍之等，1983）。因此，浮游植物在池塘生态系统的物质循环、能量流动中具有重要意义。通常内陆江河湖库等自然水体中的浮游植物组成和丰度的变化具有明显的季节性（朱爱民等，2007；汪益嫦等，2011；马丽娜等，2011；张运林等，2005），而养殖池塘的施肥和投饵等活动，直接影响浮游植物的群落结构和种类组成（邓建明等，2010；何青等，2007）；反之，浮游植物的种类组成和丰度变化，也能直接影响水体的水质，故浮游植物群落组成和丰度是衡量水质状况的重要指标。研究水中藻类组成与丰度，可为养殖鱼类的合理投放提供重要的科学依据。本章以华中地区主养草鱼、辅养鲢和鳙的池塘作为研究对象，研究其浮游植物的群落结构及其与水环境因子之间的关系，以期为池塘水质调控和管理提供依据。

第一节　浮游植物群落结构

一、种类组成与物种多样性

调查池塘同第二章。调查方法见文献（章宗涉和黄祥飞，1991；王骥和王建，1982）。

（一）种类组成

本研究共检出浮游植物 8 门 105 属 238 种（附表 1）。其中，绿藻门（Chlorophyta）48 属 112 种，占 47.06%；蓝藻门（Cyanophyta）20 属 44 种，占 18.49%；裸藻门（Euglenophyta）10 属 38 种，占 15.97%；硅藻门（Bacillariophyta）11 属 19 种，占 7.98%；黄藻门（Xanthophyta）5 属 8 种，占 3.36%；金藻门（Chrysophyta）5 属 7 种，占 2.94%；甲藻门（Pyrrophyta）4 属 6 种，占 2.52%；隐藻门（Cryptophyta）2 属 4 种，占 1.68%。

（二）优势种

以平均优势度指数 $Y \geqslant 0.02$ 作为优势种标准，共有 16 种浮游植物为不同池塘和不同月份的优势种（表 3-1）。

表 3-1　试验塘不同月份的浮游植物优势种

月份	5 月			6 月			7 月			8 月			9 月			10 月			出现率/%
池塘编号	P1	P2	P3	P1	P2	P3	P1	P2	P3	P1	P2	P3	P1	P2	P3	P1	P2	P3	
啮蚀隐藻 *Cryptomonas erosa*			·						·			·						·	94.44
颗粒直链藻 *Melosira granulata*		·			·	·												·	77.78
小球藻 *Chlorella vulgaris*			·			·												·	77.78

续表

月份	5月			6月			7月			8月			9月			10月			出现率/
池塘编号	P1	P2	P3	P1	P2	P3	P1	P2	P3	P1	P2	P3	P1	P2	P3	P1	P2	P3	%
细小平裂藻 *Merismopedia minima*	•	•		•		•	•			•	•		•			•			77.78
卵形隐藻 *Cryptomonas ovate*	•		•								•			•			•	•	44.44
卷曲纤维藻 *Ankistrodesmus convolutus*					•						•							•	33.33
旋折平裂藻 *Merismopedia convoluta*					•														27.78
四足十字藻 *Crucigenia tetrapedia*	•										•					•			16.67
尖尾蓝隐藻 *Chroomonas acuta*								•			•								16.67
小席藻 *Phormidium tenue*								•											11.11
血红裸藻 *Euglena sanguinea*																•	•		11.11
小形色球藻 *Chroococcus minor*	•																		5.56
奥波莱栅藻 *Scenedesmus opoliensis*	•																		5.56
圆胞束球藻 *Gomphosphaeria aponina*					•														5.56
棘刺囊裸藻 *Trachelomonas hispida*					•														5.56
四尾栅藻 *Scenedesmus quadricauda*																			5.56
合计	3	4	5	5	5	6	6	6	7	6	7	5	5	5	3	3	5	5	100.00

注：出现率，出现次数百分比；·表示试验塘的优势种

从表 3-1 可以看出，不同池塘以及不同月份优势种及其种类数存在差异，最多 7 种（7 月 P3 塘和 8 月 P2 塘），最少仅 3 种（5 月和 10 月 P1 塘），多数池塘在不同月份的优势种类数为 5～6 种。16 种优势种中，小形色球藻（*Chroococcus minor*）、奥波莱栅藻（*Scenedesmus opoliensis*）、圆胞束球藻（*Gomphosphaeria aponina*）、棘刺囊裸藻（*Trachelomonas hispida*）和四尾栅藻（*Scenedesmus quadricauda*）等 5 种仅在个别月份的个别池塘中成为优势种，出现率为 5.56%；小席藻（*Phormidium tenue*）仅在 7 月成为优势种，血红裸藻（*Euglena sanguinea*）仅在 10 月成为优势种，出现率为 11.11%，虽然它们可能全年在所有池塘中都有出现。而啮蚀隐藻（*Cryptomonas erosa*）、颗粒直链藻（*Melosira granulata*）、小球藻（*Chlorella vulgaris*）和细小平裂藻（*Merismopedia minima*）等 4 种，除少数池塘外，均为优势种，出现率达到 77.78%～94.44%。优势种集中在蓝藻门、隐藻门和绿藻门，喜生于有机物和氮含量丰富的水体，是我国传统高产肥水鱼池中常见的优势种（赵文，2005）。

（三）密度和生物量

在鱼类的主要生长季节（5～10 月），浮游植物的平均密度和平均生物量分别为 $3.88～4.72×10^7$cells/L 和 28.05～72.15mg/L。生物量处于我国高产鱼池的浮游植物生物量范围内（20～100mg/L）（何志辉和李永函，1983）。

浮游植物密度和生物量随时间变化见图 3-1。密度 5 月最低（$3.05×10^7$cells/L），6 月出现较大幅度上升，7 月达最高值（$5.59×10^7$cells/L）后下降，再缓慢上升。5～9 月生物

量保持在较低范围（19.75～40.52mg/L）波动，10月急剧上升至122.39mg/L。

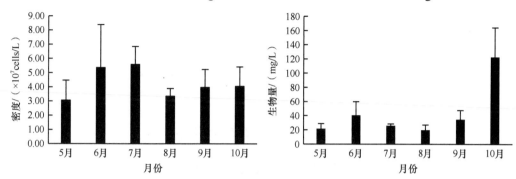

图 3-1　试验塘不同月份浮游植物平均密度和生物量

不同池塘浮游植物密度和生物量见图3-2。密度P1塘最低 [（3.88±1.99）×10⁷cells/L]，P3塘最高 [（4.72±2.17）×10⁷cells/L]；生物量P1塘最高 [（39.59±35.20）mg/L]，P3塘最低 [（28.05±9.30）mg/L]。7～8月浮游植物主要由小型藻类为主，故密度较高，生物量较低；10月生物量升高与该月P1塘和P2塘血红裸藻大量出现有关。裸藻喜生活在有机质丰富的水体中，常在秋季形成水华（赵文，2005）。

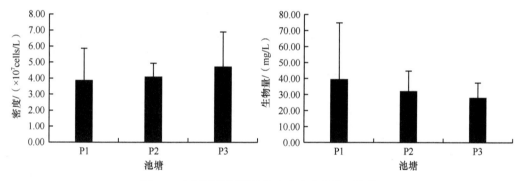

图 3-2　不同池塘浮游植物密度和生物量平均值

（四）多样性指数

试验池塘浮游植物不同月份多样性指数变化见图3-3。从图3-3可见，3口池塘的月

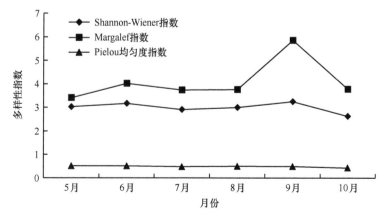

图 3-3　试验池塘浮游植物不同月份多样性指数变化

平均 Shannon-Wiener 多样性指数（H'）10 月最低（2.63±0.22），9 月最高（3.25±0.72）；月平均 Margalef 丰富度指数（D）5 月最低（3.41±0.37），9 月最高（5.86±0.76）；月平均 Pielou 均匀度指数（J）10 月最低（0.43±0.11），5 月最高（0.51±0.09），提示浮游植物多样性在不同池塘间和不同季节均存在差异。一般来说，多样性指数越高，水质越好，除了 P1 塘在 10 月出现裸藻水华，可能导致多样性指数（尤其是 H'）偏低外，其他各数值表明养殖期间试验塘水体的浮游植物多样性较高。

二、群落结构影响因子分析

（一）浮游植物优势种与水质因子的关系分析

以池塘浮游植物优势种生物量贡献大于 1% 的种类入选生物矩阵，以其数量与水体理化因子的相关性结果做典范对应分析（CCA）排序，从表 3-2 可以看到轴 1 中浮游植物与环境因子的相关性达到 0.982，轴 2 为 0.992，由此可以反映出浮游植物与环境因子之间的相关性较高。从 CCA 排序图（图 3-4）中的向量长短可以看到悬浮物、透明度、水温、亚硝态氮、溶氧和 pH 均对浮游植物的生物量影响较大，悬浮物、总氮、氨氮、硝态氮、化学需氧量与轴 1 呈正相关，水温、透明度与轴 1 呈负相关，亚硝态氮、磷酸盐、总磷与轴 2 呈正相关，pH 和溶氧与轴 2 呈负相关。

表 3-2　CCA 排序中前两个排序轴的特征值及种类与环境排序轴间的相关系数

轴	轴 1	轴 2
特征值	0.633	0.267
种类与环境因子的相关性	0.982	0.992
物种数据的累积百分比	38.9	55.4
种类与环境因子相关的累积百分比	46.4	66.0

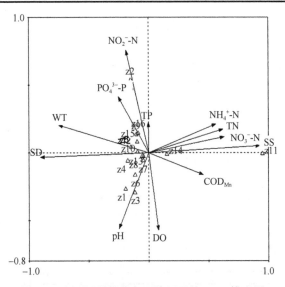

图 3-4　主要浮游植物与环境因子的 CCA 排序图

z1. 细小平裂藻；z2 旋折平裂藻；z3. 圆胞束球藻；z4. 小形色球藻；z5. 小席藻；z6. 薄甲藻；z7. 卵形隐藻；z8. 啮蚀隐藻；z9. 尖尾蓝隐藻；z10. 颗粒直链藻；z11. 血红裸藻；z12. 卷曲纤维藻和小球藻；z13. 四足十字藻；z14. 四尾栅藻；z15. 奥波莱栅藻

从图 3-4 可以看出，血红裸藻和四足十字藻（*Crucigenia tetrapedia*）与总氮（TN）、总磷（TP）、硝态氮（NO_3^--N）和悬浮物（SS）表现出正相关，与化学需氧量（COD_{Mn}）、溶氧（DO）呈负相关；旋折平裂藻（*Merismopedia convoluta*）、小席藻、尖尾蓝隐藻（*Chroomonas acuta*）、颗粒直链藻、卷曲纤维藻（*Ankistrodesmus convolutus*）、四尾栅藻和奥波莱栅藻会受到水温（WT）、总磷（TP）、亚硝态氮（NO_2^--N）和磷酸盐（$PO_4^{3-}-P$）的影响；细小平裂藻、圆胞束球藻、小形色球藻、薄甲藻（*Glenodinium pulvisculus*）、卵形隐藻（*Cryptomonas ovata*）、啮蚀隐藻和小球藻受到透明度和 pH 的影响。

分析结果显示，水温、透明度、溶氧、pH、亚硝态氮和悬浮物均对草鱼池塘的浮游植物生物量产生较大影响。在一定范围内，水温升高，浮游植物的种类数和生物量增高（刘艳，2011）。透明度能够反映池塘中包括浮游生物在内的悬浮物浓度，一般水体的透明度降低，浮游植物的生物量增多（赵爱萍，2006）。N、P 是组成浮游植物的基本元素（孙凌等，2006；甄树聪等，2010；郭燕鸿，2007），不同种类的浮游植物元素组成不同（Ho *et al.*，2003），水体中的 N、P 含量能够影响浮游植物的群落结构组成（Nydick *et al.*，2004）。

（二）浮游植物群落结构与放养鱼类的关系分析

本试验中 3 口试验塘放养的鱼种规格和种类存在一定差异，导致浮游植物密度和生物量的变化有所不同：P1 塘放养的鲢、鳙规格大，对浮游植物的摄食量大，所以在 5 月呈现出浮游植物的密度和生物量较小，并趋向小型化，多样性增加，而随着水温升高、光照增强，P1 塘浮游植物的密度和生物量增大，并高于 P2 塘和 P3 塘。这与增加鲢、鳙密度，促进水体养分循环，从而促进浮游植物量增加，小型化明显，丰富度指数（*D*）增加的结论相一致（谷孝鸿和刘桂英，1996；赵玉宝，1993）。Fukushima 等（2001）报道，在秋季，大型食草甲壳动物在抑制藻类方面比鲢更有效，部分原因是较低的水温（24℃）抑制了鲢摄食，同时抑制了藻类的形成。本试验中，试验塘水温由 9 月的 24.6℃下降到 10 月的 18.4℃，而浮游植物生物量不降反升（图 3-1），除与 10 月血红裸藻大量出现有关外，应还与低温抑制滤食性鱼类摄食有关。

本试验中，P1 塘浮游植物密度最低（$3.88×10^7$cells/L），生物量最高（39.59mg/L）；P3 塘密度最高（$4.72×10^7$cells/L），生物量最低（28.05mg/L）；P2 塘的密度和生物量分别为 $4.10×10^7$cells/L 和 32.18mg/L，均介于 P1 塘和 P3 塘之间（图 3-2）。P1～P3 塘滤食性鱼类鲢和鳙的放养质量分别占总放养量的 38.00%、31.80% 和 16.32%，其中鳙放养质量分别占总放养量的 29.26%、4.15% 和 4.96%（表 2-1）。研究表明，在不同水体中鲢、鳙密度对浮游生物个体大小的影响基本一致，一般随着鲢、鳙密度的增加，浮游植物和浮游动物都呈现出小型化的趋势（史为良等，1989；Brools and Dodson，1965；Grygierek and Buyne，1966；Burke *et al.*，1986）。因为鲢和鳙均以浮游生物为主要食物，其中鳙主要滤食浮游动物和体积较大的浮游植物（王渊源，1988；谢从新，1989），鳙的选择性滤食，降低了浮游动物对浮游植物的摄食压力，抑制了大型浮游植物的生长，促进了小型浮游植物的生长，导致浮游植物小型优势种类较多且分布更为均匀，鲢、鳙的密度越大，滤食强度越大，对浮游植物群落的影响更加显著（谷孝鸿和刘桂英，1996）。本试验中，P1 塘鳙的放养量远高于 P2 和 P3 塘，而浮游植物密度则最低，提示当鲢和鳙，特别是鳙的密度过大，在食物不足的情况下，鲢和鳙的滤食强度增加，全面抑制浮游植物的繁殖生长。至于 P1 塘的浮游植物生物量与滤食性鱼类，特别是鳙的放养量呈正相关，应与该塘 10 月曾出现血红裸藻水华有关。

浮游植物的光合作用是水体溶氧的主要来源，池塘氧气来源约 60% 靠光合作用，40% 靠空气溶解（雷衍之等，1983），在缺少高等水生植物（hydrophyte）的养殖池塘，浮游植物在调节和稳定水质方面的作用尤为重要。因此，即使在主养吃食性鱼类的池塘，也有必要保持一定数量的浮游植物生物量。但浮游植物的呼吸作用会大量消耗溶氧，如生物量过高，容易造成池塘缺氧，对鱼类产生不利影响。同时浮游植物又是其他生物，特别是鲢和鳙等滤食性鱼类的饵料，较高的生物量有利于滤食性鱼类生长。通常施用磷肥 3～5d 后，池塘中浮游植物生物量明显增加，且水体中的氨氮一般被浮游植物优先吸收，其次才吸收硝态氮，氨氮的含量直接影响浮游植物的生长状况（刘峰等，2011），因此，对以主养鲢、鳙等滤食性鱼类的池塘，适量施氮肥和磷肥，有助于浮游植物生物量的增加，达到增产的目的，而对于以养殖吃食性鱼类为主的池塘，不施或少施肥料有助于保持水质相对清洁，有助于吃食性鱼类的生长。因此，应根据主要养殖对象采取相应措施控制池塘浮游生物群落结构。

第二节　初级生产力和能量转换效率

一、初级生产力

采用黑白瓶测氧法测定池塘初级生产量（赵文等，2003；张琪等，2015），挂瓶深度为 30cm、50cm、100cm 和 150cm。用碘量法测定 DO 含量。通过直线内插法估测得到池塘的平均补偿深度。用 YSI ProPlus 多参数水质分析仪测量水温、pH、DO、光照强度等参数。用 LI-1400 照度计（USA）测定光照强度，塞氏盘测定透明度，结果如下。

毛产氧量：草鱼池塘 150cm 水柱的浮游植物平均毛产氧量为 18.09g/(m²·d)。毛产氧量呈现出明显的垂直变化（表 3-3），30cm 以上的水层中，浮游植物的平均毛产氧量为 10.72g/(m²·d)，30～50cm 水层的毛产氧量为 5.05g/(m²·d)，50cm 以上水层的毛产氧量占水柱产氧量的 87.18%；50～100cm 水层的毛产氧量为 1.57g/(m²·d)，占 8.68%，100～150cm 水层的毛产氧量最少，为 0.75g/(m²·d)，仅占 4.15%。

表 3-3　毛产氧量的垂直分布

水层/cm	毛产氧量/ [g/(m²·d)]			
	P1	P2	P3	平均
0～30	11.57±4.94	11.00±4.62	9.58±5.39	10.72±4.98
30～50	4.98±1.92	4.30±0.99	5.87±2.19	5.05±1.70
50～100	1.96±1.01	1.21±1.22	1.55±1.30	1.57±1.18
100～150	1.01±0.90	0.28±0.86	0.95±1.18	0.75±0.98

5～8 月，初级生产力呈逐月上升的趋势，9 月以后初级生产力逐渐降低（表 3-4）。试验期间，水温和光照的变化趋势保持一致，并且在 7 月和 8 月水温达到最高，光照时

数也较长，初级生产力在此间出现最高值，初级生产力的季节变化主要与池塘水温、光照时间长短等相关。

表 3-4　初级生产力的季节变化 [mg/(L·d)]

池塘	参数	5 月	6 月	7 月	8 月	9 月	10 月
	R	4.12	5.78	6.82	4.53	4.72	1.93
P1	P_N	1.55	4.34	6.68	7.10	2.52	4.09
	P_G	5.67	10.12	13.50	11.63	7.24	7.19
	R	0.61	6.73	4.18	4.36	4.19	2.78
P2	P_N	2.57	2.22	6.44	6.63	2.50	3.36
	P_G	3.18	8.95	10.62	10.99	6.69	6.14
	R	1.33	6.79	5.18	1.28	4.90	2.34
P3	P_N	2.96	2.39	7.42	10.51	2.55	4.87
	P_G	3.18	9.18	12.60	11.79	7.45	7.11

注：R. 呼吸量；P_N. 净生产力；P_G. 毛生产力

　　补偿深度：产氧量与耗氧量相同时的深度。根据不同水层的净产氧量，通过直线内插法估测平均补偿深度，P1 塘为 111.02cm，P2 塘为 104.96cm，P3 塘为 119.50cm，平均补偿深度为 111.83cm，在此深度以下的水层，形成"氧债层"。

　　初级生产力：浮游植物的净产量为其毛产氧量的 80%（雷衍之等，1983）。根据表 3-5 数据，得到 P1、P2 和 P3 塘浮游植物的水柱净产氧量分别为 7.38g/(m²·d)、6.21g/(m²·d) 和 6.84g/(m²·d)。换算成浮游植物湿重，水柱初级生产力分别为 45.02g/m²、37.88g/m² 和 41.72g/m²，平均 41.54g/m²。

表 3-5　每平方米水柱产氧量的耗氧量 [g/(m²·d)]

池塘编号	水柱毛产氧量	水柱耗氧量
P1	9.22	4.65
P2	7.76	3.81
P3	8.55	3.64

二、能量转换效率

　　依据 1g 氧=6.10g 浮游植物鲜重（王骥和梁彦龄，1981），444.70g 浮游植物换成 1MJ 能量，1kg 鲜鱼肉 3.36MJ 的能量。初级生产力对太阳能的利用率=(毛产量换算的能量/达到水面的太阳辐射能)×100%。鱼类对初级生产力的利用率=(鱼类换算的能量/毛产量换算的能量)×100%。太阳能转移为鱼产量的生态效率=(鱼类换算的能量/达到水面的太阳辐射能)×100%。湖北平原地区到达水面的太阳辐射能多年平均约为 4755.63MJ/m²。根据浮游植物的能量值和鱼体能量进行估算，不同池塘的鱼类对初级生产力的利用率（U_f）为 11.69%（11.39%～11.99%），太阳能转移为鱼产量的生态效率（Pe）为 0.107%（0.10%～0.12%），初级生产力对太阳辐射能的利用率（U_p）达到 0.89%（0.81%～0.97%）（表 3-6）。

表 3-6 试验塘的生态学效率

池塘编号	$P_G/(g/m^2)$	$E_C/(MJ/m^2)$	$U_p/\%$	$U_f/\%$	Pe/%
P1	3319.20	45.47	0.97	11.68	0.12
P2	2793.60	38.27	0.81	11.99	0.10
P3	3078.00	42.17	0.89	11.39	0.10

注：P_G. 毛产氧量；E_C. 合能量；U_p. 初级生产力对太阳辐射能的利用率；U_f. 鱼类对初级生产力的利用率；Pe. 太阳能转移为鱼产量的生态效率

初级生产量（primary production）是指单位时间和单位面积绿色植物通过光合作用所制造的有机物质或所固定的能量。初级生产力（primary productivity）是指绿色植物利用太阳光进行光合作用，将环境中的无机物转换成有机物的能力。养殖池塘鱼类密度较高，营养物质较丰富，浮游生物密度较大，鱼类扰动带起池塘沉积物以及浮游生物颗粒形成的悬浮物，影响光线在水体中的穿透，导致光照强度随着水层深度的增加迅速下降，是浮游植物初级生产量呈明显垂直变化的主要原因。通常养殖池塘 50cm 以上是光能最多的水层，到 50cm 时被吸收的光合有效辐射仍可达到 93%，故此水层的光合作用强，初级生产力高（卢迈新等，2000）。本试验塘的平均补偿深度约为 112cm，"氧债层"出现在约 110cm 以下，与姚宏禄等（1990）和雷衍之等（1983）的结果一致。本试验中，30cm 以上的水层毛产氧量为 10.72g/(m²·d)，略高于我国淡水高产池塘的 5～10g/(m²·d)。卢迈新等（2000）报道养鳗池塘 100cm 以上水层毛产氧量占水柱产氧量的 90.9%～100%，姚宏禄等（1990）报道主养青鱼池塘水柱日毛产氧量为 5.00～17.04g/(m²·d)，100cm 以上水层毛产氧量占水柱产氧量的 90% 以上。江苏沿海滩涂养殖水体的净初级生产量平均值为（7.58±2.52）g/(m²·d)（韩士群等，2009）。本试验中 100cm 以上水层的毛产氧量为 17.34g/(m²·d)，占水柱毛产氧量的 95.83%，与上述两位学者的研究结果基本相符。

由于水面反射和水中光的散射，因此每年太阳辐射进入水体的量低于地面的量，在主要季节淡水水体这两部分损失的量分别达到总量的 2%～6% 和 1%～10%。通常浮游植物的密度与光合辐射吸收率呈正相关，但因浮游植物群落、水体悬浮物等的不同，对光的吸收能力会存在差异，浮游植物对光能的转换率不同，淡水水域的光能转化率多数为 0.1%～1.0%（刘乃壮，1992）。苏州地区主养鲢、鳙和非鲫池塘的毛初级生产力对太阳辐射能的利用率为 0.84%～1.64%（姚宏禄，1993）；主养青鱼池塘毛初级生产力对太阳辐射能的利用率为 0.81%～1.1%（姚宏禄等，1990）。本试验中，池塘毛初级生产力对太阳辐射能的利用率达到 0.81%～0.97%，此结果与淡水水域结果在同一水平上。

池塘面积小，自净功能有限，如采用高密度、高投入养殖，养殖鱼类密度过大，外源性营养物投入过多，造成水体污染，容易引起水产品质量安全问题。本试验中，P1、P2、P3 塘浮游植物的水柱净产氧量分别为 7.38g/(m²·d)、6.21g/(m²·d) 和 6.84g/(m²·d)，如按照水库渔业营养类型划分标准，浮游植物初级生产力大于 3g/(m²·d) 即达到富营养标准（戴泽贵和徐学华，1998；万成炎等，2005），大量养殖尾水外排会造成环境污染。从养殖角度考虑，自然是希望初级生产力达到系统能够承受的阈值，尽可能转化更多鱼产量，以达到高产的目的。但从环境保护角度考虑，初级生产力过高的水排入自然水体，将促进自然水体的富营养化进程。因此，有必要采取有效措施对池塘水质及浮游生物进行调控。

小　结

1）本研究共鉴定出浮游植物 8 门 105 属 238 种，绿藻门占 47.06%，蓝藻门和裸藻门分别占 18.49% 和 15.97%，硅藻门占 7.98%，其余 4 门比例小于 3.5%。优势种 16 种，各月多样性指数，H' 为 1.80～3.69，D 为 3.12～6.74，J 为 0.31～0.61。

2）浮游植物平均密度为 4.23×10^7 cells/L，平均生物量为 44.13mg/L，不同池塘和不同季节的密度和生物量存在差异。

3）优势种与水体理化因子的相关性 CCA 排序分析表明，轴 1 中浮游植物与环境因子的相关性达到 0.982，轴 2 为 0.992，反映出浮游植物与环境因子之间的相关性较高，悬浮物、总氮、氨氮、硝态氮、化学需氧量与轴 1 呈正相关，水温、透明度与轴 1 呈负相关，亚硝态氮、磷酸盐、总磷与轴 2 呈正相关，pH 和溶氧与轴 2 呈负相关。

4）试验塘净产氧量为 6.21～7.38g/(m²·d)，P_G 为 18.09g/(m²·d)，补偿深度为 111.83cm，水柱初级生产量为 41.54g/m²。U_f 为 11.39%～11.99%，Pe 为 0.10%～0.12%，U_p 为 0.81%～0.97%。

5）养殖池塘尾水外排将加剧自然水体的富营养化进程，有必要采取有效措施对池塘水质及浮游生物种群进行调控。

参 考 文 献

戴泽贵, 徐学华. 1998. 水库渔业营养类型划分标准 (SL 218—98). 北京: 中国水利水电出版社

邓建明, 蔡永久, 陈宇炜, 等. 2010. 洪湖浮游植物群落结构及其与环境因子的关系. 湖泊科学, 22(1): 70-78

谷孝鸿, 刘桂英. 1996. 滤食鲢鳙鱼对池塘浮游生物的影响. 农村生态环境, 12(1): 6-10, 41

郭燕鸿. 2007. 万峰湖富营养化相关物理量分析. 贵州工业大学学报 (自然科学版), 36(3): 99-102

韩士群, 严少华, 张建秋, 等. 2009. 滩涂池塘生态系统的光合能量利用及其影响因子. 生态学报, 29(2): 1038-1047

何青, 孙军, 栾青杉, 等. 2007. 长江口及其邻近水域冬季浮游植物群集. 应用生态学报, 18(11): 2559-2566

何志辉, 李永函. 1983. 无锡市河埒口高产鱼池水质的研究: Ⅱ. 浮游生物. 水产学报, 7(4): 287-298

雷衍之, 于淑敏, 徐捷. 1983. 无锡市河埒口高产鱼池水质研究: Ⅰ. 水化学和初级生产力. 水产学报, 7(3): 185-199

刘峰, 高云芳, 王立欣, 等. 2011. 水域沉积物氮磷赋存形态和分布的研究进展. 水生态学杂志, 32(4): 137-144

刘乃壮. 1992. 水体初级生产力与影响因子. 水产养殖, (4): 22-25

刘艳. 2011. 额尔齐斯河及邻近内陆河流域浮游植物生态学研究. 上海海洋大学硕士学位论文

卢迈新, 黄樟翰, 吴锐全, 等. 2000. 养鳗池塘的初级生产力和能量转化效率. 水产学报, 24(1): 37-40

马丽娜, 毕永红, 胡征宇. 2011. 三峡水库香溪河库湾夏季水华期间浮游植物的初级生产力. 长江流域资源与环境, 20(1): 123-128

史为良, 金文洪, 王东强, 等. 1989. 放养鲢鳙对水体富营养化的影响. 大连水产学院学报, 4(3/4): 11-24

孙凌, 金相灿, 钟远. 2006. 不同氮磷比条件下浮游藻类群落变化. 应用生态学报, 17(7): 1218-1223

万成炎, 唐支亚, 陈光辉, 等. 2005. 云龙湖水库的理化特性和初级生产力评价. 水利渔业, 25(1): 53-55

汪益嫔, 张维砚, 徐春燕, 等. 2011. 淀山湖浮游植物初级生产力及其影响因子. 环境科学, 32(5): 1249-1256

王骥, 梁彦龄. 1981. 用浮游植物的生产量估算武昌东湖鲢鳙生产潜力与鱼种放养量的探讨. 水产学报, 5 (4): 343-350

王骥, 王建. 1982. 浮游植物的采集、计数与定量方法. 水库渔业, (4): 58-63

王渊源. 1988. 池养花鲢摄食的天然生物食料. 水产学报, 12(1): 43-50

谢从新. 1989. 池养鲢、鳙鱼摄食习性的研究. 华中农业大学学报, 8(4): 385-394

姚宏禄. 1993. 主养鲢鳙非鲫高产鱼塘的初级生产力与能量转化效率的研究. 生态学报, 13 (3): 272-277

姚宏禄, 吴乃薇, 顾月兰, 等. 1990. 主养青鱼高产池塘的初级生产力及其能量转化为鲢、鳙产量的效率. 水生生物学报, 14(2): 114-128

张琪, 袁轶君, 米武娟, 等. 2015. 三峡水库香溪河初级生产力及其影响因素分析. 湖泊科学, 27(3): 436-444

张运林, 秦伯强, 陈伟民, 等. 2005. 太湖梅梁湾春季浮游植物初级生产力. 湖泊科学, 17(1): 81-86

章宗涉, 黄祥飞. 1991. 淡水浮游生物研究方法. 北京: 科学出版社

赵爱萍. 2006. 镇江金山湖及附近水体浮游生物群落结构及其与环境因子关系的研究. 上海师范大学硕士学位论文

赵文. 2005. 水生生物学. 北京: 中国农业出版社

赵文, 董双林, 张兆琪, 等. 2003. 盐碱池塘浮游植物初级生产力日变化的研究. 应用生态学报, 14(2): 234-236

赵玉宝. 1993. 鲤鱼和鲢鳙鱼对池塘浮游生物的影响. 生态学报, 13(4): 348-355

甄树聪, 于玲红, 周友新, 等. 2010. 引黄水库冬季藻类异常繁殖机理分析. 人民黄河, 32(4): 68-69

朱爱民, 刘家寿, 胡传林, 等. 2007. 湖北浮桥河水库浮游植物初级生产力及其管理. 湖泊科学, 19(3): 340-344

Brools JL, Dodson SI. 1965. Predation body size and composition of plankton. *Science*, 150(3692): 28-35

Burke JS, Bayne DR, Rea H. 1986. Impact of silver and bighead carps on plankton communities of channel catfish ponds. *Aquaculture*, 55 (l): 59-68

Fukushima M, Takamura N, Sun LW, *et al*. 2001. Changes in the plankton community following introduction of filter-feeding planktivorous fish. *Freshwater Biology*, 42(4): 719-735

Grygierek E, Buyne DK. 1966. The effect of fish on plankton community in ponds. *Verh Internat Verein Limnol*, 16: 1959-1966

Ho TY, Quigg A, Finkel ZV, *et al*. 2003. The elemental composition of some marine phytoplankton. *Journal of Phycology*, 39(6): 1145-1159

Nydick KR, Lafrancois BM, Baron JS, *et al*. 2004. Nitrogen regulation of algal biomass, productivity, and composition in shallow mountain lakes, Snowy Range, Wyoming, USA. *Canadian Journal of Fisheries and Aquatic Sciences*, 61(7): 1256-1268

第四章 养殖池塘浮游动物群落结构

浮游动物是水生生态系统食物链的中间环节，主要以浮游植物为食，同时又是一些鱼类和其他经济动物的重要饵料，在水生态系统的物质转化、能量流动和信息传递中都起着至关重要的作用（颜庆云等，2005）。浮游动物不同类群表现出对水环境变化的适应性不同，因此可利用浮游动物群落结构变化和生物量变化以及优势种分布等作为检测评价水环境的重要指标（徐杭英等，2012；Tavernini *et al.*，2005；Echaniz *et al.*，2006）。养殖池塘因为养殖模式不同，浮游动物的多样性和群落结构等都存在差异，本章介绍主养草鱼池塘浮游动物群落结构的演替规律，以及浮游动物与环境因子的相关性，以期为池塘养殖管理提供依据。

第一节 浮游动物群落结构

一、种类组成和优势种

（一）种类组成

采用常规方法（章宗涉和黄祥飞，1991；黄祥飞，1982）调查湖北省公安县崇湖渔场主养草鱼池塘浮游动物群落特征。

本研究共鉴定出原生动物（Protozoa）、轮虫（Rotifera）、枝角类（Cladocera）和桡足类（Copepoda）四大类45属79种（表4-1）。其中，原生动物19属28种，占总数的35.44%；轮虫21属45种，占56.96%；枝角类3属4种，桡足类2属2种，分别占5.06%和2.53%。不同池塘浮游动物的种类组成无显著差异，均以原生动物和轮虫为主，枝角类和桡足类种类数不到8%。

表 4-1 试验塘浮游动物的种类

种类	P1	P2	P3
原生动物 Protozoa			
辐射变形虫 *Amoeba radiosa*	+	+	+
泥生变形虫 *Amoeba limicola*	+		+
普通表壳虫 *Arcella vulgaris*	+	+	
冠冕砂壳虫 *Difflugia corona*	++	+	+
圆钵砂壳虫 *Difflugia urceolata*	+	+	+
放射太阳虫 *Actinophrys sol*	+	+	+
徽章棘球虫 *Acanthosphaera insignis*	++	++	+
毛板壳虫 *Coleps hirtus*	+++	+++	+++
单环栉毛虫 *Didinium balbianii*	+	++	+

种类	P1	P2	P3
双环栉毛虫 *Didinium nasutum*	++	++	+
尾泡焰毛虫 *Askenasia faurei*	++	++	++
团焰毛虫 *Askenasia volvox*	+++	+++	+++
肾形肾形虫 *Colpoda reniformis*	+	+	+
膨大肾形虫 *Colpoda inflata*	+	++	+
梨形四膜虫 *Tetrahymena pyriformis*	+++	+++	+++
绿草履虫 *Paramecium bursaria*	+	+	+
瓜形膜袋虫 *Cyclidium citrullus*	++	+	++
似钟虫 *Vorticella similis*	+	+	+
茂爽口虫 *Climacostomun virens*	+		+
大弹跳虫 *Halteria grandinella*	+++	+++	+++
旋回侠盗虫 *Strobilidium gyrans*	++	++	++
绿急游虫 *Strombidium viride*	+++	+++	+++
淡水筒壳虫 *Tintinnidium fluviatile*			+
恩茨筒壳虫 *Tintinnidium entzii*	+	+	
中华似铃壳虫 *Tintinnopsis sinensis*	++	++	++
王氏似铃壳虫 *Tintinnopsis wangi*	+		+
锥形似铃壳虫 *Tintinnopsis conicus*		+	
赫奕尖毛虫 *Oxytricha caudens*	+	+	+
轮虫 Rotifera			
红眼旋轮虫 *Philodina erythrophthalma*	+	+	+
长足轮虫 *Rotaria neptunia*	+	+	+
钩状猪吻轮虫 *Dicranophoridae uncianatus*	+		+
爱德里亚狭甲轮虫 *Colurella cadriatica*	+	+	
盘状鞍甲轮虫 *Lepadella patella*	++	+	+
角突臂尾轮虫 *Brachionus angularis*	+	+	
蒲达臂尾轮虫 *Brachionus budapestiensis*		+	+
萼花臂尾轮虫 *Brachionus calyciflorus*	++	++	++
裂足臂尾轮虫 *Brachionus diversicornis*	++	++	++
方形臂尾轮虫 *Brachionus quadridentatus*	+	+	+
矩形臂尾轮虫 *Brachionus leydigi*		+	
壶状臂尾轮虫 *Brachionus urceolaris*		+	+
四角平甲轮虫 *Platyias quadricornis*	+	+	
十趾平甲轮虫 *Platyias miltitaris*		+	+
螺形龟甲轮虫 *Keratella cochlearis*	+	+	
龟形龟甲轮虫 *Keratella testudo*		+	
曲腿龟甲轮虫 *Keratella valga*	+	+	+

续表

种类	P1	P2	P3
前额犀轮虫 *Rhinoglena frontalis*	+	+	
裂痕龟纹轮虫 *Anuraeopsis fissa*	+++	+++	+++
椎尾水轮虫 *Epiphanes senta*	+	++	+
囊形单趾轮虫 *Monostyla bulla*	+	++	+
月形单趾轮虫 *Monostyla lunairs*		+	+
前节晶囊轮虫 *Asplanchna priodonta*	++	+	++
卜氏晶囊轮虫 *Asplanchna brightwelli*	+	++	+
盖氏晶囊轮虫 *Asplanchna girodi*	+		
多突囊足轮虫 *Asplanchnopus multiceps*	+	+	
尖尾疣毛轮虫 *Synchaeta stylata*		+	+
梳状疣毛轮虫 *Synchaeta pectinata*		+	
针簇多肢轮虫 *Polyarthra trigla*	+++	+++	+++
真翅多肢轮虫 *Polyarthra euryptera*	++	++	++
小多肢轮虫 *Polyarthra minor*	+	+	
对棘同尾轮虫 *Diurella stylata*	++	+	+
田奈同尾轮虫 *Diurella dixonnuttalli*	+	+	+
暗小异尾轮虫 *Trichocerca pusilla*	+++	+++	+++
刺盖异尾轮虫 *Trichocerca capucina*	+++	+++	+++
长刺异尾轮虫 *Trichocerca longiseta*	++	+	++
二突异尾轮虫 *Trichocerca bicristata*	++	++	++
冠饰异尾轮虫 *Trichocerca lophoessa*	+	+	+
圆筒异尾轮虫 *Trichocerca cylindrica*	+	+	+
迈氏三肢轮虫 *Filinia maior*	++	++	++
脾状三肢轮虫 *Filinia opoliensis*	+	+	+
小三肢轮虫 *Filinia minuta*		+	
臂三肢轮虫 *Filinia brachiata*	+	+	
奇异六腕轮虫 *Hexarthra mira*	+		+
盘镜轮虫 *Testudinella patina*	+	+	
枝角类 Cladocera			
短尾秀体溞 *Diaphanosoma brachyurum*	+	++	+
长肢秀体溞 *Diaphanosoma leuchtenbergianum*	++	+	+
晶莹仙达溞 *Sida crystallina*	+		+
中型尖额溞 *Alona intermedia*		+	+
桡足类 Copepoda			
台湾温剑水蚤 *Thermocyclops taihokuensis*	+	+	+
大型中镖水蚤 *Sinodiaptomus sarsi*	+	++	+

注:"+"表示该种少见;"++"表示该种常见,且有一定数量;"+++"表示该物种很常见

（二）优势种

以平均优势度指数 $Y \geqslant 0.02$ 作为优势种标准，试验塘的浮游动物优势种为毛板壳虫（*Coleps hirtus*）、尾泡焰毛虫（*Askenasia faurei*）、团焰毛虫（*Askenasia volvox*）、梨形四膜虫（*Tetrahymena pyriformis*）、大弹跳虫（*Halteria grandinella*）、绿急游虫（*Strombidium viride*）、裂痕龟纹轮虫（*Anuraeopsis fissa*）、针簇多肢轮虫（*Polyarthra trigla*）、暗小异尾轮虫（*Trichocerca pusilla*）、刺盖异尾轮虫（*Trichocerca capucina*）等 10 种。

二、物种多样性

3 口试验塘浮游动物的 Shannon-Wiener 多样性指数（H'）平均值为 2.26（表 4-2），不同月份的 H' 值为 2.03～3.33，各月 H' 值虽有所不同，但无显著差异（$P > 0.05$）。浮游动物多样性指数随时间变化趋势基本一致，6 月最低，7 月最高，随后直至 10 月整体逐月下降。

表 4-2　浮游动物的 Shannon-Wiener 多样性指数（H'）变化

池塘	5 月	6 月	7 月	8 月	9 月	10 月
P1	2.66±0.22	2.22±0.18	3.33±0.28	2.98±0.21	2.86±0.23	2.42±0.19
P2	2.82±0.23	2.17±0.19	3.03±0.27	2.84±0.19	2.83±0.24	2.22±0.17
P3	2.95±0.24	2.03±0.21	2.95±0.29	2.59±0.21	2.60±0.23	2.15±0.15

第二节　密度和生物量

一、密度和生物量的空间变化

浮游动物密度和生物量分别为（29 793.22±1360.78）ind./L 和（4.38±0.41）mg/L。其中，原生动物密度和生物量分别为（24 500±1044.16）ind./L 和（0.39±0.03）mg/L，分别占总量的 82.23% 和 8.90%；轮虫密度和生物量分别为（5278.22±332.52）ind./L 和（2.15±0.33）mg/L，分别占总量的 17.72% 和 49.09%；枝角类和桡足类密度和生物量分别为（15.00±2.36）ind./L 和（1.84±0.08）mg/L，分别占总量的 0.05% 和 42.00%（表 4-3）。

表 4-3　不同池塘浮游动物密度和生物量

类群	原生动物	轮虫	枝角类和桡足类	合计
密度/（ind./L）				
P1	25 583.33±5 756.88	5 661.17±1 732.77	17.67±12.71	31 262.17
P2	24 416.67±6 552.99	5 111±1 192.25	14.17±12.53	29 541.84
P3	23 500±3 521.36	5 062.5±1 388.75	13.17±13.04	28 575.67
平均	24 500±1 044.16	5 278.22±332.52	15.00±2.36	29 793.22
生物量/（mg/L）				
P1	0.41±0.21	2.49±1.15	1.93±0.41	4.83
P2	0.39±0.11	1.84±0.68	1.81±0.4	4.04

类群	原生动物	轮虫	枝角类和桡足类	合计
P3	0.36±0.1	2.11±1.06	1.79±0.43	4.26
平均	0.39±0.03	2.15±0.33	1.84±0.08	4.38

　　不同池塘的浮游动物总密度和总生物量存在一定差异，但差异不显著。密度为 P1 塘（31 262.17ind./L）＞P2 塘（29 541.84ind./L）＞P3 塘（28 575.67ind./L）；生物量则是 P1 塘（4.83mg/L）＞P3 塘（4.26mg/L）＞P2 塘（4.04mg/L）。

二、密度和生物量的时间变化

　　不同月份浮游动物密度和生物量变化见表 4-4。3 口池塘各月密度为 22 836.33～37 977.66ind./L，5 月最低，7 月最高，8 月至 10 月呈下降趋势；生物量变动范围为 2.77～6.45mg/L，6 月最高，7 月后逐渐下降，至 10 月达到最低值。

表 4-4　不同月份浮游动物密度和生物量变化

	原生动物	轮虫	枝角类和桡足类	合计
密度/(ind./L)				
5 月	19 333.33±1 443.38	3 497.00±706.18	6.00±2.65	22 836.33±949.02
6 月	19 333.33±2 309.40	5 830.67±566.52	30.00±3.00	25 194.00±1 844.27
7 月	30 833.33±4 310.84	7 136.00±1 070.73	8.33±3.06	37 977.66±4 676.13
8 月	27 166.67±3 214.55	5 886.33±947.86	6.33±3.21	33 059.33±4 153.70
9 月	23 333.33±4 010.40	5 230.67±416.17	32.67±2.52	28 596.67±3 799.11
10 月	27 000.00±3 605.55	4 088.67±657.72	6.67±1.53	31 095.34±3 552.34
平均	24 500.00±1 044.16	5 278.22±332.53	15.00±2.36	29 793.22±3 162.43
生物量/(mg/L)				
5 月	0.31±0.05	2.14±0.39	1.59±0.08	4.04±0.44
6 月	0.20±0.07	3.64±0.71	2.61±0.08	6.45±0.72
7 月	0.44±0.05	2.31±0.44	1.67±0.08	4.42±0.46
8 月	0.47±0.23	2.20±0.39	1.58±0.12	4.25±0.62
9 月	0.42±0.12	1.90±0.46	2.01±0.12	4.33±0.68
10 月	0.48±0.04	0.68±0.08	1.61±0.05	2.77±0.15
平均	0.39±0.02	2.15±0.33	1.84±0.08	4.38±0.51

　　养殖池塘浮游动物的种类组成以原生动物和轮虫为主，与一些学者的研究结果大体相似（杨宇峰和黄祥飞，1994；赵玉宝，1993；杨建雷等，2011；李林春，2012）。陈建武等（2010）报道，在匙吻鲟混养池塘中浮游动物主要是轮虫。造成养殖池塘中小型浮游动物比例较高的原因是养殖池塘中有大量的鲢、鳙滤食性鱼类，鲢、鳙对大型浮游动物的摄食会使浮游动物种类趋于小型化（杨宇峰和黄翔飞，1992；胡春英 2000）。鲢、鳙等滤食性鱼类优先摄食枝角类、桡足类以及大型轮虫等，导致大型浮游动物减少，小型浮游动物的种类和数量增加。有学者报道浮游动物的密度和个体大小与放养鱼类的密

度存在一定的负相关性（Brooks and Dodson，1965；Hall *et al.*，1976；Gliwicz，1990）。本试验中，试验塘鱼种总放养量接近，但鲢和鳙鱼种放养量差异较大，P1 塘分别是 P2 塘和 P3 塘的 2.26 倍和 2.42 倍（表 2-1）。P1、P2 和 P3 塘的浮游动物多样性指数分别为 2.42、2.22 和 2.15，浮游动物多样性指数表现出随鲢和鳙放养量的增加而增大。Milsrein 等（1985）报道，随着鲢、鳙放养密度的增加，浮游植物多样性指数提高，浮游动物多样性指数下降。谷孝鸿和刘桂英（1996）的试验结果表明，在鲢、鳙放养密度不同的池塘，差异并不明显，认为当鲢、鳙放养量达到一定密度之后，浮游动物多样性指数不随鲢、鳙密度的变化而有较大的变化，浮游生物群落处于比较稳定的状态。浮游生物多样性受生物、营养状态、水体理化特征等诸多因子的制约（吴朝等，2008；宋伦等，2010），养殖池塘的浮游动物多样性除受鱼类种类和密度影响外，在一定程度上还受施肥和投饵的影响，应是不同研究者所得结果存在差异的原因之一。

　　一些研究者认为，增加鲢、鳙密度可大幅度降低浮游动物生物量（陈少莲等，1991；Burke *et al.*，1986；赵玉宝，1993；Kajak，1979）。由于鲢和鳙对食物颗粒大小的选择作用，增加鲢和鳙的密度可促进浮游生物小型化，水体中原生动物和小型轮虫密度增加，较大型的甲壳类和轮虫减少，生物量降低。本试验中，P1 塘鲢和鳙鱼种放养量为 P2 和 P3 塘的 2 倍以上，但三口塘的浮游动物平均密度无显著差异，P1 塘的平均生物量（4.83mg/L）高于 P2 塘（4.04mg/L）和 P3 塘（4.26mg/L）。其原因尚不能确定。

小　　结

　　1）本研究共鉴定出浮游动物 45 属 79 种。其中，原生动物 19 属 28 种，占总数的 35.44%；轮虫 21 属 45 种，占 56.96%；枝角类 3 属 4 种，桡足类 2 属 2 种，分别占 5.06% 和 2.53%。不同池塘浮游动物的种类组成没有显著差异。

　　2）不同月份的 Shannon-Wiener 多样性指数（H'）为 2.03～3.33，不同池塘间和不同月份间差异不显著（$P > 0.05$）。

　　3）浮游动物平均密度和生物量分别为（29 793.22±1360.78）ind./L 和（4.38±0.41）mg/L。其中，原生动物密度和生物量分别占 82.23% 和 8.90%；轮虫密度和生物量分别占 17.72% 和 49.09%；枝角类和桡足类密度和生物量分别占 0.05% 和 42.00%。不同池塘密度和生物量彼此间均无显著差异（$P > 0.05$）；密度和生物量呈现季节变化，密度 5 月最低，7 月最高，生物量 10 月最低，6 月最高。

参 考 文 献

陈建武, 朱永久, 赵建华, 等. 2010. 匙吻鲟混养池塘中浮游生物的变化. 福建农业大学学报 (自然科学版), 41(4): 503-508

陈少莲, 刘肖芳, 华俐, 等. 1991. 鲢鳙在东湖生态系统的氮、磷循环中的作用. 水生生物学报, 15(1): 8-26

谷孝鸿, 刘桂英. 1996. 滤食性鲢鳙鱼对池塘浮游生物的影响. 农村生态环境, 12(1): 6-10

胡春英. 2000. 围圈养鱼对浮游动物多样性的影响. 水生生物学报, 24(5): 430-433

黄祥飞. 1983. 淡水浮游动物的定量方法. 水库渔业, (4): 52-59

李林春. 2012. 分区池塘中浮游生物的分析研究. 中国农学通报, 28(29): 104-108

宋伦, 周遵春, 王年斌, 等. 2010. 辽东湾浮游动物多样性及其海洋环境因子的关系. 海洋科学, 34(3): 35-39

吴朝, 张庆国, 毛栽华, 等. 2008. 淮南焦岗湖浮游生物群落及多样性分析. 合肥工业大学学报(自然科学版), 31(8): 1232-1236

徐杭英, 于海燕, 俞建, 等. 2012. 浙江两类饮用水源地浮游动物种类组成及其类群相关性分析. 生态科学, 31(3): 233-239

颜庆云, 余育和, 冯伟松, 等. 2005. 洞庭湖浮游生物 DNA 指纹与理化因子的关系. 水生生物学报, 29(6): 602-607

杨建雷, 高勤峰, 董双林, 等. 2011. 草鱼、鲢鱼和鲤鱼混养池塘中浮游生物和悬浮物颗粒组成变化的研究. 中国海洋大学学报, 41(10): 23-29

杨宇峰, 黄祥飞. 1992. 鲢鳙对浮游生物群落结构的影响. 湖泊科学, 4(3): 78-86

杨宇峰, 黄祥飞. 1994. 武汉东湖浮游动物群落结构的研究. 应用生态学报, 5(3): 319-324

章宗涉, 黄祥飞. 1991. 淡水浮游生物研究方法. 北京: 科学出版社

赵玉宝. 1993. 鲤鱼和鲢鳙鱼对池塘浮游生物的影响. 生态学报, 13(4): 348-355

Brooks JL, Dodson SI. 1965. Predation, body size, and composition of plankton: The effect of a marine planktivore on lake plankton illustrates theory of size, competition, and predation. *Science*, 150(3692): 28-35

Burke JS, Bayne DR, Rea H. 1986. Impact of silver and big head carps on plankton communities of channel catfish ponds. *Aquaculture*, 55(1): 59-68

Echaniz SA, Vignatti AM, de Paggi JC, *et al.* 2006. Zooplankton seasonal abundance of south American saline shallow lakes. *International Review of Hydrobiology*, 91(1): 86-100

Gliwicz ZM. 1990. Food thresholds and body size in cladocerans. *Nature*, 343: 638-640

Hall DJ, Threlkeld ST, Burns CW, *et al.* 1976. The size-efficiency hypothesis and the size structure of zooplankton communities. *Annual Review of Ecology and Systematics*, 7: 177-208

Kajak Z. 1979. The possible use of fish, especially silver carp *Hypophthalmichthys molitrix*, to overcome water blooms in temperate water bodies. *Human Impacts on Life in Fresh Water*, 19: 77-86

Milsrein A, Hephe B, Teltsch B. 1985. Principal component analysis of interactions between fish species and the ecological conditions in fish ponds. I. Phytoplankton. *Aquaculture and Fisheries Management*, 16(4): 305-317

Tavernini S, Mura G, Rossetti G. 2005. Factors influencing the seasonal phenology and composition of zooplankton communities in mountain temporary pools. *International Review of Hydrobiology*, 90(4): 358-375

第五章 养殖池塘大型底栖动物群落结构

底栖动物是指生活史的全部或大部分时间栖息于水体底部的水生动物类群，主要包括软体动物（Mollusca）、寡毛类（Oligochaeta）和水生昆虫及其幼虫。底栖动物在水域生态系统的物质循环和能量流动中扮演着重要角色（刘学勤，2006），还是鱼类等水生动物的天然饵料，其现存量与底栖动物食性鱼类的鱼产量紧密相关（谢祚浑和周一兵，1990，1994；王洪铸等，2005）。底栖动物通过摄食和活动扰动能去除水体悬浮物，降低水体营养盐含量，调节水泥界面的物质交换，促进水体自净（Karr and Chu，2000；侯永超，2020），通过底层食物链和摇蚊成虫羽化也能清除池塘部分氮和磷，被认为是解决富营养化的潜在手段（傅相明等，2005）。此外，底栖动物还可以作为环境监测的指示生物（戴友芝等，1999；张远等，2007）。因此，底栖动物在水域生态系统中起着十分重要的作用。研究池塘底栖动物的群落结构有助于了解池塘生态系统的营养结构和能流流动。本章对养殖池塘大型底栖动物群落结构及生物量进行了研究，旨在为养殖池塘水质管理提供依据。

第一节 大型底栖动物群落结构

一、种类组成和优势种

调查 6 口池塘，其中主养草鱼池塘 3 口（P1、P2、P3）同第二章；主养黄颡鱼（*Pelteobagrus fulvidraco*）池塘 3 口（H1、H2、H3）面积均为 6670m^2，放养鱼类为黄颡鱼、鲢、鳙，其中，黄颡鱼的放养量分别占总放养量的 69.8%、64.8% 和 71.6%。调查时间 2012 年 4～11 月，每月采样一次，每口池塘设 12 个采样点。用 1/16m^2 彼得逊采泥器采集泥样，采集的泥样经网目 0.45mm 分样筛后，捡出动物标本，用 10% 福尔马林液固定，室内鉴定、计数和称重，计算密度和生物量。

（一）种类组成

3 口草鱼池塘共检出大型底栖动物 16 种，其中，腹足类（Gastropoda）6 种，占 37.5%；寡毛类和摇蚊幼虫各 5 种，各占 31.3%。P1 塘和 P3 塘种类完全一样，均为 15 种；P2 塘 16 种，多一种（湖北钉螺 *Oncomelania hupensis*），为偶见种类。

3 口黄颡鱼池塘共检出大型底栖动物 10 种，寡毛类和摇蚊幼虫各 5 种，各占 50%；未检出腹足类（表 5-1）。

表 5-1　养殖池塘大型底栖动物种类组成

种类	池塘					
	P1	P2	P3	H1	H2	H3
腹足类 Gastropoda						
长角涵螺 *Alocinma longicornis*	+	+	+			
中华圆田螺 *Cipangopaludina chinensis*	+	+	+			
椭圆萝卜螺 *Radix swinhoei*	+	+	+			
扁旋螺 *Gyraulus compressus*	+		+			
梨形环棱螺 *Bellamya purificata*	+		+			
湖北钉螺 *Oncomelania hupensis*		+				
寡毛类 Oligochaeta						
霍甫水丝蚓 *Limnodrilus hoffmeisteri*	+	+	+	+	+	+
正颤蚓 *Tubifex tubifex*	—	+	+	+	+	+
苏氏尾鳃蚓 *Branchiura sowerbyi*	—	+	+	+	+	+
巨毛水丝蚓 *Limnodrilus grandisetosus*	—	+	+	+	+	+
管水蚓属一种 *Aulodrilus* sp.	—	—	+	+	+	+
摇蚊幼虫 chironomid						
长足摇蚊属一种 *Tanypus* sp.	—	+	+	+	—	—
微小摇蚊属一种 *Microchironomus* sp.	+	+	+		+	+
羽摇蚊 *Chironomus plumosus*	+	+	+	+	+	+
红裸须摇蚊 *Propsilocerus akamusi*	+	+	+	+	+	+
拟摇蚊属一种 *Compteromesa* sp.	—	+	+	+	+	+

注："+"表示存在，"—"表示未见

　　高密度养殖池塘中大型底栖动物组成较为简单，现存量较少，多以寡毛类和摇蚊幼虫为主（Huener and Kadlec，1992；谢祚浑和周一兵，1991）。本次调查的养殖池塘，大型底栖动物种类组成简单，在草鱼池塘和黄颡鱼池塘，均没有采集到贝类，而在与调查池塘毗邻的崇湖中贝类则极为常见。贝类在养殖池塘消失的原因，推测是养殖池塘在鱼种放养前通常会用药物"清塘"，且养殖过程中为防治鱼类寄生虫会使用杀虫剂，直接杀灭蚌类成体和钩介幼虫（glochidium），而螺类则可通过潜入池底淤泥或顺池壁等物体脱离水体逃过一劫。

（二）优势种

　　草鱼池塘（P组），中华圆田螺（*Cipangopaludina chinensis*）在腹足类中为绝对优势种，密度和生物量分别占总量的 87.14% 和 97.58%。寡毛类和摇蚊幼虫的优势种为霍甫水丝蚓（*Limnodrilus hoffmeisteri*）、微小摇蚊属（*Microchironomus*）和红裸须摇蚊（*Propsilocerus akamusi*）。黄颡鱼池塘（H组），优势种为霍甫水丝蚓，平均密度和生物量分别为 1226.52ind./m^2 和 5.46g/m^2，分别占底栖动物总量的 86.84% 和 59.90%。此外，红裸须摇蚊在 11 月密度和生物量最大，分别达 72.89ind./m^2 和 1.11g/m^2。

二、物种多样性

池塘大型底栖动物多样性指数见表 5-2。草鱼池塘大型底栖动物的 Shannon-Wiener 多样性指数（H'）、Simpson 指数和 Margalef 丰富度指数（D）均显著大于黄颡鱼池塘（$P<0.05$）。

表 5-2　池塘底栖动物多样性指数

多样性指数	池塘					
	P1	P2	P3	H1	H2	H3
Shannon-Wiener 多样性指数（H'）	0.92[b]	1.31[a]	1.55[a]	0.27[d]	0.28[d]	0.48[c]
Simpson 指数	0.56[a]	0.69[a]	0.75[a]	0.10[b]	0.10[b]	0.19[b]
Margalef 丰富度指数（D）	5.61[a]	2.36[b]	4.62[a]	1.32[c]	0.91[d]	1.36[c]

注：同列数值上标字母不同，表示数值之间差异显著（$P<0.05$）

第二节　密度和生物量

一、不同池塘密度和生物量

（一）草鱼池塘腹足类的密度和生物量

3 口草鱼池塘腹足类的平均密度和生物量分别为 81.58ind./m² 和 37.45g/m²。P2 塘密度和生物量均最大，分别为 117.93ind./m² 和 72.87g/m²；P1 塘最小，分别为 55.11ind./m² 和 14.94g/m²（图 5-1）。3 口池塘之间密度和生物量差异显著（$P<0.05$）。5~8 月腹足类的密度和生物量呈逐渐下降趋势，5 月最高，分别为 42.67ind./m² 和 8.56g/m²；8 月最低，分别为 6.67ind./m² 和 1.62g/m²。

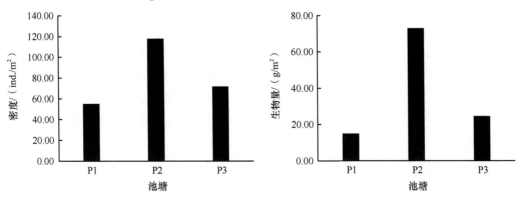

图 5-1　草鱼池塘腹足类的密度和生物量

（二）寡毛类和摇蚊幼虫的密度和生物量

从图 5-2 可以看出，寡毛类的平均密度和生物量，草鱼池塘分别为（24.22±17.78）ind./m² 和（0.16±0.14）mg/m²，不同池塘间密度和生物量均差异显著（$P<0.05$）。黄颡鱼池塘分别为（1343.2±89.1）ind./m² 和（8.85±2.12）mg/m²，不同池塘间密度和生

物量均无显著差异（$P>0.05$）。黄颡鱼池塘平均密度和生物量分别是草鱼池塘的 55.5 倍和 55.3 倍，差异显著。

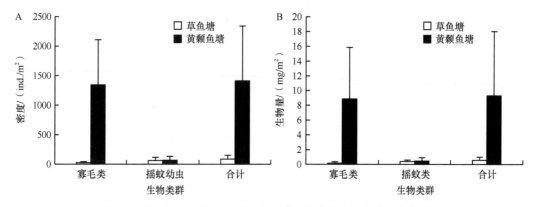

图 5-2　草鱼池塘、黄颡鱼池塘寡毛类及摇蚊幼虫的密度和生物量

摇蚊幼虫的平均密度和生物量，草鱼池塘分别为（62.37±53.71）ind./m² 和（0.40±0.18）mg/m²，不同池塘间密度和生物量均差异显著（$P<0.05$）。黄颡鱼池塘分别为（68.81±41.35）ind./m² 和（0.45±0.16）mg/m²，不同池塘间密度和生物量差异显著（$P>0.05$）。黄颡鱼池塘的平均密度和生物量略高于草鱼池塘，差异不显著。

寡毛类和摇蚊幼虫合计密度和生物量，草鱼池塘分别为（86.59±65.36）ind./m² 和（0.56±0.44）mg/m²；黄颡鱼池塘分别为（1412.0±61.7）mg/m² 和（9.30±2.15）mg/m²。黄颡鱼池塘的密度极显著高于草鱼池塘（$P<0.01$），生物量显著高于草鱼池塘（$P<0.05$）。草鱼池塘摇蚊幼虫平均密度和生物量分别是寡毛类的 2.58 倍和 2.5 倍，黄颡鱼池塘摇蚊幼虫平均密度和生物量均仅为寡毛类的 5%。草鱼池塘底栖动物以摇蚊幼虫为主，而黄颡鱼池塘则以寡毛类占绝对优势。

二、密度和生物量的季节变化

池塘寡毛类和摇蚊幼虫密度和生物量月变化趋势见图 5-3。草鱼池塘寡毛类密度 4～8 月呈上升趋势，8 月达最大值，此后持续下降；生物量 4～6 月较低，7 月上升，8 月下降后持续上升，10 月达最大值，11 月下降。摇蚊幼虫密度，前期波动较大，从 4 月的 147.56ind./m² 急剧下降到 5 月的 71.11ind./m²，6 月又急剧上升到达最大值（204.44ind./m²），7 月急剧下降到 28.44ind./m²，此后维持在较低水平。

黄颡鱼池塘寡毛类密度自 4 月持续下降至 6 月达最低值，此后缓慢上升至 10 月，11

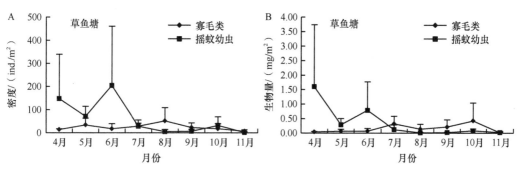

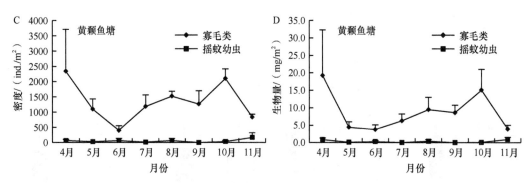

图 5-3　草鱼塘、黄颡鱼塘寡毛类和摇蚊幼虫密度与生物量的月变化

月回落；生物量自 4 月最高值 19.25mg/m² 急剧下降至 5 月的 4.10mg/m²，此后持续上升至 10 月，11 月回落。摇蚊幼虫密度 4～10 月基本在 65ind./m² 以下波动，11 月急剧上升至 164.74ind./m²；4 月生物量达 0.84mg/m²，5～10 月在 0.4mg/m² 以下波动，11 月达最大值 0.92mg/m²。从图 5-3 可以看出，生物量和密度的变化趋势并不完全同步，应与不同月份种类组成不同有关。

　　草鱼塘、黄颡鱼塘寡毛类和摇蚊幼虫总密度和总生物量月变化趋势见图 5-4。从图 5-4 可看出，草鱼塘底栖动物的密度和生物量显著低于黄颡鱼塘（P＜0.01）。两组池塘大型底栖动物密度和生物量最高值出现在 4 月或 6 月，最高密度和生物量草鱼塘分别为 222.22ind./m² 和 1.64g/m²，黄颡鱼塘分别为 2401.78ind./m² 和 20.09g/m²。而后缓慢降低，10 月密度和生物量升高，可能与红裸须摇蚊幼虫大量出现有关。

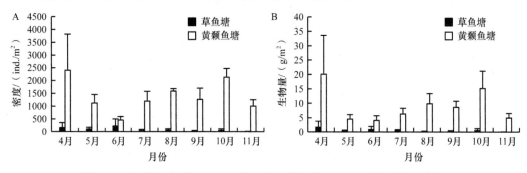

图 5-4　草鱼塘、黄颡鱼塘寡毛类和摇蚊幼虫总密度和总生物量的月变化

　　大型底栖动物的群落结构受诸多因素影响（Denisenko et al.，2007）。本研究中，P1 塘寡毛类和摇蚊幼虫生物量最低，仅 0.03mg/m²，疑与池塘底质有关。根据现场调查，P1 塘底质布满较大黏土疙瘩，P2 和 P3 塘底质为腐泥和软土，而摇蚊幼虫和寡毛类在黏土中的密度显著低于腐泥中（陈其羽和吴天惠，1990）。有研究表明，大型底栖动物的物种多样性与营养水平呈负相关（Bachelet et al.，2000）。富营养化引起的藻类疯长对底栖动物群落结构存在一定影响，导致物种多样性降低（Bonsdorff，1992），在营养极为过剩的高密度养殖池塘中尤为突出（Perus and Bonsdorff，2004）。

　　养殖品种不同可能是导致草鱼池塘大型底栖动物密度和生物量显著低于黄颡鱼池塘的原因。在自然水体中，黄颡鱼摄食小鱼、虾、水生昆虫（特别是摇蚊幼虫）、小型软体动物及其他水生无脊椎动物，黄颡鱼捕食对底栖动物密度和生物量造成很大影响；在人工投饵池塘，黄颡鱼大量摄食人工饵料，减轻了对底栖生物的摄食压力。黄颡鱼池塘仅套养鲢、鳙，鲢、鳙为滤食性中上层鱼类，主要捕食浮游生物，对底栖动物基本无影响。草鱼池塘由于投放了大量杂食性鱼类鲤（*Cyprinus carpio*）、鲫等底层食性鱼类。在自然条件下，鲤、鲫的主要食物来源包括底栖动物中的寡毛类、软体动物和摇蚊幼虫，其次是浮游动物、水生昆虫、大型植物及其种子（Guziur，1976；Spataru *et al.*，1980）。Riera等（1991）报道，在没有放养鲤的围隔中，颤蚓现存量比有鲤其他区域高1.7倍。在养殖池塘鲤、鲫对人工饲料的摄食受到摄食能力强的草鱼的竞争，转而摄食底栖动物，鲤、鲫的捕食可能是导致草鱼池塘大型底栖动物生物量显著低于黄颡鱼池塘的直接原因。黄颡鱼对底栖动物捕食的下降进一步扩大了两种池塘大型底栖动物生物量的差异。

小　　结

1）主养草鱼池塘大型底栖动物16种，其中腹足类6种，寡毛类和摇蚊幼虫各5种，优势种为中华圆田螺、霍甫水丝蚓、微小摇蚊和红裸须摇蚊。黄颡鱼池塘大型底栖动物10种，寡毛类和摇蚊幼虫各5种，优势种为霍甫水丝蚓，没有检出腹足类。

2）草鱼池塘大型底栖动物的Shannon-Wiener多样性指数、Simpson指数和Margalef丰富度指数均高于黄颡鱼池塘。

3）主养草鱼池塘腹足类密度和生物量分别为81.58ind./m^{2}和37.45g/m^2。寡毛类和摇蚊幼虫的总密度和生物量，主养草鱼池塘分别为86.59ind./m^{2}和0.56mg/m^2，主养黄颡鱼池塘分别为1412.0ind./m^{2}和9.30mg/m^2。黄颡鱼池塘密度和生物量显著高于草鱼池塘，两种池塘的密度和生物量均呈现较为明显的季节变化。

4）草鱼池塘摇蚊幼虫平均密度和生物量分别是寡毛类的2.58倍和2.5倍，黄颡鱼池塘摇蚊幼虫平均密度和生物量均仅为寡毛类的5%。草鱼池塘底栖动物以摇蚊幼虫为主，黄颡鱼池塘则以寡毛类占绝对优势。在人工投饵池塘，养殖种类的摄食策略是造成两种池塘大型底栖动物密度和生物量差异的主要原因。

参 考 文 献

陈其羽, 吴天惠. 1990. 底栖动物//刘建康. 东湖生态学研究 (一). 北京: 科学出版社

戴友芝, 唐受印, 张建波. 1999. 利用底栖动物群落特征评价洞庭湖污染的研究. 湘潭大学自然科学学报, 21(4): 83-87

傅相明, 王宇庭, 曲晓. 2005. 黄河三角洲平原型水库摇蚊幼虫对磷的积累效应. 农业环境科学学报, 24 (增刊): 134-136

侯永超. 2020. 河口湿地大型底栖无脊椎动物对土壤生源要素分布特征的影响. 青岛大学硕士学位论文

刘学勤. 2006. 湖泊底栖动物食物组成与食物网研究. 中国科学院研究生院博士学位论文

王洪铸, 阎云君, 梁彦龄. 2005. 湖泊重要放养对象的渔产潜力//崔奕波, 李钟杰. 长江流域湖泊的渔业资源与环境保护. 北京: 科学出版社

谢祚浑, 周一兵. 1990. 池塘中摇蚊科幼虫现存量和生产力的研究. 大连海洋大学学报, 5(3): 7-17

谢祚浑, 周一兵. 1994. 镇赉高产塘的底栖动物及其利用率. 大连水产学院学报, 9(4): 21-31

谢祚浑, 周一兵. 1991. 摇蚊幼虫和水蚯蚓在池塘中的群落结构初步研究. 大连水产学院学报, 6(2): 59-64

张远, 徐成斌, 马溪平, 等. 2007. 辽河流域河流底栖动物完整性评价指标与标准. 环境科学学报, 27(6): 919-927

Bachelet G, De Montaudouin X, Auby I, *et al.* 2000. Seasonal changes in macrophyte and macrozoobenthos assemblages in three coastal lagoons under varying degrees of eutrophication. *ICES Journal of Marine Science: Journal du Conseil*, 57(5): 1495-1506

Bonsdorff E.1992. Drifting algae and zoobenthos-effects on settling and community structure. *Netherlands Journal of Sea Research*, 30: 57-62

Denisenko NV, Denisenko SG, Lehtonen KK, *et al.* 2007. Zoobenthos of the Cheshskaya Bay (southeastern Barents Sea): spatial distribution and community structure in relation to environmental factors. *Polar Biology*, 30(6): 735-746

Guziur J. 1976. The feeding of two year old carp (*Cyprinus carpio* L.) in a vendance Lake Klawoj. *Ecologia Polska*, 24(2): 211-235

Huener JD, Kadlec JA. 1992. Macroinvertebrate response to marsh management strategies in Utah. *Wetlands*, 12(2): 72-78

Karr JR, Chu EW. 2000. Sustaining living rivers. *Hydrobiologia*, 422/423: 1-14

Perus J, Bonsdorff E. 2004. Long-term changes in macrozoobenthos in the Åland archipelago, northern Baltic Sea. *Journal of Sea Research*, 52(1): 45-56

Riera P, Juget J, Martinet F. 1991. Predator-prey interactions: effects of carp predation on tubificid dynamics and carp production in experimental fishpond. *Hydrobiologia*, 226(3): 129-136

Spataru P, Hepher B, Halevy A. 1980. The effect of the method of supplementary feed application on the feeding habits of carp (*Cyprinus carpio* L.) with regard to natural food in ponds. *Hydrobiologia*, 72(1-2): 171-178

第六章　崇湖渔场沟渠水生生物群落结构

渔场沟渠是水产养殖场的重要设施，除了用于进排水，还是渔场水生态系统的主要组成部分。沟渠内的生物群落在沟渠水质净化方面起到重要作用，但沟渠生物群落特征及生态功能通常被忽视。在沟渠建设和改造中，为了保证水流通畅，将容易生长杂草的土坡沟渠改造为水泥护坡沟渠。护坡沟渠较为美观，既能保证水流通畅，又可防止堤坡垮塌；缺点是降低了沟渠生物多样性，使沟渠生态系统稳定性下降，从而降低了沟渠的净化能力。当前大力提倡的生态沟渠建设，主要通过提高沟渠生物多样性，利用沟渠生物拦截、滞留、吸收水体中的氮磷元素和有害物质。养殖场沟渠的建设和改造，不仅要考虑它的物化特性，更要考虑它的生物要素及其生态学效应。两种沟渠究竟哪种更有利于水体健康是值得考虑的问题。为此，我们对两种沟渠的水生生物群落结构进行比较研究，以期为合理构建人工生态沟渠提供依据。

第一节　浮游植物群落结构

一、种类组成和优势种

本研究共检出浮游藻类 8 门 74 属（表 6-1）。其中，绿藻门 38 属，占总数的 51.35%；蓝藻门 12 属，占总数的 16.22%；硅藻门 11 属，占总数的 14.86%；裸藻门 5 属，占总数的 6.76%；金藻门 3 属，占总数的 4.05%；隐藻门 2 属，甲藻门 2 属，黄藻门 1 属。

表 6-1　沟渠浮游藻类的种类组成

种类	春季	夏季	秋季	冬季
蓝藻门 Cyanophyta				
鞘丝藻属 *Lyngbya*	—	+	—	—
色球藻属 *Chroococcus*	—	+	—	—
颤藻属 *Oscillatoria*	—	+	—	+
微囊藻属 *Microcystis*	—	+	—	—
螺旋藻属 *Spirulina*	—	+	—	—
平裂藻属 *Merismopedia*	++	+++	—	+++
胶鞘藻属 *Phormidium*	+++	+	+	—
鱼腥藻属 *Anabaena*	+++	+	—	—
尖头藻属 *Raphidiopsis*	+++	+	—	—
隐杆藻属 *Aphanothece*	—	—	+	—
隐球藻属 *Aphanocapsa*	—	—	+	—
蓝纤维藻属 *Dactylococcopsis*	—	+	—	—

种类	春季	夏季	秋季	冬季
绿藻门 Chlorophyta				
衣藻属 *Chlamydomonas*	+++	+++	++	++
壳衣藻属 *Phacotus*	—	+	—	—
四星藻属 *Tetrastrum*	—	+	—	++
实球藻属 *Pandorina*	—	+	—	++
空球藻属 *Eudorina*	—	+	—	—
小球藻属 *Chlorella*	+++	+++	+++	+++
栅藻属 *Scenedesmus*	++	+++	++	+++
绿梭藻属 *Chlorogonium*	—	—	—	+
拟配藻属 *Spermatozopsis*	—	+	++	+
四角藻属 *Tetraedron*	++	++	+	+
绿球藻属 *Chlorococcum*	—	+++	++	+++
胶网藻属 *Dictyosphaerium*	—	—	—	++
鼓藻属 *Cosmarium*	—	+	—	—
角星鼓藻属 *Staurastrum*	—	+	—	—
角丝鼓藻属 *Desmidium*	—	—	+	—
顶棘藻属 *Lagerheimiella*	—	+	—	+
弓形藻属 *Schroederia*	—	—	—	+
骈胞藻属 *Binuclearia*	—	+	—	—
月牙藻属 *Selenastrum*	—	+++	+	+++
新月藻属 *Closterium*	—	+	—	—
集星藻属 *Actinastrum*	—	+	+	++
十字藻属 *Crucigenia*	++	+	—	—
盘星藻属 *Pediastrum*	—	+	+	+
卵囊藻属 *Oocystis*	+	++	+	++
丝藻属 *Ulothrix*	—	++	—	—
纤维藻属 *Ankistrodesmus*	++	++	++	+++
韦氏藻属 *Westella*	—	+	—	—
蹄形藻属 *Kirchneriella*	++	++	+	+
微芒藻属 *Micractinium*	—	—	—	+
平藻属 *Pedinomonas*	—	+	—	—
小椿藻属 *Characium*	+	—	—	—
四月藻属 *Tetrallantos*	—	—	+	—
双月藻属 *Dicloster*	+	—	—	—
链丝藻属 *Hormidium*	—	—	—	++
四鞭藻属 *Carteria*	—	—	—	+
扁藻属 *Tetraselmis*	+	—	—	—

续表

种类	春季	夏季	秋季	冬季
水绵属 *Spirogyra*	—	+	—	—
胶星藻属 *Gloeoactinium*	—	—	+	—
硅藻门 Bacillariophyta				
针杆藻属 *Synedra*	++	++	+	—
菱形藻属 *Nitzschia*	+	++	++	++
直链藻属 *Melosira*	++	+	+	—
舟形藻属 *Navicula*	+	+	+	+
桥弯藻属 *Cymbella*	+	—	—	+
月形藻属 *Closteridium*				
小环藻属 *Cyclotella*	++	++	++	+++
异极藻属 *Gomphonema*	—	+	+	—
短缝藻属 *Eunotia*	+	—	—	—
星杆藻属 *Asterionella*	—	—	+	—
四棘藻属 *Attheya*	—	—	—	+
裸藻门 Euglenophyta				
囊裸藻属 *Trachelomonas*	+	++	+++	—
裸藻属 *Euglena*	++	+++	+++	+
扁裸藻属 *Phacus*	—	+	++	+
鳞孔藻属 *Lepocinclis*	+	+	++	—
陀螺藻属 *Strombomonas*	+	+	—	—
黄藻门 Xanthophyta				
黄管藻属 *Ophiocytium*	—	—	—	+
隐藻门 Cryptophyta				
隐藻属 *Cryptomonas*	++	+++	+++	+++
蓝隐藻属 *Chroomonas*	—	+++	+++	+++
甲藻门 Pyrrophyta				
薄甲藻属 *Glenodinium*	+	—	+	+
裸甲藻属 *Gymnodinium*	—	+	—	—
金藻门 Chrysophyta				
锥囊藻属 *Dinobryon*	+	—	+	—
黄群藻属 *Synura*	—	—	+	+
鱼鳞藻属 *Mallomonas*	—	—	—	+

注:"—"代表无;"+"代表少量;"++"代表常见;"+++"代表优势

　　春季优势种为蓝藻门的胶鞘藻属（席藻属）（*Phormidium*）、鱼腥藻属（*Anabaena*）、尖头藻属（*Raphidiopsis*），绿藻门中的衣藻属（*Chlamydomonas*）、小球藻属（*Chlorella*）；夏季优势种为蓝藻门的平裂藻属（*Merismopedia*），绿藻门中的衣藻属、小球藻属、栅藻属（*Scenedesmus*）、绿球藻属（*Chlorococcum*）、月牙藻属（*Selenastrum*），裸藻门的裸藻属（*Euglena*），隐藻门的隐藻属（*Cryptomonas*）和蓝隐藻属（*Chroomonas*）；秋季优势种为绿藻门的小球藻属，裸藻门的囊裸藻属（*Trachelomonas*）、裸藻属，隐藻门的隐藻属和蓝隐藻属；冬季优势种为蓝藻门的平裂藻属，绿藻门的小球藻属、栅藻属、绿球藻属、月牙藻属、纤维藻属（*Ankistrodesmus*），硅藻门的小环藻属（*Cyclotella*），隐藻门的隐藻属和蓝隐藻属。

二、密度和生物量

沟渠水体中浮游藻类密度和生物量的季节变化见表 6-2。密度春季最高，为 5.5751×10^7 cells/L，冬季为 1.7480×10^7 cells/L，夏季为 0.9031×10^7 cells/L，秋季最低，为 3.312×10^6 cells/L；生物量春季最高，为 51.13mg/L，夏季为 26.68mg/L，冬季为 9.43mg/L，秋季最低，为 5.63mg/L。

表 6-2　沟渠水体中浮游藻类密度和生物量的季节变化

指标	春季	夏季	秋季	冬季
密度/($\times 10^7$cells/L)	5.5751	0.9031	0.3312	1.7480
生物量/(mg/L)	51.13	26.68	5.63	9.43

绿藻门密度在春季、夏季和冬季占优势，分别占总密度的 46.55%、51.53% 和 50.83%，秋季隐藻门密度占绝对优势，占总密度的 71.77%。春季蓝藻门生物量占优势，占总生物量的 37.67%，夏季和秋季隐藻门生物量占绝对优势，分别占总生物量的 35.58% 和 72.67%，冬季硅藻门生物量占优势，占总生物量的 37.62%（表 6-3）。

表 6-3　沟渠水体中浮游植物密度和生物量百分比季节变化（%）

类群	密度百分比				生物量百分比			
	春季	夏季	秋季	冬季	春季	夏季	秋季	冬季
蓝藻门 Cyanophyta	31.96	6.31	0.25	6.04	37.67	0.38	0.3	0.54
绿藻门 Chlorophyta	46.55	51.53	11.77	50.83	14.15	25.81	1.31	29.62
硅藻门 Bacillariophyta	3.81	6.4	3.04	27.54	7.57	14.84	4.53	37.62
裸藻门 Euglenophyta	1.65	7.33	11.52	0.14	5.99	23.18	20.68	0.89
隐藻门 Cryptophyta	15.75	34.16	71.77	14.68	34.33	35.58	72.67	28.4
甲藻门 Pyrrophyta	0.08	0.27	0.38	0.14	0.07	0.21	0.18	0.21
金藻门 Chrysophyta	0.2		1.27	0.58	0.22		0.33	2.7
黄藻门 Xanthophyta	0	0	0	0.05				0.02

夏季通常是藻类生长发育盛期，在本研究中，浮游藻类的密度和生物量在春季最高。分析原因：一是渔场冬季干塘捕鱼，池塘肥水集中排入沟渠，使沟渠水体中的营养物质大幅增加，有利于浮游藻类的繁殖。二是沉水植物对浮游藻类的抑藻作用，包括占据有限生态位，释放化感抑藻物质（马晓燕和陈家长，2006）以及植物根系的机械截留（宋海亮，2005）。沉水植物可通过生化抑制效应促进藻类的沉降（杨清心，1996），有研究表明，沉水植物能够强烈抑制小球藻和斜生栅藻（*Scenedesmus obliquus*）的生长（张

庭廷等，2007），苦草（*Vallisneria natans*）对蛋白核小球藻（*Chlorella pyrenoidosa*）和铜绿微囊藻（*Microcystis aeruginosa*）表现出强烈的抑制作用（夏科等，2007），黑藻（*Hydrilla verticillata*）能够显著地抑制铜绿微囊藻的生长，导致藻细胞生长量降低、藻细胞超微结构损伤、Chl-a 含量下降（王立新等，2004）。

第二节　周丛藻类群落结构

一、种类组成和优势种

本研究共鉴定出周丛藻类 7 门 55 属，其中蓝藻门 5 属（9.09%），绿藻门 27 属（49.09%），硅藻门 15 属（27.27%），裸藻门 3 属，隐藻门 2 属，甲藻门 2 属，黄藻门 1 属（表 6-4）。

表 6-4　沟渠周丛藻类的种类组成

种类	春季	夏季	秋季	冬季
蓝藻门 Cyanophyta				
鞘丝藻属 *Lyngbya*	—	++	++	—
颤藻属 *Oscillatoria*	—	++	++	+
平裂藻属 *Merismopedia*	+++	+	++	+++
胶鞘藻属 *Phormidium*	+++	+++	—	++
尖头藻属 *Raphidiopsis*	++	—	—	—
绿藻门 Chlorophyta				
衣藻属 *Chlamydomonas*	—	++	++	—
四星藻属 *Tetrastrum*	—	+	—	++
空球藻属 *Eudorina*	—	—	+	—
小球藻属 *Chlorella*	—	+++	+++	+++
栅藻属 *Scenedesmus*	++	+++	+++	+++
绿梭藻属 *Chlorogonium*	—	+	—	—
四角藻属 *Tetraedron*	+	+	+	+
绿球藻属 *Chlorococcum*	—	++	+++	+++
胶网藻属 *Dictyosphaerium*	—	—	—	++
鼓藻属 *Cosmarium*	—	+	+	—
顶棘藻属 *Lagerheimiella*	—	—	—	+
月牙藻属 *Selenastrum*	—	+++	+++	+++
集星藻属 *Actinastrum*	—	—	—	+
十字藻属 *Crucigenia*	+	+	++	++
盘星藻属 *Pediastrum*	—	+	—	—
卵囊藻属 *Oocystis*	—	++	+	++
丝藻属 *Ulothrix*	—	++	—	—
纤维藻属 *Ankistrodesmus*	+++	+++	+++	+++
韦氏藻属 *Westella*	—	—	—	—

续表

种类	春季	夏季	秋季	冬季
蹄形藻属 *Kirchneriella*	+	—	—	—
尾丝藻属 *Uronema*	—	+++	—	—
毛枝藻属 *Stigeoclonium*	+	+++	+++	—
小椿藻属 *Characium*	++	+++	+++	—
空星藻属 *Coelastrum*	—	+	—	—
鞘藻属 *Oedogonium*	—	++	++	+
链丝藻属 *Hormidium*	—	—	—	+
胶囊藻属 *Gloeocystis*	—	—	++	—
硅藻门 Bacillariophyta				
针杆藻属 *Synedra*	+++	+	+	+
菱形藻属 *Nitzschia*	+	+++	+++	++
直链藻属 *Melosira*	+++	+	+	+
舟形藻属 *Navicula*	+++	+++	+++	+++
桥弯藻属 *Cymbella*	++	+	+	—
月形藻属 *Closteridium*	+	—	—	—
小环藻属 *Cyclotella*	+++	+++	+	+++
异极藻属 *Gomphonema*	—	+++	++	++
布纹藻属 *Gyrosigma*	+	—	—	—
卵形藻属 *Cocconeis*	+++	++	—	+
美壁藻属 *Caloneis*	—	+	—	—
楔形藻属 *Licmophora*	++	—	—	—
辐节藻属 *Stauroneis*	—	+	++	—
羽纹藻属 *Pinnularia*	—	—	+	—
脆杆藻属 *Fragilaria*	+	++	++	+
裸藻门 Euglenophyta				
囊裸藻属 *Trachelomonas*	—	+	+	+
裸藻属 *Euglena*	—	++	++	+
扁裸藻属 *Phacus*	+	+	++	—
黄藻门 Xanthophyta				
黄管藻属 *Ophiocytium*	—	+	—	—
隐藻门 Cryptophyta				
隐藻属 *Cryptomonas*	—	+	++	+++
蓝隐藻属 *Chroomonas*	—	—	+	+
甲藻门 Pyrrophyta				
薄甲藻属 *Glenodinium*	—	+	+	—
裸甲藻属 *Gymnodinium*	—	+	—	—

注:"—"代表无;"+"代表少量;"++"代表常见;"+++"代表优势

不同季节的优势种有所不同：春季为平裂藻属、胶鞘藻属、纤维藻属、针杆藻属（*Synedra*）、直链藻属（*Melosira*）、舟形藻属（*Navicula*）、小环藻属和卵形藻属（*Cocconeis*）等；夏季为胶鞘藻属、尾丝藻属（*Uronema*）、毛枝藻属（*Stigeoclonium*）、小椿藻属（*Characium*）、小球藻属、栅藻属、月牙藻属、纤维藻属、菱形藻属（*Nitzschia*）、舟形藻属、小环藻属和异极藻属（*Gomphonema*）等；秋季为毛枝藻属、小椿藻属、小球藻属、栅藻属、绿球藻属、月牙藻属、纤维藻属、菱形藻属和舟形藻属等；冬季为平裂藻属、小球藻属、栅藻属、绿球藻属、月牙藻属、纤维藻属、舟形藻属、小环藻属和隐藻属等。

二、密度和生物量

如表 6-5 所示，各个季节的平均密度为（2619.38±1823.95）cells/cm^2，平均生物量为（58.19±58.93）×10^{-4}mg/cm^2。密度和生物量春季最高，分别为 5031.72cells/cm^2 和 145.76×10^{-4}mg/cm^2；秋季最低，分别为 1181.32cells/cm^2 和 18.55×10^{-4}mg/cm^2。

表 6-5　沟渠周丛藻类的密度和生物量

指标	春季	夏季	秋季	冬季	平均±SD
密度/(cells/cm^2)	5031.72	1232.69	1181.32	3031.796	2619.38±1823.95
生物量/(×10^{-4}mg/cm^2)	145.76	38.15	18.55	30.29	58.19±58.93

注：SD. 标准差

硅藻门的密度在春季和冬季占优势，分别占总密度的 62.34% 和 46.34%，绿藻门的密度在夏季和秋季占优势，分别占总密度的 56.01% 和 52.97%；硅藻门的生物量在春季、夏季和冬季占优势，分别占总生物量的 88.48%、44.52% 和 58.79%，绿藻门的生物量在秋季占优势，占总生物量的 29.61%（表 6-6）。

表 6-6　沟渠水体中周丛藻类密度百分比和生物量百分比的季节变化（%）

类群	密度百分比				生物量百分比			
	春季	夏季	秋季	冬季	春季	夏季	秋季	冬季
蓝藻门 Cyanophyta	27.78	2.14	5.21	6.15	9.82	13.54	20.22	7.39
绿藻门 Chlorophyta	9.26	56.01	52.97	42.13	1.06	27.53	29.61	22.14
硅藻门 Bacillariophyta	62.34	35.55	27.35	46.34	88.48	44.52	23.56	58.79
裸藻门 Euglenophyta	0.62	4.54	10.19	1.23	0.64	12.61	22.79	3.49
隐藻门 Cryptophyta		1.45	4.04	4.15		1.71	3.7	8.07
甲藻门 Pyrrophyta		0.09	0.24			0.06	0.12	0.12
金藻门 Chrysophyta	0	0.22	0	0	0	0.03	0	0
合计	100	100	100	100	100	100	100	100

周丛藻类密度和生物量的季节变化与浮游藻类一致，提示冬季尾水排放和沟渠植物对周丛藻类产生同样影响。除此以外，底栖动物对藻类的摄食作用在很大程度上对周丛生物群落产生影响。例如，椎实螺（*Lymnaea peregera*）和耳萝卜螺（*Lymnaea auricularia*）的主要食物为硅藻和绿藻（Calow，1973；Knecht and Walter，1977）；英国 20 种淡水螺类以有机碎屑和藻类为主要食物（Reavell，1980）。

第三节　浮游动物群落结构

一、种类组成和优势种

本研究共检出浮游动物 39 属，其中，原生动物 18 属，轮虫 16 属，枝角类 4 属，桡足类 1 属和无节幼体（nauplius）（表 6-7）。

表 6-7　沟渠浮游动物的种类组成

种类	春季	夏季	秋季	冬季
原生动物 Protozoa				
筒壳虫属 *Tintinnidium*	—	++	+	+++
钟虫属 *Vorticella*	+	—	—	+
斜管虫属 *Chilodonella*	+	—	—	—
急游虫属 *Strombidium*	+++	+++	+++	+++
膜袋虫属 *Cyclidium*	—	++	++	+++
尾毛虫属 *Urotricha*	—	+++	+++	+++
侠盗虫属 *Strobilidium*	—	+	++	+++
栉毛虫属 *Didinium*	++	+	+++	++
草履虫属 *Paramecium*	—	+	—	—
刺胞虫属 *Acanthocystis*	—	—	++	+
板壳虫属 *Coleps*	—	—	++	+
似铃壳虫属 *Tintinnopsis*	+	—	—	—
变形虫属 *Amoeba*	—	—	+	—
游仆虫属 *Euplotes*	—	—	+	+
漫游虫属 *Lionotus*	—	—	+	—
矛棘虫属 *Hastatella*	—	—	—	+
樱球虫属 *Cyclotrichium*	+	—	—	—
砂壳虫属 *Difflugia*	+	—	—	—
轮虫 Rotifera				
多肢轮虫属 *Polyarthra*	+++	+++	+++	+
无柄轮虫属 *Ascomorpha*	—	—	—	++
龟甲轮虫属 *Keratella*	++	+	—	—
臂尾轮虫属 *Brachionus*	+	++	++	++
同尾轮虫属 *Diurella*	—	+	—	—
疣毛轮虫属 *Synchaeta*	+++	++	—	—
异尾轮虫属 *Trichocerca*	+	+++	++	—
三肢轮虫属 *Filinia*	+	+	—	+
晶囊轮虫属 *Asplanchna*	+	—	+	—
巨腕轮虫属 *Hexarthra*	—	+	—	—

续表

种类	春季	夏季	秋季	冬季
龟纹轮虫属 *Anuraeopsis*	—	+++	+++	—
轮虫属 *Rotaria*	—	++	—	—
泡轮虫属 *Pompholyx*	—	++	+	—
狭甲轮虫属 *Colurella*	—	—	+	—
高砗轮虫属 *Scaridium*	+	—	—	—
犀轮虫属 *Rhinoglena*	—	—	—	+++
桡足类 Copepoda				
剑水蚤属 *Cyclops*	++	+++	+++	+++
无节幼体 nauplius	+++	++	+++	+++
枝角类 Cladocera				
秀体溞属 *Diaphanosoma*	—	—	+	—
裸腹溞属 *Moina*	+	+	++	—
象鼻溞属 *Bosmina*	+	++	+	—
尖额溞属 *Alona*	—	—	—	+

注:"—"代表无;"+"代表少量;"++"代表常见;"+++"代表优势

春季优势属有急游虫属（*Strombidium*）、多肢轮虫属（*Polyarthra*）、疣毛轮虫属（*Synchaeta*）和无节幼体;夏季优势属有急游虫属、尾毛虫属（*Urotricha*）、多肢轮虫属、异尾轮虫属（*Trichocerca*）、龟纹轮虫属（*Anuraeopsis*）和剑水蚤属（*Cyclops*）;秋季优势属有急游虫属、尾毛虫属、栉毛虫属（*Didinium*）、多肢轮虫属、龟纹轮虫属、剑水蚤属和无节幼体;冬季优势属有筒壳虫属（*Tintinnidium*）、急游虫属、膜袋虫属（*Cyclidium*）、尾毛虫属、侠盗虫属（*Strobilidium*）、犀轮虫属（*Rhinoglena*）、剑水蚤属和无节幼体。

二、密度和生物量

如表 6-8 所示,各个季节的平均密度和生物量分别为（7006.76±3503.19）ind./L 和（0.60±0.21）mg/L。浮游动物的密度和生物量冬季明显高于其他季节,分别为 11 817.40ind./L 和 0.91mg/L;夏季最低,分别为 3434.62ind./L 和 0.46mg/L。

表 6-8　沟渠水体中浮游动物的密度和生物量的季节变化

指标	春季	夏季	秋季	冬季	平均±SD
密度/(ind./L)	6 659.20	3 434.62	6 115.80	11 817.40	7 006.76±3 503.19
生物量/(mg/L)	0.55	0.46	0.49	0.91	0.60±0.21

注: SD. 标准差

从浮游动物密度百分比来看,原生动物在 4 个季节均最占优势,分别占总密度的 95.61%、82.49%、94.84% 和 98.16%;从浮游动物生物量百分比来看,春季和夏季轮虫占优势,分别占总生物量的 49.86% 和 56.52%,秋季和冬季原生动物占优势,分别占总生物量的 34.38% 和 33.52%（表 6-9）。

表 6-9 沟渠水体中浮游动物的密度和生物量百分比的季节变化（%）

类群	密度百分比				生物量百分比			
	春季	夏季	秋季	冬季	春季	夏季	秋季	冬季
原生动物 Protozoa	95.61	82.49	94.84	98.16	34.71	26.09	34.38	33.52
轮虫 Rotifera	4.10	17.47	4.91	1.58	49.86	56.52	27.15	16.39
枝角类 Cladocera	<0.01	0.02	0.02	<0.01	0.18	6.52	14.76	0.07
桡足类 Copepoda	0.29	0.02	0.24	0.26	15.26	10.87	23.71	50.02

浮游动物最根本的食物来源是藻类和细菌等，藻类的季节变化通常也会引起浮游动物种群的变动（刘爱芬，2007），反之，藻类密度和生物量的减少会导致浮游动物密度和生物量的减少。鱼类的摄食是抑制浮游动物的主要原因之一，沟渠中的鲫、鳑鲏、麦穗鱼（*Pseudorasbora parva*）等浮游动物食性鱼类的摄食在一定程度上抑制了浮游动物的种群数量。

第四节 大型底栖动物群落结构

一、种类组成和优势种

本研究共鉴定出螺类 3 科 4 属 5 种（表 6-10）。其中，前鳃亚纲（Prosobranchia）2科 4 属 4 种，肺螺亚纲（Pulmonata）1 科 1 属 1 种。梨形环棱螺（*Bellamya purificata*）、长角涵螺（*Alocinma longicornis*）、纹沼螺（*Parafossarulus striatulus*）和大沼螺（*Parafossarulus eximius*）均在四季出现，而卵萝卜螺（*Radix ovata*）只在冬季采到。出现率从高到低依次为：梨形环棱螺（77.78%）、长角涵螺（62.96%）、大沼螺（37.04%）、纹沼螺（33.33%）、卵萝卜螺（7.41%）。梨形环棱螺和长角涵螺的优势度 $Y \geqslant 0.02$，为沟渠中的优势种。

表 6-10 沟渠中螺类的出现率、优势度、密度和生物量

种类	出现率/%	优势度 Y	密度		生物量	
			平均值/(ind./m²)	占比/%	平均值/(g/m²)	占比/%
田螺科 Viviparidae						
梨形环棱螺 *Bellamya purificata*	77.78	0.56	210.69	72.06	209.24	90.63
豆螺科 Bithyniidae						
长角涵螺 *Alocinma longicornis*	62.96	0.15	67.72	23.16	13.87	6.00
大沼螺 *Parafossarulus eximius*	37.04	0.009	7.35	2.51	5.84	2.53
纹沼螺 *Parafossarulus striatulus*	33.33	0.006	5.25	1.80	1.68	0.73
锥实螺科 Lymnaeidae						
卵萝卜螺 *Radix ovata*	7.41	0.0005	1.36	0.47	0.25	0.11
合计			292.37	100	230.88	100

二、密度和生物量

渔场沟渠中螺类密度和生物量年均值分别为292.37ind./m² 和230.88g/m²（图6-1）。季度平均密度从高到低依次为：秋季（497.94ind./m²）＞夏季（328.44ind./m²）＞春季（220.69ind./m²）＞冬季（122.38ind./m²）；季度平均生物量从高到低依次为：秋季（339.79g/m²）＞夏季（246.35g/m²）＞春季（233.22g/m²）＞冬季（104.13g/m²）。

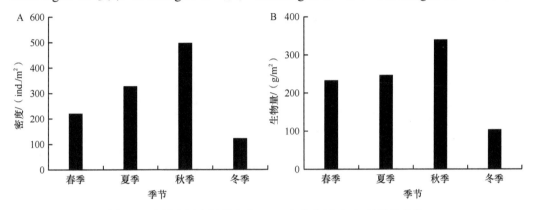

图6-1 渔场沟渠中螺类密度（A）与生物量（B）的季节变化

梨形环棱螺的密度（210.69ind./m²）最高，占总密度的72.06%；长角涵螺（67.72ind./m²）次之，占总密度的23.16%；大沼螺（7.35ind./m²）和纹沼螺（5.25ind./m²）的密度极低，分别占总密度的2.51%和1.80%；卵萝卜螺（1.36ind./m²）的密度最低，占总密度的0.47%。

梨形环棱螺的生物量最高（209.24g/m²），占总生物量的90.63%；长角涵螺（13.87g/m²）次之，占总生物量的6.00%；大沼螺（5.84g/m²）和纹沼螺（1.68g/m²）分别占总生物量的2.53%和0.73%；卵萝卜螺（0.25g/m²）的生物量最低，占总生物量的0.11%。

优势种梨形环棱螺的密度秋季最高，为363.15ind./m²，其次为夏季（245.96ind./m²），春季为136.10ind./m²，冬季最低，为97.53ind./m²；生物量秋季最高，为308.75g/m²，其次为夏季（227.92g/m²），春季为203.75g/m²，冬季最低，为96.52g/m²（图6-2）。

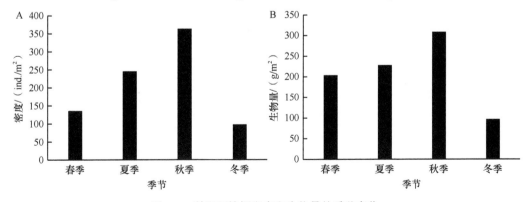

图6-2 梨形环棱螺密度和生物量的季节变化

底栖软体动物密度和生物量具有明显的季节变化规律，一般是冬春季低，夏秋季高（蔡炜等，2010）。水体中淡水螺类的密度和生物量与水体中优势种密切相关，若优势种以个体质量偏大的种类为主，则生物量较大；反之，则生物量偏低（吴和利，2007）。6～10月为淡水螺类的繁殖盛期，梨形环棱螺在3～11月中旬可持续产卵（曹正光和蒋忻坡，1998）。本研究中，淡水螺类密度和生物量秋季最高，冬季最低，与淡水螺类的繁殖和生长特性有关，因为随着仔螺的生长，生物量将逐渐增加。

第五节　高等水生植物群落结构

一、种类组成和优势种

对同一沟渠的水泥护坡渠段（1500m）和没有护坡的自然沟渠（长1000m）的高等水生植物开展调查，每种干渠在前、中、后段设3个断面，重复2次。按照陈洪达（1980）和魏华等（2011）的方法进行采样调查。

自然沟渠（ND）采集到的水生植物共16科22属23种，其中，禾本科（Gramineae）5种，水鳖科（Hydrocharitaceae）3种，莎草科（Cyperaceae）2种，其余13科均1种。春、夏、秋、冬季种类数分别为14种、21种、14种和9种（表6-11）。水泥沟渠（CD）采集到的水生植物共6科6属6种，其中，苋科（Amaranthaceae）、睡莲科（Nymphaeaceae）、金鱼藻科（Ceratophyllaceae）、眼子菜科（Potamogetonaceae）、水鳖科、菱科（Trapaceae）各1种。春、夏、秋、冬季种类数分别为4种、4种、2种和0种（图6-3）。

表 6-11　沟渠水生植物种类组成

种类	生态类型	自然沟渠				水泥沟渠			
		春季	夏季	秋季	冬季	春季	夏季	秋季	冬季
空心莲子草 Alternanthera philoxeroides	挺水	·	·	·				·	
菰 Zizania latifolia	挺水	·	·	·	·				
芦苇 Phragmites australis	挺水		·	·					
假稻 Leersia japonica	挺水		·						
长芒稗 Echinochloa caudata	挺水		·						
稗 Echinochloa crusgalli	挺水		·	·					
水毛花 Scirpus triangulatus	挺水		·						
水莎草 Juncellus serotinus	挺水		·	·					
野慈姑 Sagittaria trifolia	挺水	·	·						
水芹 Oenanthe javanica	挺水	·	·		·				
石龙芮 Ranunculus sceleratus	挺水	·	·						
水蓼 Polygonum hydropiper	挺水		·	·					
盒子草 Actinostemma tenerum	挺水		·		·				
莲 Nelumbo nucifera	挺水		·	·		·			
紫背浮萍 Spirodela polyrrhiza	漂浮	·	·						
水鳖 Hydrocharis dubia	漂浮		·	·					
青萍 Lemna minor	漂浮	·	·	·					

续表

种类	生态类型	自然沟渠				水泥沟渠			
		春季	夏季	秋季	冬季	春季	夏季	秋季	冬季
满江红 *Azolla imbricata*	漂浮	·	·	·					
槐叶苹 *Salvinia natans*	漂浮	·	·	·	·				
菹草 *Potamogeton crispus*	沉水								
苦草 *Vallisneria natans*	沉水	·				·	·	·	
金鱼藻 *Ceratophyllum demersum*	沉水	·				·	·		
野菱 *Trapa incisa*	浮叶	·				·	·		
合计		14	21	14	9	4	4	2	0

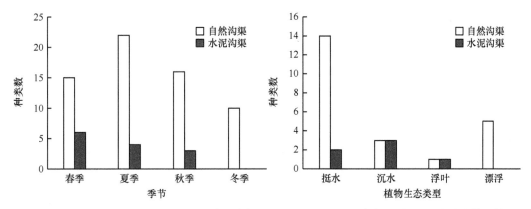

图6-3　渔场自然沟渠和水泥沟渠高等水生植物不同季节（A）和生态类型（B）的种类数比较

自然沟渠的生态类型为挺水植物14种，漂浮植物5种，沉水植物3种，浮叶植物1种；水泥沟渠的生态类型为挺水植物2种，沉水植物3种，浮叶植物1种（图6-3）。

自然沟渠的常驻种为空心莲子草（*Alternanthera philoxeroides*）、莲（*Nelumbo nucifera*）、菰（*Zizania latifolia*）、紫背浮萍（*Spirodela polyrrhiza*）、水鳖（*Hydrocharis dubia*）、金鱼藻（*Ceratophyllum demersum*）、槐叶苹（*Salvinia natans*）、满江红（*Azolla imbricata*）等8种；水泥沟渠的常驻种仅苦草（*Vallisneria natans*）、金鱼藻2种。水泥沟渠以沉水植物为主；自然沟渠以挺水植物占优势，二者的植物生态类型存在较大差异。从群落结构比较，水泥沟渠的水生植物种类少，群落结构单一，且群落结构的稳定性差；自然沟渠的水生植物种类较多，群落结构相对稳定，且季节变化特征明显。

水泥沟渠水生植物种类少，群落结构简单。春季金鱼藻、苦草为优势种，表现为简单的苦草群或散状的金鱼藻群；夏季水深增加，金鱼藻减少，苦草成为绝对优势种；秋季苦草仍为绝对优势种，群落为单一的苦草群，且处于衰亡期，金鱼藻群消失；冬季水温降低，苦草凋亡。

自然沟渠春季以空心莲子草-金鱼藻群、空心莲子草-菰-金鱼藻群为主要的植物群落；空心莲子草、金鱼藻、水鳖、菰等为优势种，其优势度指数分别为39.83%、18.92%、6.42%、5.54%。夏季，植物群落呈现明显的水平带状片段分布：空心莲子草-菰群落带和空心莲子草-莲群带；秋冬季的群落结构与夏季类似。夏季的优势种为空心莲子草、菰、莲等，其优势度指数分别为39.70%、7.83%、5.87%。秋季，优势种分别为空心莲子草、莲、菰、青萍（*Lemna minor*）、水鳖等。空心莲子草是自然沟渠的绝对优势种。

自然沟渠和水泥沟渠的多样性指数（*H'*），春季分别为1.66和1.13；夏季分别为1.44和0.80；秋季分别为0.91和0.85，自然沟渠各季的生物多样性均高于水泥沟渠。

二、盖度和生物量

调查表明，水泥沟渠的水生植物真盖度＜20%；自然沟渠的水生植物的真盖度＞50%。自然沟渠植株呈现较为紧密；水泥沟渠植株呈散状分布。

水泥沟渠的高等水生植物生物量（湿重）显著低于自然沟渠（图6-4）。水泥沟渠的最大生物量出现在春季（391.00g/m²），并随季节变化依次降低。自然沟渠各季保持较高生物量，夏季生物量最大（4008.08g/m²）。在高等水生植物生长旺盛的春、夏、秋季，自然沟渠生物量分别为水泥沟渠生物量的4.60倍、19.12倍和24.08倍。

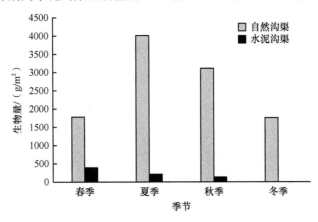

图6-4　渔场自然沟渠和水泥沟渠高等水生植物的生物量比较

水泥沟渠中，春季优势种金鱼藻和苦草分别占生物量的61.56%、23.10%；夏季，苦草成为水泥沟渠的第一优势种，生物量为147.2g/m²，占水泥沟渠生物量的70.22%；秋季生物量苦草仍最大，占77.13%。自然沟渠中，各季空心莲子草占生物量的62.51%～67.33%，占优势地位。挺水植物构成自然沟渠80%以上的生物量。

小　结

1）渔场沟渠检出浮游藻类8门74属。其中，绿藻门38属（51.35%），蓝藻门12属（16.22%），硅藻门11属（14.86%），裸藻门5属（6.76%），金藻门、隐藻门、甲藻门和黄藻门1～3属。密度和生物量均为春季最高，分别为5.5751×10⁷cells/L和51.13mg/L，秋季最低，分别为0.3312×10⁷cells/L和5.63mg/L。绿藻门密度在春、夏和冬季均占优势，分别占总密度的46.55%、51.53%和50.83%；生物量春季蓝藻门占优势（37.67%），夏季和秋季隐藻门占优势（35.58%和72.67%），冬季硅藻门占优势（37.62%）。

2）周丛藻类7门55属，其中，蓝藻门5属，绿藻门27属（49.09%），硅藻

门 15 属，裸藻门 3 属，隐藻门和甲藻门各 2 属，黄藻门 1 属。密度和生物量分别为
（2619.38±1823.95）cells/cm^2 和（58.19±58.93）×10^{-4}mg/cm^2。春季的密度（5031.72cells/cm^2）
和生物量（145.76×10^{-4}mg/cm^2）明显高于其他季节；秋季的密度和生物量最低，分别为
1181.32ind./cm^2 和 18.55×10^{-4}mg/cm^2。

　　3）浮游动物 39 属，其中，原生动物 18 属，轮虫 16 属，枝角类 4 属，桡足类 1 属
和无节幼体。密度和生物量分别为（7006.76±3503.19）ind./L 和（0.60±0.21）mg/L。冬
季的密度（11 817.40ind./L）和生物量（0.91mg/L）明显高于其他季节。鱼类的摄食是抑
制浮游动物数量的主要原因。

　　4）螺类 3 科 4 属 5 种。密度为 292.37ind./m^2，生物量为 230.88g/m^2。密度和生物量
均为秋季最高（497.94ind./m^2 和 339.79g/m^2），冬季最低（122.38ind./m^2 和 104.13g/m^2）。
梨形环棱螺的密度和生物量分别占总密度和生物量的 72.06% 和 90.63%。

　　5）自然沟渠水生植物 16 科 22 属 23 种，常驻种 8 种，挺水植物占 14 种，植物真
盖度＞50%；水泥沟渠水生植物 6 科 6 属 6 种，常驻种仅苦草和金鱼藻 2 种，植物真盖
度＜20%。自然沟渠各季的生物多样性均高于水泥沟渠，自然沟渠春、夏、秋季生物量
为水泥沟渠的 4.60 倍、19.12 倍和 24.08 倍。自然沟渠的水生植物种类较多，物种多样性
较为丰富，群落结构相对稳定。

参 考 文 献

蔡炜, 蔡永久, 龚志军, 等. 2010. 太湖河蚬时空格局. 湖泊科学, 22(5): 714-722

曹正光, 蒋忻坡. 1998. 几种环境因子对梨形环棱螺的影响. 上海水产大学学报, 7(3): 200-205

陈洪达. 1980. 武汉东湖水生维管束植物群落的结构和动态. 海洋与湖沼, 11(3): 275-284

刘爱芬. 2007. 受污染水体修复过程中浮游动物的种群变动及其生态学意义. 中国科学院水生生物研究
　　所博士学位论文

马晓燕, 陈家长. 2006. 化感作用与养殖池塘中铜绿微囊藻的防治. 水利渔业, 26(6): 75-76

宋海亮. 2005. 水生植物滤床技术改善富营养化水体水质的研究. 东南大学博士学位论文

王立新, 吴国荣, 王建安, 等. 2004. 黑藻 (*Hydrilla verticillata*) 对铜绿微囊藻 (*Microcystis aeruginosa*) 的
　　抑制作用. 湖泊科学, 16(4): 337-341

魏华, 成水平, 柴培宏, 等. 2011. 2009 年秋季武汉大东湖北湖水系水生植物调查. 湖泊科学, 23(3): 401-408

吴和利. 2007. 鄱阳湖淡水螺类群落结构及生物多样性研究. 南昌理工大学硕士学位论文

夏科, 杨洪生, 张爱茜, 等. 2007. 植物对氮、磷去除效果及克藻效应的研究. 污染防治技术, 20(6): 6-10

杨清心. 1996. 富营养水体中沉水植物与浮游藻类相互竞争的研究. 湖泊科学, 8(增刊): 17-24

张庭廷, 陈传平, 何梅, 等. 2007. 几种高等水生植物的克藻效应研究. 生物学杂志, 24(4): 32-35

Calow P. 1973. Field observations and laboratory experiments on the general food requirements of two spe-
　　cies of freshwater snail. *Planorbis contortu*s (Linn.) and *Ancylus fluviatilis* Mull. *Journal of Molluscan
　　Studies*, 40: 483-489

Reavell PE. 1980. A study of the diets of some British freshwater gastropods. *Journal of Conchology*, 30:
　　253-271

Knecht A, Walter J. 1977. Vergleichende untersuchung der Diäten von *Lymnaea auricularia* and *L. peregra*
　　(Gastropoda: Basommatophora) im Zürichsee. *Schweizerische Zeitschrift für Hydrologie*, 39: 299-305

第七章 不同品种水蕹菜的生长性能及氮、磷去除能力

植物利用其茎叶和根系吸收、富集、降解或固定受污染水体中的污染物，在富营养水体的治理中占有重要地位（Lin et al.，2002）。水蕹菜是常见的经济植物，因具有抗涝、耐热、耐贫瘠、根茎再生能力强等优点被广泛应用于富营养化水体的修复研究中。近年来的研究表明，水蕹菜对池塘、畜牧场、富营养湖泊等各类污染水体具有很强的净化效果（程树培等，1991；戴全裕等，1996；林东教等，2004；孟春等，2007；黄婧等，2008），因此，水蕹菜是富营养化水体修复的良好材料。水蕹菜是我国甚至亚洲地区常见的蔬菜，品种繁多，不同品种的水蕹菜具有不同的生理特性，对污染物的去除效果不同（Cai et al.，2008）。本章通过在池塘富营养化水体架设不同品种水蕹菜浮床，比较其生长性能和氮、磷去除效果，旨在选择适合于池塘养殖废水环境中生长的品种，以期为大规模运用于池塘废水的修复提供参考。

第一节 不同品种水蕹菜的生长性能与净化效率

一、不同品种水蕹菜的生长性能

分别在试验箱和池塘进行水培生长性能检测。供试验的水蕹菜品种为华中地区常见的大叶白梗（大白，WW）、大叶青梗（大青，WG）、细叶青梗（细青，FG）和柳叶白梗（柳白，FW）4个品种。供试水蕹菜初始株高15cm，茎干具2个以上节，长势良好。

（一）小水体试验

试验容器为15个塑料箱，规格65cm×40cm×35cm。试验开始前每箱加入78L池塘水（NH_4^+-N、NO_3^--N、TN、PO_4^{3-}-P 和 TP 含量分别为 0.34mg/L、0.22mg/L、2.54mg/L、0.32mg/L 和 0.22mg/L），箱内水深30cm。试验时间15d，期间不换水，每次采样后用自来水补充蒸发和采样损失的水。箱内悬置一片50cm×30cm的网片作为水蕹菜载体。试验设大叶青梗、细叶青梗、大叶白梗、柳叶白梗4个试验组和对照组，对照组不移植水蕹菜，试验组每箱移植已适应水培的水蕹菜（100.0±2.0）g，3个重复。试验结束时测量水蕹菜株高、鲜重、干重、根冠比等生长指标。

小水体15d试验中4种水蕹菜生长性状见表7-1。15d的试验结束时，4种水蕹菜的鲜重和干重有显著增加，两个大叶品种（大叶青梗和大叶白梗）的鲜重和干重均无显著差异（$P>0.05$），均显著大于窄叶品种（细叶青梗和柳叶白梗）（$P<0.05$）；干物质比率显著低于两个窄叶品种（$P<0.05$）；细叶青梗干物质比率显著高于其他3种（$P<0.05$）。平均新枝数，两个大叶品种显著高于两个窄叶水蕹菜（$P<0.05$）。根冠比（根系干重/茎叶干重），大叶白梗水蕹菜的最大，显著高于其他3个品种（$P<0.05$）；细叶青梗的根冠

比最小，显著低于其他 3 个品种（$P<0.05$）。

表 7-1　小水体 15d 试验中 4 种水蕹菜生长性状

品种	鲜重/g	干重/g	干物质比率/%	新枝数	根冠比
大叶白梗（WW）	187.96±12.37[a]	17.50±0.53[a]	9.32±0.32[c]	5.53±0.58[a]	0.3668±0.0395[a]
大叶青梗（WG）	183.59±10.40[a]	16.66±0.36[a]	9.08±0.33[c]	5.00±0.72[a]	0.2863±0.0149[b]
柳叶白梗（FW）	129.12±6.94[b]	13.32±0.67[b]	10.03±1.00[b]	3.47±0.46[b]	0.2596±0.0474[b]
细叶青梗（FG）	111.32±6.96[b]	12.70±0.82[c]	11.41±0.34[a]	2.07±0.23[c]	0.1891±0.0255[c]

注：同列数值上标字母不同，表示数值之间差异显著（$P<0.05$）

（二）大塘试验

试验塘为 4 口面积 2000m² 的夏花鱼种培育池，浮床覆盖率为 7.5%，面积为 150m²。试验时间共 56d。

1. 水蕹菜生长

在鱼种培育池生物浮床上水培的 4 种水蕹菜的株高和单株鲜重都有显著增加，但不同品种的生长速度存在差异（表 7-2）。水培期间，4 种水蕹菜的株高和单株鲜重的增长率从大到小均为大叶白梗＞大叶青梗＞柳叶白梗＞细叶青梗。水培 0～23d，两个青梗品种先后出现花苞，植株由营养生长转入生殖生长。水培 56d，两种大叶品种的株高和单株鲜重均显著大于两个细叶品种（$P<0.05$）。其中，大叶白梗株高 100.20cm，鲜重为 81.75g/株，株高是细叶青梗和柳叶白梗的 1.14 倍和 1.11 倍，鲜重是细叶青梗和柳叶白梗的 1.61 倍和 1.52 倍。大叶白梗的株高和单株鲜重的增长率分别为 135.32% 和 1019.86%，显著高于其他 3 个品种。

表 7-2　鱼种培育池浮床水蕹菜的株高和单株鲜重（$n=10$）

	品种	0d	23d		56d	
		平均±SD	平均±SD	增长率/%	平均±SD	增长率/%
株高/cm	大叶白梗（WW）	42.58±2.75	78.60±5.68[a]	84.59	100.20±8.05[a]	135.32
	大叶青梗（WG）	39.13±3.00	71.20±5.40[b]	81.96	97.04±4.32[a]	147.99
	柳叶白梗（FW）	41.28±1.97	74.60±7.37[b]	80.72	89.90±4.85[b]	117.78
	细叶青梗（FG）	41.80±2.93	80.40±2.33[a]	92.34	88.00±6.97[b]	110.53
单株鲜重/g	大叶白梗（WW）	7.30±1.79[b]	31.71±2.90[a]	334.38	81.75±5.95[a]	1019.86
	大叶青梗（WG）	9.25±1.08[a]	29.73±7.44[a]	221.41	80.59±5.65[a]	771.24
	柳叶白梗（FW）	7.07±2.03[b]	17.94±3.74[b]	153.75	53.74±7.0[b]	660.11
	细叶青梗（FG）	6.96±1.42[b]	14.74±3.28[b]	111.78	50.84±5.4[b]	630.46

注：同列数值上标字母不同，表示数值之间差异显著（$P<0.05$）。SD. 标准差

4 种水蕹菜的株高和单株鲜重都有显著增加，说明它们都适宜无土水培种植。植物在水培条件下，为获得更多营养物，根冠比会明显变大。故根冠比在一定程度上反映了

植物适应水体环境的能力（黎华寿等，2003），根冠比越大，根系生物量越大，吸收营养物质的能力越强。干物质比率反映植物的含水率，植物在特定时期的含水率越高，其鲜嫩部分的组织所占比例越高，干物质比率越小，植物鲜嫩部分越多（黄婧等，2008），生长潜能越大。新生枝条数反映植物分蘖能力强弱，分蘖能力强则营养阶段时间长，生长旺盛，吸收营养的能力越强。本试验中，4 种水蕹菜的株高、鲜重、干重、干物质比率、新枝数、根冠比等指标从大到小均为大叶白梗＞大叶青梗＞柳叶白梗＞细叶青梗，表明大叶白梗在无土水培条件下的生长性能优于其他 3 个品种。

2. Chl-a 含量

采用杨敏文（2002）的快速测定方法测定叶片 Chl-a 含量。生物浮床水培 4 种水蕹菜的 Chl-a 含量见图 7-1A。两个青梗品种（大叶和细叶）叶片 Chl-a 含量，在试验开始时高于两个白梗品种（大叶和柳叶），推测与品种间遗传差异有关。青梗品种叶片 Chl-a 含量，在 23d 以前呈上升趋势，23d 以后迅速下降；白梗品种叶片 Chl-a 含量一直呈上升趋势（图 7-1A）。

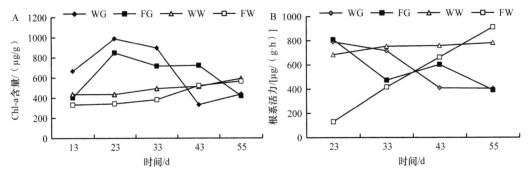

图 7-1　4 种水蕹菜 Chl-a 含量和根系活力比较

3. 根系活力

采用氯化三苯基四氮唑（TTC）法测定根系活力（王晶英等，2003）。鱼种培育池生物浮床水培水蕹菜根系活力见图 7-1B。从图 7-1B 可看出，23d 以后，大叶青梗水蕹菜根系 TTC 含量呈持续下降趋势，细叶青梗水蕹菜根系 TTC 含量出现波动，但总体上呈下降趋势；两个白梗品种根系 TTC 含量均呈上升趋势，其中，大叶白梗根系 TTC 含量较高，上升速度较为平缓，柳叶白梗根系 TTC 含量呈直线上升，幅度较大。此时两个青梗品种先后出现花苞，进入繁殖期。

根系是植物从外界获取物质最直接的组织，在水分和营养盐类的吸收、氨基酸和某些植物激素合成中起到重要作用。根系活力泛指根的吸收与合成能力，根系活力大小反映了根系对氧气和矿物质吸收能力的强弱。叶片是植物进行光合作用的主要场所，叶片中 Chl-a 含量决定了光合作用的效率。Chl-a 含量和根系活力除与植物的种类有关外，还和植物的生长发育阶段有关。植物生长越旺盛，根系活力越大，Chl-a 含量就越高（李淑文等，2008）。有研究表明，植物吸收营养物质主要是在生长的前期和中期，后期根系吸收营养能力开始减弱（王惠珠，2000），光合作用也减弱，叶片开始变黄。试验期间，白梗品种（大叶白梗和柳叶白梗）叶片 Chl-a 含量稳定上升，说明这两个品种还处在生长旺盛期，青梗品种（大叶青梗和柳叶青梗）在8月初出现花苞，进入生殖生长期，表明白梗水蕹菜品种的营养生长期长于青梗水蕹菜品种。华中地区8月处于高温季节，是鱼类主要的生长季节，此时投饵量最大，水体中氮、磷指标达到整个养殖周期最高值（高攀等，2009），白梗水蕹菜在此时处于生长旺盛期，表明其仍具较强吸收水体营养物质，以及降低池塘水体中氮、磷含量的能力。

二、不同品种水蕹菜对氮、磷去除效果比较

植物TN和TP的测定分别采用硫酸-双氧水-奈氏比色法和硫酸-双氧水-钼酸铵比色法。试验初始水质：NH_4^+-N为（0.74±0.42）mg/L，NO_3^--N为（0.16±0.07）mg/L，TN为（2.28±1.32）mg/L，PO_4^{3-}-P为（0.17±0.08）mg/L，TP为（0.30±0.13）mg/L。试验结束时不同品种水蕹菜对NH_4^+-N、NO_3^--N、PO_4^{3-}-P和TN的累积去除率见表7-3。

表7-3　4种水蕹菜对氮、磷的累积去除率（%）

指标	CK	WW	WG	FW	FG
NH_4^+-N	72.02±2.93	91.39±1.47	79.35±1.40	77.77±1.69	74.32±3.81
NO_3^--N	28.90±5.67	85.32±2.37	84.38±2.54	75.97±5.14	71.33±7.62
TN	31.85±2.30	68.98±6.30	62.12±3.95	47.47±4.30	54.45±2.81
PO_4^{3-}-P	40.19±2.49	70.09±1.50	85.29±4.34	62.76±2.27	71.91±2.07
TP	16.68±2.87	77.95±2.83	78.88±3.77	60.46±0.99	64.95±0.80

4个品种对NH_4^+-N的累积去除率均高于对照组的72.02%，累积去除率从高到低为：大叶白梗（91.39%）＞大叶青梗（79.35%）＞柳叶白梗（77.77%）＞细叶青梗（74.32%）。4个品种对NO_3^--N的累积去除率均显著高于对照组（28.90%），累积去除率从高到低为：大叶白梗（85.32%）＞大叶青梗（84.38%）＞柳叶白梗（75.97%）＞窄叶青梗（71.33%）。4个品种对TN的累积去除率均显著高于对照组的31.85%，累积去除率从高到低为：大叶白梗（68.98%）＞大叶青梗（62.12%）＞窄叶青梗（54.45%）＞柳叶白梗（47.47%）。4个品种对PO_4^{3-}-P的累积去除率均显著高于对照组（40.19%），不同品种累积去除率从高到低为：大叶青梗（85.29%）＞窄叶青梗（71.91%）＞大叶白梗（70.09%）＞柳叶白梗（62.76%）。4个品种对TP的累积去除率均显著高于对照组（16.68%），不同品种累积去除率从高到低为：大叶青梗（78.88%）＞大叶白梗（77.95%）＞窄叶青梗（64.95%）＞柳叶白梗（60.46%）。

4个品种对NH_4^+-N、NO_3^--N、TN、PO_4^{3-}-P、TP的累积去除率显著高于对照组（表7-3），这一结果与林东教等（2004）和操家顺等（2006）的结果基本一致。浮床系统对富营养化水体中的氮、磷去除的主要途径是植物的吸收作用，植物的吸收对氮的去除率约占40%，对磷的去除率达50%以上（罗固源等，2009；周小平等，2005）。不同品种对氮、磷的去除效果的差异说明品种间对氮、磷的同化能力存在差异性，从累积去除率来看，大叶品种对氮、磷的同化能力优于细叶品种。

第二节　浮床覆盖率对水蕹菜、鱼生长和水质修复的影响

一、浮床覆盖率对池塘水温、溶氧和透明度的影响

试验池塘为 4 口面积 2000m² 的鱼种池，放养 3cm 夏花鱼种，种类和数量相同。浮床植物为大叶白梗水蕹菜，覆盖率分别为 0（对照塘）、2.5%、5.0% 和 7.5%。全程未增氧，鱼类有数次"浮头"，但未"泛池"。

试验期间，池塘水温、溶氧和透明度的变化见表 7-4。池塘水温范围 22.4～32.9℃，各池平均水温 28.79～28.95℃，无显著差异。对照塘透明度低于浮床塘，浮床塘透明度随覆盖率增加而提高，试验后期对照塘的透明度 29.5cm，为 7.5% 覆盖率试验塘的 55.36%，说明浮床有效沉降了水体中的浮游生物和有机碎屑等悬浮物质。对照塘的溶氧高于试验塘，浮床塘溶氧随覆盖率的增加而下降，7.5% 覆盖率池溶氧最低，为 3.46mg/L。

表 7-4　试验期间各池塘水体水温、溶氧和透明度变化

覆盖率/%	水温/℃		溶氧/（mg/L）		透明度/cm	
	均值	范围	均值	范围	均值	范围
0	28.79	22.6～32.8	4.26	1.75～7.38	46.36	29.5～65.0
2.5	28.88	22.6～32.9	4.07	2.01～8.45	47.81	37.5～60.0
5.0	28.88	22.4～32.8	3.94	2.17～6.94	52.71	42.0～76.0
7.5	28.95	22.5～32.5	3.46	1.76～6.82	53.29	45.0～75.0

浮床植物的存在使池塘水体耗氧速率加快，可能是植物根系本身和根系微生物的呼吸作用消耗部分氧气（崔克辉等，1996；陈锡涛等，1994）。此外，水蕹菜旺盛的茎叶，消减了浮游植物光合作用所需光照，阻碍了空气中 O_2 向水体融入，也是浮床塘溶氧较低的原因。溶氧是鱼类生长主要的限制因子，除直接影响鱼类生长外，在低溶氧环境中 NH_3 和 NO_2^- 更容易积累，影响鱼类的生长（李波等，2009）。一味增加浮床覆盖率将对鱼类生长产生不利影响。

二、浮床覆盖率对水蕹菜和鱼生长的影响

（一）水蕹菜的生长

于 7 月 30 日、8 月 28 日进行了两次刈割，试验结束时（9 月 17 日）收获全部浮床植物，试验塘植物收获情况及氮、磷累积量见表 7-5。从表 7-5 可看出，覆盖率越大，水蕹菜总产量越高，但单产随覆盖率增大而减少。水蕹菜 TN 和 TP 累积量随着覆盖率的增加而增加。5.0% 和 7.5% 覆盖率池塘水蕹菜累积的 TN 和 TP 分别是 2.5% 覆盖率塘的 1.86 倍和 2.38 倍。低覆盖率池塘的单位水蕹菜生物量可利用的营养物质高于高覆盖率塘，为水蕹菜生长提供了更好的营养条件（宋祥甫等，1998）。水培水蕹菜对磷需求下限为 0.1mg/L（王旭明，1997），覆盖率较高的池塘 PO_4^{3-}-P 含量多次出现小于 0.1mg/L 的现象，低磷限制了水蕹菜的生长，可能是单位面积产量随覆盖率的增大而减少的原因。

表 7-5　试验塘植物收获情况及氮、磷累积量

覆盖率/%	水蕹菜产量		氮、磷累积量	
	总产/kg	单产/(kg/m²)	TN/g	TP/g
2.5	631.6	12.63	1614.95	287.29
5.0	1176.6	11.77	3008.72	535.23
7.5	1505.0	10.03	3848.15	684.56

（二）鱼的生长

2.5% 覆盖率塘，鳙的体长和体重分别为对照塘的 1.46 倍和 1.81 倍，显著大于对照塘；草鱼、鲫、团头鲂和鲢的育成规格与对照塘差异不显著。5.0% 覆盖率塘，草鱼体长和体重分别为对照塘的 1.14 倍和 1.51 倍，鳙的体长和体重分别为对照塘的 1.29 倍和 1.88 倍，显著大于对照塘；鲢的体长和体重分别为对照塘的 0.76 倍和 0.43 倍，显著小于对照塘。7.5% 覆盖率塘，鳙的体长和体重分别为对照塘的 1.21 倍和 1.79 倍，显著大于对照塘；鲢的体长和体重分别为对照塘的 0.71 倍和 0.40 倍，显著小于对照塘，草鱼、鲫和团头鲂的体长和体重与对照塘无显著差异（表 7-6）。

表 7-6　出塘鱼种的体长和体重（$n=20$）

覆盖率/%		草鱼 *C. idella*		鲫 *C. auratus*		团头鲂 *M. amblycephala*		鲢 *H. molitrix*		鳙 *A. nobilis*	
		体长/cm	体重/g	体长/cm	体重/g	体长/cm	体重/g	体长/cm	体重/g	体长/cm	体重/g
平均实测值	2.5	10.87	31.46	13.53	83.10	11.80	44.90	9.98	18.30	10.39	25.61
	5.0	12.69	47.75	13.65	82.19	12.72	47.38	8.07	8.84	9.18	16.20
	7.5	11.59	37.05	12.53	64.21	12.08	39.17	7.45	8.24	8.66	15.44
基于对照塘的增长倍数	2.5	0.98	0.99	1.02	1.09	0.94	0.97	0.95	0.88	1.46	1.81
	5.0	1.14	1.51	1.02	1.07	1.01	1.03	0.76	0.43	1.29	1.88
	7.5	1.05	1.17	0.94	0.84	0.96	0.85	0.71	0.40	1.21	1.79

从表 7-7 可以看出，2.5% 和 7.5% 覆盖率塘，鱼种总产量分别为对照塘的 1.09 倍和 0.99 倍，与对照塘差异不显著。5.0% 覆盖率塘的鱼种总产量最高，为对照塘的 1.16 倍。

表 7-7　不同浮床覆盖率池塘鱼种产量（kg/亩）**与增长率**

覆盖率	对照塘	2.5%		5.0%		7.5%	
	产量	产量	增长倍数	产量	增长倍数	产量	增长倍数
草鱼 *Ctenopharyngodon idella*	666.3	732.3	1.10	930.0	1.40	820.0	1.23
鲫 *Carassius auratus*	124.0	142.9	1.15	148.0	1.19	102.7	0.83
团头鲂 *Megalobrama amblycephala*	60.8	61.0	1.00	71.0	1.17	56.0	0.92
鲢 *Hypophthalmichthys molitrix*	249.5	216.8	0.87	110.0	0.44	102.6	0.41
鳙 *Aristichthys nobilis*	23.8	69.0	2.90	42.8	1.80	34.3	1.44
合计	1124.4	1222	1.09	1301.8	1.16	1115.6	0.99

注：增长倍数为基于对照塘的增长倍数

不同鱼类产量增长存在差异，2.5% 覆盖率塘，草鱼、鲫和团头鲂的产量略高于或与对照塘产量相似，鳙的产量为对照塘的 2.90 倍，鲢的产量显著低于对照塘，约为对照塘的 0.87 倍。5.0% 覆盖率塘，草鱼、鲫、团头鲂和鳙鱼种产量均高于对照塘，分别为对照塘的 1.40 倍、1.19 倍、1.17 倍和 1.80 倍，鲢产量低于对照塘，仅为对照塘的 0.44 倍。7.5% 覆盖率塘，草鱼和鳙的产量分别为对照塘的 1.23 倍和 1.44 倍，鲫、团头鲂和鲢的产量低于对照塘，其中，鲢的产量仅为对照塘的 41%。

　　本试验中，没有使用增氧设备，5.0% 和 7.5% 覆盖率塘对水体中的 NO_3^--N、$PO_4^{3-}-P$、TP 等有良好的控制效果，2.5% 覆盖率塘上述各指标与对照塘差异不显著，说明过低的覆盖率对氮、磷控制效果不佳。5.0% 覆盖率塘的草鱼、鳙、鲫的出塘规格和平均单产均高于 7.5% 覆盖率塘。在没有增氧设备的情况下，水蕹菜浮床覆盖率 5.0% 的池塘，培育鱼种的效果最佳。根据对水质的分析结果，浮床塘水体溶氧不足，NH_4^+-N 和 NO_2^--N 含量高成为鱼类生长的主要影响因子（余瑞兰等，1999）。在应用生物浮床时，应配备相应的增氧设施，避免有害物质的积累，为鱼类生长创造优良环境。

　　传统的池塘养殖通常通过增大池塘放养密度、加大饵料肥料投入、加大换水量等形式来提高鱼产量（周劲风和温琰茂，2004；高攀等，2009），过量投入营养物产生的残饵以及溶解或颗粒状的鱼类排泄物加剧了水体污染（Cripps and Berghein，2000）。水蕹菜吸收水体营养物质，抑制了水体中浮游植物的生长（徐德兰等，2005），使池塘浮游生物丰度下降，减少滤食性鱼类的食物来源，不利于滤食性鱼类生长，应是鲢的规格和产量增长倍数随着覆盖率提高而显著下降的原因。浮床塘鳙的规格和产量增长倍数显著高于对照塘的原因尚不确定，或许与鳙摄食人工饲料能力较鲢更强有关。另外，植物根系为微型生物提供了附着基质，使其大量生长和繁殖（Uddin *et al.*，2007；吴伟等，2008），可为鲫等吃食性鱼类提供了丰富的饵料（王武，2000；Keshavanath *et al.*，2002）。根系吸收和微生物降解水体溶解的无机营养物（周小平等，2005），减轻了水体的富营养化程度，使得草鱼规格和产量增长倍数高于对照塘。

三、浮床覆盖率对池塘氮、磷浓度的影响

　　NH_4^+-N：9 月 3 日前，对照塘和不同覆盖率池塘的 NH_4^+-N 浓度较低，9 月 13 日，对照塘和不同覆盖率池塘的浓度有所上升，9 月 21 日大幅上升到最高值（图 7-2A）。试验期间，除 9 月 21 日覆盖率 5.0% 池塘浓度特别高外，对照塘与浮床塘无显著差异。

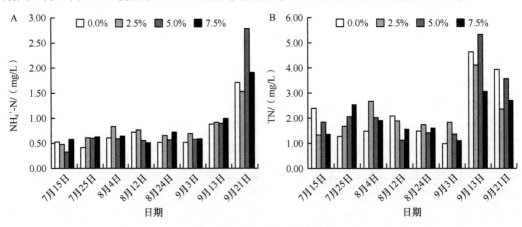

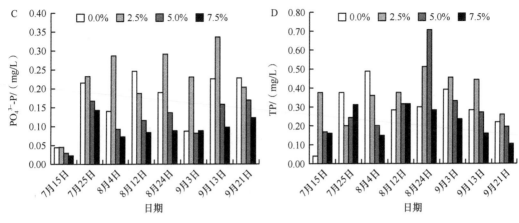

图 7-2　不同覆盖率池塘氮、磷浓度变化

TN：9 月 3 日前，各池的 TN 均较低，对照塘波动较频繁，各浮床塘的浓度总体上呈现持续下降变化趋势。9 月 13 日，对照塘和浮床塘的浓度大幅上升，达到试验期间最大值，9 月 21 日开始回落，7.5% 覆盖率池塘的浓度低于对照塘和 5.0% 覆盖率塘（图 7-2B）。试验前期 TN 多数时间低于 2mg/L，后期上升到 3～4mg/L，提示水体的营养水平越高，水蕹菜对 TN 的去除能力越强。

检测指标的波动应与施肥有关。试验前期视水质肥瘦状况施以少量的无机肥料，培养浮游生物，7 月、8 月高温季节不施肥，9 月气温开始下降，适宜鱼类生长，通常加大饲料和肥料投入，促进鱼类生长，提高鱼产量。投入高氮低磷饲料及氮素肥料使 TN 浓度在试验后期大幅升高。

PO_4^{3-}-P：7 月 25 日，各池的 PO_4^{3-}-P 显著上升，此后，对照塘和 2.5% 覆盖率塘出现升降交替。5.0% 覆盖率塘持续下降至 9 月 3 日后再次上升，至 9 月 21 日达到最高值。7.5% 覆盖率塘，8 月 4 日，PO_4^{3-}-P 仅为对照塘的 51.43%。此后持续小幅上升，整个试验期间，7.5% 覆盖率塘最低（图 7-2C）。

TP：7 月 15 日，对照塘 TP 显著低于各试验塘；此后对照塘 TP 大幅升高，8 月 4 日达最高值，然后下降，9 月 3 日再次上升后又下降。8 月 24 日后，7.5% 覆盖率塘低于其他池塘（图 7-2D），而 2.5% 的池塘则高于对照塘。

磷循环主要是非生物循环（王彦波等，2005；宋海亮，2005），PO_4^{3-}-P 主要由沉淀和吸附作用沉积于底泥，其次是植物吸收固定。试验塘中的 PO_4^{3-}-P 后期显著低于对照塘，说明水蕹菜发达的根系对 PO_4^{3-}-P 具有良好的吸附和沉淀效果。

第三节　收割对水蕹菜生长和水质修复能力的影响

试验装置为 50L 的钢化玻璃桶，雨天可加盖抗扰。试验设置对照组（0g/L）、中密度不收割组（5g/L）、中密度收割组（5g/L）和高密度不收割组（10g/L），每组设 3 个平行。收割组在试验的第 2 天采收（保留两个茎节）。供试水蕹菜为提前水培 2d 的大叶白梗品种，植株完整，生长基本一致，株重（50.10±7.35）g，茎长（37.22±5.97）cm。试验开始时，向各桶加入 20L 池塘水，加适量 KNO_3、KH_2PO_4 调整水体 TN、TP 浓度，调整后水体 TN 和 TP 的初始浓度分别为 6.83mg/L 和 0.92mg/L，劣于《地表水环境质量标准》（GB 3838—2002）中 V 类水限量。试验期间不向桶内补水。定时测定水质和 Chl-a 含量。试验结束时，计数各株植物新增芽数，采集植物的根、茎、叶各组织，同时收集附着沉积物，分别测定植物根、茎、叶各组织（含收割部分）及附着沉积物的干重、鲜重和 N、P 含量。

一、收割对水蕹菜生长的影响

水蕹菜鲜重增长率、新芽数和植株含水率见表 7-8。收割组的鲜重增长率（46.24%）高于未收割组（33.76%），提示收割可以促进植物生长，延长植物的营养生长期和增加生物量。收割组的平均新芽数为 3.50 个/株，未收割植株的平均新芽数为 2.83 个/株，前者是后者的 1.24 倍，表明收割促进了新芽萌发。收割组和未收割组的含水率分别为 89.45% 和 87.90%，差异不显著。

表 7-8　水蕹菜的鲜重增长率、新芽数和植株含水率

组别	鲜重增长率/%	新芽数/(个/株)	含水率/%
未收割组	33.76	2.83	87.90
收割组	46.24	3.50	89.45

二、收割对水体 DO、pH 及 Chl-a 的影响

DO：各组的 DO 含量均先升后降（图 7-3A）。各组 DO 均值从高到低：对照组（7.77mg/L）＞收割组（6.32mg/L）＞未收割组（5.88mg/L）＞高密度组（4.60mg/L），但差异不显著，表明收割有助于改善水体的 DO 状况。

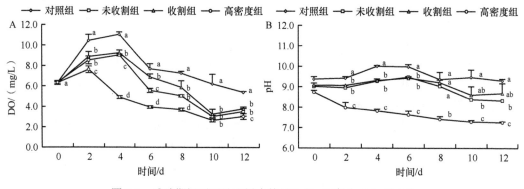

图 7-3　试验期间不同处理组水体 DO 和 pH 变化（$P < 0.05$）

pH：对照组 pH 最高（9.56），高密度组 pH 最低（7.73），显著低于对照组、未收割组和收割组；未收割组 pH（8.92）和收割组 pH（9.05）无显著差异，显著低于对照组（图 7-3B），表明水蕹菜有助于降低水体的 pH。

Chl-a：水蕹菜密度越高，水华暴发量越少，消失越快。对照组 Chl-a 升高了 24.64%，未收割组、收割组和高密度组则分别降低了 32.78%、12.16% 和 54.52%（图 7-4）。试验结束时 Chl-a 的去除率分别为：对照组 62.30%，未收割组 84.93%，收割组 81.71%，

高密度组 89.33%，表明种植水蕹菜有利于降低水体营养物含量，控制浮游植物生物量。

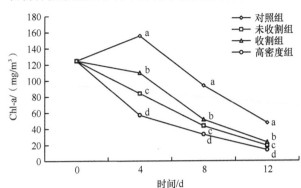

图 7-4　试验水体 Chl-a 浓度变化

三、收割对氮、磷的去除效果与途径

（一）收割对氮、磷去除效果的影响

各处理组对富营养因子的最终去除率见图 7-5。高密度组对 NO_2^--N、NO_3^--N、$PO_4^{3-}-P$、TN 和 TP 的平均去除率分别为 90.88%、93.98%、98.96%、82.36% 和 88.89%，显著高于对照组。收割组对 TN 的去除率显著高于对照组。试验组对 NO_3^--N 的去除率达 90.7%～94.9%、对 $PO_4^{3-}-P$ 的去除率达 60.8%～97.5%。水蕹菜对 NO_3^--N 和 $PO_4^{3-}-P$ 去除能力最强，且具有短期快速吸收效应。

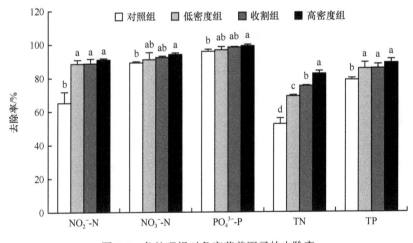

图 7-5　各处理组对各富营养因子的去除率

浮床植物吸收的营养来自水体，植物的生长与水体的营养盐浓度密切相关（Peterson and Teal，1996）。本试验中，水蕹菜 N、P 含量在试验前后存在显著变化，并与其生长水体中 N、P 浓度存在正相关关系，说明水蕹菜与其他沉水植物一样，对不同富营养化水平的水体具有良好的净化效果（Ni，2001；熊汉锋，2009；胡绵好等，2007），浮床植物密度越高，生物量越大，对水体营养物质的去除能力越强，对浮游植物的抑制作用越显著，净化效果越好（Peterson and Teal，1996；宋海亮，2005；宋祥甫等，2004）。

（二）收割对氮、磷的去除途径

水体 N、P 的去除途径大致可分为 4 类。①植物吸收固定作用：植物从水体中吸收营养物并固定到组织中；②附着沉积作用：凋亡藻细胞和悬浮有机物沉积，附着藻类从水体中去除营养物；③采样移除作用：因采样引起的移除作用（实际生产中无此部分）；④微生物吸收和气态逸散等（未检测，即未知）。不同去除途径对 N、P 去除的贡献率见图 7-6。由图 7-6 可知，附着沉积是对照塘 N、P 去除的主要途径，占 N、P 去除量的 89.74% 和 76.44%。未收割池，附着沉积是去除 N、P 的主要途径，分别占 N、P 去除量的 59.01% 和 44.88%，植物吸收固定为次要途径，分别占 N、P 去除量的 29.64% 和 22.22%。收割池，附着沉积是去除 N、P 的主要途径，分别占 N、P 去除量的 37.71% 和 40.47%，植物吸收固定为次要途径，分别占 N、P 去除量的 31.38% 和 29.07%。高密度池，植物吸收固定是去除 N、P 的主要途径，分别占 N、P 去除量的 52.05% 和 40.41%，附着沉积是次要途径，分别占 N、P 去除量的 23.58% 和 19.56%。

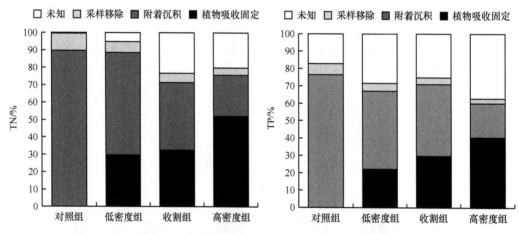

图 7-6　不同去除途径对水体 N、P 去除的贡献率

植物吸收固定分别占高密度组水体中 N、P 去除总量的 52.05% 和 40.41%，比收割组分别高 17.53% 和 10.73%，比低密度组分别高 22.41% 和 18.19%。低密度组和高密度组的植物吸收固定贡献率与李大成（2006）和周小平等（2005）的研究结果较相近，表明提高水蕹菜密度有助于减少附着沉积物的产生，进而降低附着沉积物向水体释放营养盐造成"二次污染"的概率（李欲如等，2006）。

未检测部分对 N、P 去除的贡献率在各组中差异显著，并与水蕹菜密度呈正相关。未检测部分包含微生物（梁威等，2002）、气态逸散（Fey et al.，1999）和材质吸收（Drizo et al.，1999）等，其中微生物占主导作用。水蕹菜密度越高，为微生物提供的附着表面积越大（梁威等，2002），由根系的泌氧和呼吸作用所产生的根区环境更为复杂——可为不同 DO 需求的微生物提供适宜的生存环境（Brix，1987）。因此，水蕹菜密度越高，未检测部分对水体中 N、P 去除的贡献率越高。

收割是生物浮床生产管理的重要环节之一（周晓红等，2008），一是可将被植物组织固定的营养元素从水体中移出；二是可将收获的产品出售实现经济效益；三是有助于将浮床植物生物量控制在一定范围内，避免过高的植物负荷对水生动物造成消极影响。收割可在短期内抑制水蕹菜生物量增长，减少对营养物质的吸收。但随着时间延长，收割促进了水蕹菜的分蘖和生物量的增长，增加对 N、P 的吸收。由于收割降低了水蕹菜的覆盖密度，对浮游植物的抑制作用减弱，因此，收割组对 Chl-a 的去除率显著低于未收割组，有助于改善水体的 DO 状况，对水生动物的生存有积极意义。

小　结

1）在水培条件下，大叶白梗水蕹菜的干物质比率显著小于其他 3 个品种，鲜重、干重、根冠比和新枝数显著大于大叶青梗、柳叶白梗和细叶青梗水蕹菜；大叶品种对氮、磷的累积去除率优于窄叶品种，大叶白梗对 NH_4^+-N、NO_3^--N 和 TN 的累积去除率优于大叶青梗；大叶青梗对 PO_4^{3-}-P 和 TP 的累积去除率优于大叶白梗。

2）不同覆盖率浮床在鱼种培育池的应用结果表明：浮床对水温影响无显著，DO 与覆盖率呈负相关，浮床显著提高水体透明度。水蕹菜 TN 和 TP 累积量随着覆盖率的增加而增加，5.0% 和 7.5% 覆盖率塘水蕹菜累积的 TN 和 TP 分别是 2.5% 覆盖率塘的 1.86 倍和 2.38 倍。5.0% 覆盖率池，草鱼、鲫、团头鲂和鳙鱼种养成体重和产量高于对照塘，鲢鱼种的养成体重和产量低于对照塘。

3）水蕹菜收割有助于改善水体的 DO 状况和 Chl-a 含量。收割组对 TN 的去除率显著高于未收割组，NO_2^--N、NO_3^--N、PO_4^{3-}-P 和 TP 的去除率无显著差异。研究表明收割有助于刺激植物加速分蘖，促进植物对 N、P 的吸收，附着沉积和植物吸收固定是 N、P 去除的主要途径。

4）综合生长速度、生长潜力、生长周期和植物对水体氮、磷的净化效果，研究认为大叶白梗水蕹菜是 4 个水蕹菜品种中最佳的人工浮床植物材料，可用于池塘等富营养化水体的修复。

参 考 文 献

操家顺, 李欲如, 陈娟. 2006. 水蕹菜对重污染河道净化及克藻功能. 水资源保护, 22(2): 36-39

陈锡涛, 叶春芳. 杉辛野, 等. 1994. 水生维管束植物自屏对水质净化资源化效应的研究. 环境科学与技术, (2): 1-4

程树培, 丁树荣, 由文辉. 1991. 利用人工基质无土栽培水蕹菜净化缫丝废水研究. 环境科学, 12(4): 47-51

崔克辉, 何之常, 张甲耀, 等. 1996. 模拟污水中氮、磷对水稻幼苗根系呼吸作用的影响. 武汉植物学研究, 14(4): 323-328

戴全裕, 蒋兴昌, 张珩, 等. 1996. 水蕹菜对啤酒及饮食废水净化与资源化研究. 环境科学学报, 16(2): 249-251

高攀, 蒋明, 赵宇江, 等. 2009. 主养草鱼池塘水质指标的变化规律和氮、磷收支. 云南农业大学学报, 24(1): 71-76

国家环境保护局规划标准司. 2002. GB 3838—2002 地表水环境质量标准. 北京: 中国环境科学出版社

胡绵好, 奥岩松, 杨肖娥, 等. 2007. 不同 N 水平的富营养化水体中经济植物净化能力比较研究. 水土保持学报, 21(2): 147-150, 169

黄婧, 林惠风, 朱联东, 等. 2008. 浮床水培蕹菜的生物学特征及水质净化效果. 环境科学与管理, 33(12): 92-94

黎华寿, 聂呈荣, 方文杰, 等. 2003. 浮床栽培植物生长特性的研究. 华南农业大学学报 (自然科学版), 24(2): 12-15

李波, 樊启学, 张磊, 等. 2009. 不同溶氧水平下氨氮和亚硝酸盐对黄颡鱼的急性毒性研究. 淡水渔业, 39(3): 31-35

李大成. 2006. 立体式生态浮床对水源地水质改善效果的研究. 东南大学硕士学位论文

李淑文, 李迎春, 彭玉信. 2008. 不同草坪草叶绿素含量变化及其与绿度的关系. 草原与草坪, 6(3): 54-57

李欲如, 操家顺, 徐峰, 等. 2006. 水蕹菜对苏州重污染水体净化功能的研究. 环境污染与防治, 28(1): 69-71

梁威, 吴振斌, 周巧红, 等. 2002. 构建湿地基质微生物类群与污水净化效果及其相关分析. 中国环境科学, 22(3): 282-285

林东教, 唐淑军, 何嘉文, 等. 2004. 漂浮栽培蕹菜和水葫芦净化猪场污水的研究. 华南农业大学学报, 25(3): 14-17

罗固源, 郑剑锋, 许晓毅, 等. 2009. 4 种浮床栽培植物生长特性及吸收氮、磷能力的比较. 环境科学学报, 29(2): 285-290

孟春, 石贤爱, 陈剑锋, 等. 2007. 陆生植物蕹菜用于有机废水的生态治理研究. 中国生态农业学报, 15(5): 160-162

宋海亮. 2005. 水生植物滤床技术改善富营养化水体水质的研究. 中南大学博士学位论文

宋祥甫, 邹国燕, 陈荷生. 2004. 生态浮床技术治理污染水体的有效性及其应用//水利部. 太湖流域管理局太湖高级论坛交流文集, 402-406

宋祥甫, 邹国燕, 吴伟明, 等. 1998. 浮床水稻对富营养化水体中氮、磷的去除效果及规律研究. 环境科学学报, 18(5): 490-494

王惠珠. 2000. 杂交稻高产田氮、磷、钾的积累运转初步分析. 土壤肥料, (6): 29-43

王晶英, 敖红, 张杰. 2003. 植物生理生化实验技术与原理. 哈尔滨: 东北林业大学出版社

王武. 2000. 鱼类增养殖学. 北京: 中国农业出版社

王旭明. 1997. 水蕹菜在污水净化系统中的作用. 农业环境与发展, (1): 33-34

王彦波, 岳斌, 许梓荣. 2005. 池塘养殖系统氮、磷收支研究进展. 饲料工业, 26(18): 19-51

吴伟, 胡庚东, 金兰先, 等. 2008. 浮床植物对池塘水体微生物的动态影响. 中国环境科学, 28(9): 791-795

熊汉锋. 2009. 水体中氮磷对沉水植物影响. 鄂州大学学报, 16(5): 38-40

徐德兰, 刘正文, 雷泽湘, 等. 2005. 大型水生植物对湖泊生态修复的作用机制研究进展. 长江大学学报 (自然科学版), 2(2): 14-19

杨敏文. 2002. 快速测定植物叶片叶绿素含量方法的探讨. 光谱试验室, 19(4): 478-481

余瑞兰, 聂湘平, 魏泰莉, 等. 1999. 分子氨和亚硝酸盐对鱼类的危害及其对策. 中国水产科学, 6(3): 73-77

周劲风, 温琰茂. 2004. 珠江三角洲基塘水产养殖对水环境的影响. 中山大学学报 (自然科学版), 43(5): 103-106

周小平, 王建国, 薛利红. 等. 2005. 浮床植物系统对富营养化水体中氮、磷净化特征的初步研究. 应用生态学报, 16(11): 2199-2203

周晓红, 王国祥, 杨飞, 等. 2008. 刈割对生态浮床植物黑麦草光合作用及其对氮磷等净化效果的影响. 环境科学, 29(12): 3393-3399

Brix H. 1987. Treatment of wastewater in the rhizosphere of the wetland plants-the root-zone method. *Water Science and Technology*, 19: 107-118

Cai QY, Mo CH, Zeng QY, *et al.* 2008. Potential of *Ipomoea aquatica* cultivars in phytoremediation of soils contaminated with di-n-butyl phthalate. *Environmental and Experimental Botany*, 62: 205-211

Cripps SJ, Berghein A. 2000. Solids management and removal for intensive land-based aquaculture productions system. *Aquaculture Engineering*, 22: 33-56

Drizo A, Frost CA, Grace J, *et al.* 1999. Physico-chemical screening of phosphate-removing substrates for use in constructed wetland systems. *Water Research*, 33(17): 3595-3602

Fey A, Benckiser C, Ottow JCG. 1999. Emissions of nitrous oxide from a constructed wetland using a ground-filter and macrophytes in waste-water purification of a dairy farm. *Biology and Fertility of Soils*, 29(4): 354-359

Keshavanath P, Gangadhar B, Ramesh TJ, *et al.* 2002. The effect of periphyton and supplemental feeding on the production of the indigenous carps *Tor khudree* and *Labeo fimbriatus*. *Aquaculture*, 213(1): 207-218

Lin YF, Jing SR, Lee DY, *et al.* 2002. Nutrient removal from aquaculture wastewater using a constructed wetlands system. *Aquaculture*, 209(1-4): 169-184

Ni LY. 2001. Effects of water column nutrient enrichment on the growth of *Potamogeton maackianus* A. Been. *Journal of Aquatic Plant Management*, 39: 83-87

Peterson SB, Teal JM. 1996. The role of plants in ecologically engineered wastewater treatment systems. *Ecological Engineering*, 6(1-3): 137-148

Uddin MS, Farzana A, Fatema MK, *et al.* 2007. Technical evaluation of tilapia (*Oreochromis niloticus*) monoculture and tilapia-prawn (*Macrobrachium rosenbergii*) polyculture in earthen ponds with or without substrates for periphyton development. *Aquaculture*, 269(1): 232-240

第八章 浮床对池塘养殖草鱼生长和肌肉品质特性的影响

鱼类生长受到多种因素的影响，对同一种鱼而言，生长环境和营养物质是影响鱼类生长的主要因素（Bjornsson and Olafsdottir，2006；Foss et al.，2003）。随着人们生活水平的提高，更加注重肉类的营养价值和安全性。鱼类肌肉品质评价是从多方面、综合性对鱼肉的外观、可接受度和营养价值等物理和化学有关特性进行综合评价。评价参数大致可以分为两类：第一类为生化特性，包括粗蛋白含量及氨基酸组成、粗脂肪含量及脂肪酸组成、维生素、水分、矿物质和痕量物质等；第二类为生理特性，包括肌肉纤维形态、肌肉 pH、系水力、质构特性和感官特性等。

生物浮床技术是一种生态环保的净化水质技术。水蕹菜由于生长快，可供食用，具有很好地吸附水体氮磷的能力，越来越被广泛应用。本章通过在精养池塘中架设水蕹菜浮床，研究草鱼生长情况、肌肉品质状况、血液生理及抗氧化状态，较为全面地研究了浮床改良水质后对鱼类的影响，为水蕹菜浮床在水产养殖中的推广应用和鱼类池塘健康养殖提供了更多的科学依据。

第一节 水蕹菜浮床对草鱼生长的影响

试验于 2013 年 3～11 月在湖北省公安县崇湖渔场 5 个相邻池塘进行。池塘面积为 2800m^2（40m×70m）。5 口池塘的养殖种类、规格和质量，以及投喂饲料及管理基本相似。对照塘 2 口，不架设浮床；试验塘 3 口，浮床覆盖率为 7.5%。

一、草鱼生长性能变化

养殖试验结束，每个池塘随机选取 20 尾草鱼，测定生长指标，测定结果如表 8-1 所示，试验塘草鱼平均体重为（723.60±77.20）g，对照塘草鱼平均体重为（641.40±37.40）g，试验塘草鱼增重倍数显著高于对照塘（P＜0.05）。这可能是由于试验塘水质较好，促进了草鱼的生长。

表 8-1 试验塘和对照塘草鱼生长性能

指标	试验塘	对照塘
增重倍数	12.06±0.62[a]	10.69±0.12[b]
体长/cm	35.09±4.66	33.58±0.47
体高/cm	7.47±1.18	7.27±0.05
体宽/cm	5.23±0.81	5.17±0.05
脏体比/%	12.21±0.16	12.24±0.90

续表

指标	试验塘	对照塘
肝体比/%	2.19±0.30ᵃ	2.40±0.01ᵇ
肥满度/(g/cm³)	1.72±0.02	1.70±0.01

注：不同字母表示组间有显著差异（$P<0.05$）

试验塘草鱼的体长、体高和体宽都高于对照塘的对应指标，但差异不显著（$P>0.05$）。试验塘脏体比低于对照塘，意味着试验塘内脏团占体重的比例较低，可食用比例较高。试验塘肝体比显著低于对照塘（$P<0.05$）。试验塘肥满度高于对照塘，差异不显著。从整体看，试验塘草鱼生长较快，内脏团比例较低，肥满度较高。

本试验中草鱼增重倍数显著高于对照塘。在鱼类生长过程中，营养条件相同的情况下，其生长差异可能是由于试验塘水质良好，草鱼摄食旺盛，能量转化率高。肝体比是评价鱼类营养状况的重要指标，营养状况发生变化会导致肝体比的变化。在野生和养殖鱼类的研究中发现养殖环境不同对鱼类的肝体比和肥满度有显著影响（Johnston et al.，2006；Grigorakis，2007）。在本试验中鱼类饲料相同，试验鱼规格一致，肝体比和肥满度存在差异，证明水环境对鱼类的生长代谢具有显著影响。

二、草鱼生理生化和抗氧化指标变化

（一）血清生理生化指标

采用试剂盒或常规方法测定相关指标，结果表明，架设水蕹菜浮床对池塘草鱼的血清生理生化指标有显著影响。如表8-2所示，试验塘草鱼血清中胆固醇含量为（4.77±0.80）mmol/L，显著低于对照塘的（6.49±0.73）mmol/L（$P<0.05$）；试验塘草鱼血清中一氧化氮含量为（6.38±0.61）mmol/L，显著高于对照塘的（5.73±0.74）mmol/L（$P<0.05$）；试验塘草鱼血清中葡萄糖含量为（7.44±1.16）mmol/L，显著低于对照塘的（9.86±0.85）mmol/L（$P<0.05$）；试验塘碱性磷酸酶、谷氨酰胺转移酶、乳酸脱氢酶、谷丙转氨酶和谷草转氨酶都显著低于对照塘（$P<0.05$）。

表 8-2　试验塘和对照塘草鱼血清生理生化指标

指标	试验塘	对照塘
胆固醇（CHOL）/(mmol/L)	4.77±0.80ᵃ	6.49±0.73ᵇ
葡萄糖（GLU）/(mmol/L)	7.44±1.16ᵃ	9.86±0.85ᵇ
一氧化氮（NO）/(mmol/L)	6.38±0.61ᵃ	5.73±0.74ᵇ
酸性磷酸酶（ACP）/(金氏单位/100mL)	85.53±7.28	85.21±80.4
碱性磷酸酶（AKP）/(金氏单位/100mL)	2.13±0.34ᵃ	3.20±0.47ᵇ
谷氨酰胺转移酶（γ-GT）/(U/L)	6.51±0.71ᵃ	9.22±1.45ᵇ
乳酸脱氢酶（LDH）/(U/L)	727.79±75.33ᵃ	817.24±57.84ᵇ
谷草转氨酶（AST）/(U/L)	8.86±0.78ᵃ	10.49±0.89ᵇ
谷丙转氨酶（ALT）/(U/L)	3.87±0.62ᵃ	4.75±0.51ᵇ

注：不同字母表示组间有显著差异（$P<0.05$）

（二）血清、肝和肌肉中的丙二醛和蛋白羰基化

架设水蕹菜浮床后试验塘草鱼组织氧化损伤显著降低（图 8-1）。试验塘草鱼血清中丙二醛（MDA）含量 [（15.50±2.90）U/mg prot] 和蛋白羰基化（PC）水平 [（1.05±0.20）U/mg prot] 均显著低于对照塘 [分别为（23.07±3.52）U/mg prot 和（1.32±0.23）U/mg prot]（$P<0.05$）。

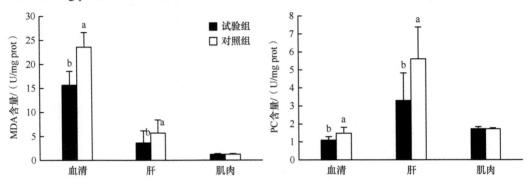

图 8-1　生物浮床对草鱼血清和组织中丙二醛和蛋白羰基化的影响

不同字母表示组间有显著差异（$P<0.05$）

试验塘草鱼肝组织中 MDA 含量 [（3.62±0.57）U/mg prot] 和 PC 水平 [（3.38±0.59）U/mg prot] 均显著低于对照塘 [分别为（5.39±0.64）U/mg prot 和（5.15±0.68）U/mg prot]（$P<0.05$）。试验塘和对照塘肌肉组织中 MDA 和 PC 含量没有显著差异。

（三）肝组织结构

架设水蕹菜浮床对试验塘和对照塘草鱼的肝脏组织没有显著性影响，如图 8-2 所示。试验塘和对照塘草鱼肝细胞排列整齐，肝细胞大小较一致，细胞核未出现偏移。

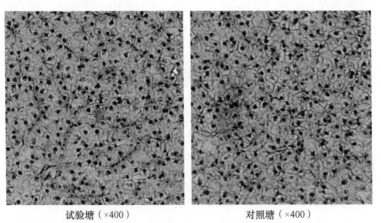

试验塘（×400）　　　　　　　　对照塘（×400）

图 8-2　试验塘和对照塘草鱼肝组织学结构

（四）血清、肝和肌肉抗氧化能力

架设水蕹菜浮床后，试验塘草鱼血清、肝组织和肌肉组织的总抗氧化能力（T-AOC）均高于对照塘。其中试验塘草鱼肝组织 T-AOC [（7.09±0.88）U/mg prot] 显著高于对照

塘［（6.38±0.99）U/mg prot］（P＜0.05），而在其他两种组织中差异不显著（图 8-3）。

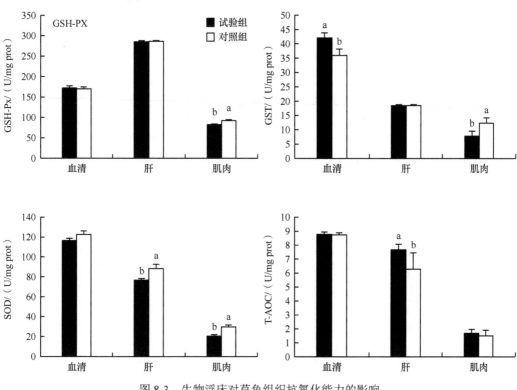

图 8-3　生物浮床对草鱼组织抗氧化能力的影响

不同字母表示组间有显著差异（P＜0.05）

试验塘草鱼三种组织中超氧化物歧化酶（SOD）含量均低于对照塘，其中试验塘肝和肌肉组织中 SOD 含量分别为（78.64±14.36）U/mg prot 和（20.69±8.43）U/mg prot，显著低于对照塘的（89.26±9.30）U/mg prot 和（29.35±5.31）U/mg prot（P＜0.05），该酶含量在血清中未见显著差异（图 8-3）。

试验塘草鱼肌肉组织中谷胱甘肽过氧化物酶（GSH-Px）含量［（81.91±18.52）U/mg prot］显著低于对照塘［（91.57±9.34）U/mg prot］（P＜0.05），血清和肝组织中 GSH-Px 含量没有显著差异（图 8-3）。

试验塘草鱼血清中谷胱甘肽巯基转移酶（GST）含量为（42.13±4.59）U/mg prot，显著高于对照塘［（37.77±2.70）U/mg prot］（P＜0.05）；肌肉组织中为（8.00±2.09）U/mg prot，显著低于对照塘［（12.37±2.43）U/mg prot］（P＜0.05）；在肝组织中没有显著差异（图 8-3）。

鱼类机体内存在一套完整的抗氧化系统，在正常情况下处在一个氧化与抗氧化动态平衡状态，当鱼类受到应激时，体内会产生大量的氧自由基，当氧自由基含量超过机体的自由基清除能力时，就会引起氧化损伤，产生脂质过氧化和蛋白羰基化，影响动物机体的正常代谢功能和自我修复功能。

T-AOC 是机体抗氧化酶系统和非酶促系统综合功能的抗氧化能力的体现，反映机体对外来刺激产生的自由基的清除能力。本试验塘草鱼血清和肌肉中 T-AOC 的含量均高于对照塘，但没有显著差异，肝中试验塘显著高于对照塘，说明架设生物浮床能够增强鱼类的抗氧化能力，这可能与在水中加入芽孢杆菌能够增强草鱼的抗氧化能力（李卫芬等，2012）相似，水质改善对鱼类的抗氧化系统产生了积极作用。

SOD 和 GSH-Px 是鱼体内非常重要的两种抗氧化物酶。SOD 以超氧阴离子（ $\cdot O_2^-$ ）为底物进行反应，催化 O_2^- 歧化为 H_2O_2 和 O_2，从而减少 O_2^- 在生物体内的积累并阻断其转化为羟基自由基（ $\cdot OH$ ），从而保护机体免受氧自由基的攻击（Shiau and Su，2005）。GSH-Px 主要功能是特异性地阻止还原型谷胱甘肽（GSH）被氧化，并催化脂质氢过氧化物的还原反应，在保护细胞和细胞膜免受氧化损伤方面有重要作用。本试验中两种酶在血清中没有显著差异，对照塘草鱼肝和肌肉中 SOD 含量显著高于试验塘，对照塘草鱼肌肉中 GSH-Px 含量显著高于试验塘，说明对照塘中两种抗氧化酶总体含量高于试验塘。这可能是由于对照塘亚硝酸盐含量相对较高，鱼类产生应激，鱼类为自身机体免受氧化损伤启动自身防御机制，从而导致抗氧化酶活性升高。

MDA 是脂质过氧化作用的产物，其含量能够反映脂质的过氧化水平，间接反映细胞受损伤的程度（Wang et al.，2003）；PC 是蛋白质氧化后的产物，其含量能够反映蛋白质被氧化的水平（Peng et al.，2009）。本试验中试验塘草鱼血清和肝中 MDA 和 PC 的含量均显著低于对照塘，肌肉中没有显著差异，表明试验塘中草鱼产生应激后，脂肪和蛋白质损伤低于对照塘。

第二节　水蕹菜浮床对草鱼肌肉品质的影响

一、草鱼肌肉 pH 和系水力

采集鱼背部肌肉测定肌肉 pH 和系水力。架设水蕹菜浮床对肌肉 pH 和系水力指标的影响如表 8-3 所示。肌肉 pH，试验塘为 6.06±0.04，对照塘为 5.92±0.04，试验塘显著高于对照塘（ $P<0.05$ ）。肌肉滴水损失率，试验塘为（1.77±0.13）%，对照塘为（2.11±0.08）%，试验塘显著低于对照塘（ $P<0.05$ ）。试验塘肌肉贮存损失率为（1.07±0.05）%，对照塘贮存损失率为（1.33±0.14）%，试验塘显著低于对照塘（ $P<0.05$ ）。肌肉冷冻渗出率随着解冻时间增长，渗出率增加：从−20℃取出时，试验塘肌肉冷冻渗出率为（1.06±0.01）%，对照塘为（1.26±0.13）%，试验塘显著低于对照塘；解冻 2h 时，对照塘肌肉冷冻渗出率达到（3.04±0.10）%，而试验塘为（2.10±0.06）%，差异极显著（ $P<0.01$ ）。

表 8-3　水蕹菜浮床对草鱼肌肉 pH 和系水力的影响

池塘	pH	滴水损失率/%	贮存损失率/%	渗出率/%		
				0h	1h	2h
试验塘	6.06±0.04[a]	1.77±0.13[a]	1.07±0.05[a]	1.06±0.01[a]	1.47±0.06[a]	2.10±0.06[a]
对照塘	5.92±0.04[b]	2.11±0.08[b]	1.33±0.14[b]	1.26±0.13[b]	1.94±0.01[b]	3.04±0.10[b]

注：不同字母表示组间有显著差异（ $P<0.05$ ）

肌肉 pH 是评价肌肉品质的重要指标，鱼肉 pH 降低，肌肉的硬度降低，会导致肌肉的系水力下降。系水力是指肌肉受到外力作用保持原有水分的能力，是评价肌肉品质的重要指标（Otto et al.，2006）。可溶性蛋白质和风味物质会随着水分的流失而减少，肌肉拥有较强的系水力会降低肌肉蛋白降解速度，延长肉贮存期。本试验中，试验塘肌肉pH 显著高于对照塘，滴水损失率、冷冻渗出率等都显著低于对照塘，即试验塘系水力较高，而且随着解冻时间延长，对照塘肌肉水分丧失更加严重，这可能是由对照塘肌肉的pH 较低引起的。两种池塘饲养条件除水质条件以外都相同，造成 pH 和系水力变化的因素可能是试验塘 NO_2^--N 和 NH_4^+-N 含量相对较低，试验塘肌肉水分含量较高。

二、草鱼肌肉营养成分和含肉率

依据 GB 5009.3—2010～GB 5009.6—2010，测定肌肉水分、粗蛋白、粗脂肪和粗灰分。架设水蕹菜浮床对肌肉营养成分和含肉率的影响如表 8-4 所示，试验塘肌肉水分含量为（79.66±0.30）%，对照塘肌肉水分为（80.12±0.09）%，没有显著差异（$P>0.05$）；试验塘肌肉粗脂肪含量为（1.13±0.06）%，对照塘肌肉粗脂肪含量为（1.41±0.06）%，试验塘显著低于对照塘（$P<0.05$）；试验塘肌肉粗蛋白含量为（17.75±0.13）%，对照塘为（17.33±0.07）%，试验塘显著高于对照塘（$P<0.05$）；两种池塘草鱼肌肉粗灰分含量没有显著差异（$P>0.05$）；试验塘草鱼熟肉率为（76.74±1.59）%，显著高于对照塘的对应指标（$P<0.05$）；试验塘草鱼含肉率高于对照塘，但差异不显著（$P>0.05$）。

表 8-4　肌肉常规营养成分和含肉率变化（%）

池塘	水分	粗脂肪	粗蛋白	粗灰分	含肉率	熟肉率
试验塘	79.66±0.30	1.13±0.06[a]	17.75±0.13[a]	1.09±0.01	63.91±0.23	76.74±1.59[a]
对照塘	80.12±0.09	1.41±0.06[b]	17.33±0.07[b]	1.10±0.01	63.64±0.09	74.33±0.17[b]

注：不同字母表示组间有显著差异（$P<0.05$）

鱼类肌肉的营养成分是评价肌肉品质的重要指标，优良的营养组成是肌肉品质提高的重要保障。营养组成受到鱼类品种、遗传因素、饲料质量、生长和健康状况的影响。蛋白质和脂肪是肌肉中重要的营养物质，肌肉水分升高会相对降低蛋白质和脂肪含量，导致肌肉品质降低。肌肉的多汁性和光滑度与肌肉粗脂肪含量呈正相关，产卵后肌肉粗脂肪含量降低，使肌纤维变得干燥粗糙，品质显著下降（Grigorakis，2007）。粗蛋白和粗脂肪含量受水质、饲料和管理水平等多种因素的影响。本试验中，试验塘草鱼肌肉粗脂肪含量显著低于对照塘，粗蛋白含量显著高于对照塘，草鱼饲料粗蛋白含量均为 28%，粗脂肪含量均为 3.0%，饲养管理相同，水质变化可能影响了草鱼肌肉营养组成。

水分是肌肉最重要的组成部分，水分含量会直接影响肉质，也会影响肉的加工和处理。营养水平和鱼的成长阶段对肌肉水分含量的影响较大（Haard，1992）。养殖鱼类肌肉水分含量一般低于野生鱼类，且肌肉水分含量与肌肉 pH 和肌肉系水力有一定相关性（Grigorakis，2007）。

三、草鱼肌肉质构特性

肌肉的物性特征采用物性测试仪测定。架设水蕹菜浮床对草鱼肌肉质构特性的影响如表 8-5 所示。两种池塘肌肉质构特性的各项指标均无显著差异（$P>0.05$）。试验塘肌肉的硬度为（5269.84±1047.52）g，高于对照塘的对应指标（4767.08±596.97）g；试验塘肌肉的弹性为 0.63±0.06，高于对照塘的对应指标（0.61±0.05）；试验塘肌肉的胶着度和咀嚼度高于对照塘。这 4 个指标尤其是弹性和硬度是评价肌肉品质的重要指标，说明架设水蕹菜浮床对池塘草鱼肌肉质构特性产生了一定影响。

表 8-5　水蕹菜浮床对草鱼肌肉质构特性的影响

池塘	硬度/g	弹性	黏聚力	胶着度/g	咀嚼度/g	回复性
试验塘	5269.84±1047.52	0.63±0.06	0.28±0.02	1473.83±325.55	934.53±242.50	0.18±0.03
对照塘	4767.08±596.97	0.61±0.05	0.29±0.03	1358.57±193.55	832.57±152.99	0.20±0.03

肌肉的质构特性是食品评价的一项重要指标，口感会随着硬度、弹性等各方面指标上升而变好。肌肉水分越低，粗脂肪和粗蛋白含量越高，硬度、咀嚼性和回复性会相应升高（胡芬等，2011）。本试验中，试验塘草鱼肌肉的硬度、弹性、胶着度和咀嚼度都高于对照塘，可能由于试验塘粗蛋白含量显著高于对照塘而导致质构特性的差异（Fuentes et al.，2010），而硬度和弹性作为评价新鲜鱼肉的重要参数，直接影响消费者对肉的可接受程度。肌肉的肌纤维结构直接影响肌肉的质构特性（Damez and Clerjon，2008），而池塘水质的变化影响了草鱼生长，可能也影响草鱼肌纤维结构，导致肌肉质地的差异。本试验中，试验塘肌肉硬度和弹性更高，说明试验塘草鱼肌肉品质较好。

四、草鱼肌肉感官评定

试验塘和对照塘各随机选择 5 条草鱼，采集背部肌肉，切成约 2.0cm×2.0cm×2.0cm 肉块，将肉块用蒸馏水同锅蒸熟，不放任何调料。经简单感官评价培训的 17 名测试员，独自对肉的肉色、质地、易嚼度、嚼碎度、残留量、多汁性、适口性和香味进行评定（张晓鸣，2006；林婉玲等，2009），评定标准见表 8-6。

表 8-6　熟肉感官评价指标量化评分方式

指标	评分				
	1	3	5	7	9
肉色	暗灰色	灰色	青灰色	灰白色	白色
光泽	暗色	无光泽	一般光泽	较有光泽	很光泽
质地	非常粗糙	较粗糙	略粗糙	较细致	非常细致
弹性		无弹性	略有弹性	较有弹性	非常有弹性
易嚼度	非常难	较难	一般	较容易	非常容易
嚼碎度	非常难	较难	一般	较容易	非常容易
残留量	非常多	较多	一般	较少	非常少
多汁性	很干燥	干燥	一般	较多汁	非常多汁
香味	异味	无香味	弱香味	有香味	较强香味
适口性	非常不适口	不适口	适口	较适口	非常适口
总体接受度	无法接受	难接受	可接受	较易接受	非常接受

感官平均结果如图 8-4 所示。试验塘肌肉的总体接受度得分为 7.81，显著高于对照塘的 7.13（$P<0.05$）；试验塘肌肉的香味得分为 7.25，对照塘得分为 6.56，试验塘显著

高于对照塘（P＜0.05）；试验塘的弹性得分为 6.79，显著高于对照塘的 6.31（P＜0.05）；试验塘肌肉的适口性得分为 7.50，显著高于对照塘肌肉的 6.71（P＜0.05）。弹性和香味也是评价肌肉品质的重要指标，适口性是人品尝鱼肉时的感觉，总体接受度是测试员对试验鱼肌肉的可接受程度，这 4 项指标都是试验塘显著高于对照塘，说明试验塘草鱼肉更受测试员的欢迎。而测试员来自不同地域、不同年龄和不同性别，在一定程度上代表消费者对草鱼肉品质的认可。

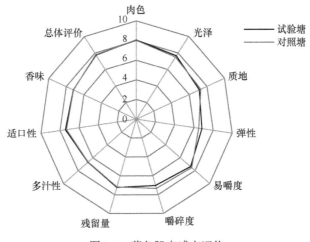

图 8-4　草鱼肌肉感官评价

在本试验中，试验塘肌肉的弹性、光泽、香味和适口性得分都显著高于对照塘，其他指标没有显著差异，而在质构特性分析中虽然没有观察到显著差异，但是试验塘肌肉硬度和弹性高于对照塘，从整体来看，架设水蕹菜浮床后肌肉的硬度和弹性相对较好，鱼肉更受测试员的欢迎。有研究表明，肌肉 pH 是影响感官评定的重要指标，一般肌肉 pH 越高，感官评价得分越高（Luciano et al.，2009），本试验中试验塘肌肉 pH 较高，感官评价得分较高，也印证了 pH 对感官评价的影响。

小　　结

1）浮床试验塘草鱼增重倍数显著高于对照塘，草鱼体长、体高、体宽和肥满度均高于对照塘（P＞0.05）；草鱼脏体比与对照塘无显著差异（P＞0.05），肝体比显著低于对照塘（P＜0.05），表明水蕹菜浮床能够促进草鱼的生长，并对生长指标有一定影响。

2）试验塘草鱼肌肉 pH、粗蛋白含量、熟肉率显著高于对照塘（P＜0.05），含肉率、肌肉硬度、弹性、胶着度和咀嚼度高于对照塘（P＞0.05）；滴水损失率、肌肉贮存损失率和冷冻渗出率显著低于对照塘，肌肉粗脂肪含量显著低于对照塘；肌肉水分和粗灰分与对照塘无显著差异，肌肉的总体接受度、香味、弹性和适口性得分都显著高于对照塘，表明水蕹菜浮床对草鱼肌肉品质产生了积极影响。

3）试验塘草鱼血清中 CHOL、GLU、AKP、γ-GT、LDH、ALT 和 AST 含量都显著低于对照塘，试验塘和对照塘草鱼肝组织均未发现可观性损伤，说明水蕹菜浮床对草鱼的血液生理有一定积极作用。

4）试验塘草鱼肝组织 T-AOC 显著高于对照塘，血清和肌肉组织差异不显著；肝和肌肉组织中 SOD 含量显著低于对照塘，血清无显著差异；肌肉组织中 GSH-Px 含量显著低于对照塘，肝和血清中无显著差异；血清 GST 含量显著高于对照塘，肌肉组织显著低于对照塘，肝组织中没有显著差异；试验塘草鱼血清和肝组织中 MDA 和 PC 含量均显著低于对照塘，肌肉组织无显著差异，表明水蕹菜浮床对草鱼机体防御氧化应激有一定积极作用。

综上所述，水蕹菜浮床能够改良池塘水质，有利于草鱼的生长，并对草鱼肌肉品质的形成和抗氧化能力产生了积极影响。

参 考 文 献

胡芬, 李小定, 熊善柏, 等. 2011. 5 种淡水鱼肉的质构特性及与营养成分的相关性分析. 食品科学, 32(11): 69-73

李卫芬, 张小平, 宋文辉, 等. 2012. 养殖水体中添加芽孢杆菌对草鱼免疫和抗氧化功能的影响. 中国水产科学, 12(6): 1027-1033

林婉玲, 关熔, 曾庆孝, 等. 2009. 影响脆肉鲩鱼背肌质构特性的因素. 华南理工大学学报 (自然科学版), 37(4): 134-137

张晓鸣. 2006. 食品感官评定. 北京: 中国轻工业出版社

中华人民共和国卫生部. 2010. GB 5009.3—2010 食品安全国家标准 食品中水分的测定. 北京: 中国标准出版社

中华人民共和国卫生部. 2010. GB 5009.4—2010 食品安全国家标准 食品中灰分的测定. 北京: 中国标准出版社

中华人民共和国卫生部. 2010. GB 5009.5—2010 食品安全国家标准 食品中蛋白质的测定. 北京: 中国标准出版社

中华人民共和国卫生部. 2010. GB 5009.6—2010 食品安全国家标准 食品中脂肪的测定. 北京: 中国标准出版社

Bjornsson B, Olafsdottir SR. 2006. Effects of water quality and stocking density on growth performance of juvenile cod (*Gadus morhua* L.). *ICES Journal of Marine Science*, 63(2): 326-334

Damez JL, Clerjon S. 2008. Meat quality assessment using biophysical methods related to meat structure. *Meat Science*, 80(1): 132-149

Foss A, Rosnes BA, Oiestad V. 2003. Graded environmental hypercapnia in juvenile spotted wolffish (*Anarhichas minor* Olafsen): effects on growth, food conversion efficiency and nephrocalcinosis. *Aquaculture*, 220(1): 607-617

Fuentes A, Fernandez-Segovia I, Serra JA, *et al*. 2010. Comparison of wild and cultured sea bass (*Dicentrarchus labrax*) quality. *Food Chemistry*, 119(4): 1514-1518

Grigorakis K. 2007. Compositional and organoleptic quality of farmed and wild gilthead sea bream (*Sparus aurata*) and sea bass (*Dicentrarchus labrax*) and factors affecting it: A review. *Aquaculture*, 272(1-4): 55-75

Haard NF. 1992. Control of chemical composition and quality attributes of cultured fish. *Food Research International*, 25(4): 289-307

Johnston IA, Li XJ, Vieira VLA, *et al*. 2006. Muscle and flesh quality traits in wild and farmed Atlantic salmon. *Aquaculture*, 256(1): 323-336

Luciano G, Monahan FJ, Vasta V, *et al*. 2009. Dietary tannins improve lamb meat colour stability. *Meat Science*, 81(1): 120-125

Otto G, Roehe R, Looft H, *et al.* 2006. Drip loss of case-ready meat and of premium cuts and their associations with earlier measured sample drip loss, meat quality and carcass traits in pigs. *Meat Science*, 72(4): 680-687

Peng XY, Xiong YL, Kong BH. 2009. Antioxidant activity of peptide fractions from whey protein hydrolysates as measured by electron spin resonance. *Food Chemistry*, 113(1): 196-201

Shiau SY, Su SL. 2005. Juvenile tilapia (*Oreochromis niloticus*×*Oreochromis aureus*) requires dietary myo-inositol for maximal growth. *Aquaculture*, 243(1-4): 273-277

Wang WN, Wang AL, Zhang YJ, *et al.* 2003. Effects of nitrite on lethal and immune response of *Macrobrachium nipponense*. *Aquaculture*, 232(1-4): 679-686

第九章　水蕹菜浮床对池塘浮游植物群落结构和水质的影响

浮游植物是池塘主要的初级生产者,其光合作用产氧占高产鱼池溶解氧来源的80%~90%(姚宏禄,1988),不仅能够满足水生经济动物的生理需求,还可减少NH_3、H_2S和CH_4等的产生。浮游植物利用水体中营养盐合成有机质,是鲢、鳙等滤食性鱼类及非滤食性鱼类鱼种阶段的重要饵料,池塘中浮游植物总量的40%~50%可被滤食性鱼类摄食(何志辉和李永函,1983)。浮游植物的种类组成还可对鱼池水质起到指示作用。养殖水体中,水温、营养盐、pH等理化因子的变化,可使一些浮游植物在短期内大量暴发,形成具有特定颜色和形状的"水华",进而对水生经济动物产生影响。将生物浮床引入池塘养殖中,用以吸收固定水体过量的营养元素,达到稳定水质、提升养殖效益目的的研究已见报道(胡雄等,2010;陈家长等,2010;宋超等,2011),但生物浮床对浮游植物群落结构的影响鲜有报道(赵巧玲,2010)。本章研究水蕹菜浮床对池塘浮游植物群落结构的影响,试图为池塘健康养殖提供科学依据。

第一节　浮床对池塘浮游植物的影响

6口池塘面积约6850m^2,底泥厚约25cm,水深1.5~2m。其中,对照塘2口,无水蕹菜浮床。浮床塘4口,铺设7.5%大叶白梗水蕹菜浮床。试验期间仅补充池塘渗透和蒸发作用消耗的水分。养殖鱼类为鲢、鳙、草鱼、团头鲂、鲤、鲫。饵料以人工配合饲料为主,辅以黑麦草和小麦(Triticum aestivum),经饲料投入的N、P,对照塘分别为(449.97±68.53)kg和(111.82±18.21)kg,试验塘分别为(442.56±52.17)kg和(108.30±19.00)kg。在浮床塘的覆盖区和敞水区分别设置采样点(对照塘在相应位置)。每个采样点取上层水(水面下30cm)和底层水(距池底30cm)各5L,混匀作为该采样点水样,取1L混合水样作为浮游植物定量之用,另取1L混合水样用以分析水体理化指标。

一、浮床对浮游植物群落结构的影响

(一)种类组成

本研究共检出浮游植物8门97属233种(附表2)。其中,浮床塘覆盖区8门90属213种,敞水区8门87属206种,对照塘8门84属188种。

对照塘和浮床塘覆盖区、敞水区浮游植物种类组成基本一致,均以绿藻门为主,占总种数的47.21%~52.79%;蓝藻门、裸藻门、硅藻门次之,占总种数的8.15%~14.16%;甲藻门、隐藻门、金藻门和黄藻门仅占总种数的2%左右(表9-1)。

表 9-1　浮游植物不同类群的种数及百分比

浮游植物类群	对照塘		浮床塘覆盖区		浮床塘敞水区		覆盖区+敞水区	
	n	占比/%	n	占比/%	n	占比/%	n	占比/%
绿藻门 Chlorophyta	110	47.21	119	51.07	123	52.79	130	55.79
蓝藻门 Cyanophyta	28	12.02	33	14.16	27	11.59	33	14.16
硅藻门 Bacillariophyta	18	7.73	28	12.02	25	10.73	31	13.30
裸藻门 Euglenophyta	20	8.58	22	9.44	20	8.58	24	10.30
隐藻门 Cryptophyta	4	1.72	4	1.72	4	1.72	4	1.72
金藻门 Chrysophyta	2	0.86	2	0.86	2	0.86	2	0.86
黄藻门 Xanthophyta	2	0.86	1	0.43	1	0.43	2	0.86
甲藻门 Pyrrophyta	4	1.72	4	1.72	4	1.72	5	2.15

对照塘、浮床塘覆盖区和敞水区浮游植物种类数，6 月种类最少，分别为 111 种、154 种和 124 种，此后各月种类逐渐增加，对照塘、和浮床塘覆盖区在 9 月达最大值，分别为 156 种和 178 种，10 月分别下降到 142 种和 154 种，敞水区则在 10 月种类最多（173种）。浮床塘覆盖区和敞水区各月的种类数均多于对照塘。

（二）优势种

以优势度指数 $Y \geqslant 0.02$ 判定优势种，各采样区的优势种组成见表 9-2。对照塘优势种主要为蓝藻门、绿藻门和隐藻门的种类。浮床塘覆盖区和敞水区的优势种则以蓝藻门、绿藻门、隐藻门和硅藻门 4 门的种类为主。优势种数量的变化趋势为：覆盖区（28种）＞敞水区（22 种）＞对照塘（15 种），差异显著（$P < 0.05$）。对照塘，6 月和 7 月以平裂藻属种类占据绝对优势（$Y \geqslant 0.72$），9 月以甲藻门的真蓝裸甲藻（*Gymnodinium eucyaneum*）占绝对优势（$Y = 0.32$）。浮床塘 6 月以平裂藻属种类占绝对优势（$Y = 0.43$），其余月份未见占据绝对优势的种类。

表 9-2　不同池塘浮游植物优势种

	优势种	对照塘	覆盖区	敞水区
1	密集微囊藻 *Microcystis densa*	+++	+++	+++
2	不定微囊藻 *Microcystis incerta*		+++	+++
3	微小平裂藻 *Merismopedia tenuissima*	+++	+++	+++
4	细小平裂藻 *Merismopedia minima*	+++	+++	+++
5	湖沼色球藻 *Chroococcus limneticus*	+++	+++	+++
6	拟短形颤藻 *Oscillatoria subbrevis*		+++	+++
7	水生集胞藻 *Synechocystis aquatilis*	+++	+++	+++
8	土生绿球藻 *Chlorococcum humicola*	+++	+++	+++
9	月牙藻 *Selenastrum bibraianum*			+++
10	蹄形藻 *Kirchneriella lunaris*			+++
11	裂孔栅藻 *Scenedesmus perforatus*	+++	+++	+++

续表

	优势种	对照塘	覆盖区	敞水区
12	双对栅藻 *Scenedesmus bijuga*	+++	+++	+++
13	四尾栅藻 *Scenedesmus quadricauda*	+++	+++	+++
14	尖细栅藻 *Scenedesmus acuminatus*	+++		
15	二形栅藻 *Scenedesmus dimorphus*		+++	+++
16	奥波莱栅藻 *Scenedesmus opoliensis*		+++	
17	四角盘星藻 *Pediastrum tetras*		+++	+++
18	四足十字藻 *Crucigenia tetrapedia*		+++	+++
19	微小四角藻 *Tetraëdron minimum*		+++	
20	小空星藻 *Coelastrum microporum*		+++	+++
21	肾形藻 *Nephrocytium agardhianum*		+++	
22	小球藻 *Chlorella vulgaris*	+++	+++	+++
23	啮蚀隐藻 *Cryptomonas erosa*	+++	+++	+++
24	卵形隐藻 *Cryptomonas ovata*	+++	+++	+++
25	尖尾蓝隐藻 *Chroomonas acuta*		+++	
26	真蓝裸甲藻 *Gymnodinium eucyaneum*	+++	+++	
27	短线脆杆藻 *Fragilaria brevistriata*		+++	+++
28	梅尼小环藻 *Cyclotella meneghiniana*		+++	
29	花环小环藻 *Cyclotella operculata*	+++	+++	+++
30	尖针杆藻 *Synedra acus*		+++	
31	新月拟菱形藻 *Nitzschia closterium*		+++	
	合计	15	28	22

（三）物种多样性

各采样点浮游植物的多样性指数见表 9-3，对照塘、浮床塘覆盖区和敞水区的 Shannon-Wiener 多样性指数（H'）分别 2.09±1.11、2.91±0.54 和 2.74±0.59；Margalef 丰富度指数（D）分别为 4.51±0.98、5.72±0.74 和 5.49±0.99；Pielou 均匀度指数（J）分别为 0.46±0.23、0.62±0.10 和 0.58±0.11。3 个指数均值从高到低依次为覆盖区、敞水区、对照塘。浮床塘覆盖区和敞水区的 3 个指数均显著大于对照塘（$P<0.05$）；浮床塘覆盖区 3 个指数虽略高于敞水区，但均无显著差异。

表 9-3　各采样点浮游植物的多样性指数

多样性指数	对照塘		覆盖区		敞水区	
	均值±SD	范围	均值±SD	范围	均值±SD	范围
H'	2.09±1.11[b]	0.73~3.13	2.91±0.54[a]	1.98~3.33	2.74±0.59[a]	1.81~3.30
D	4.51±0.98[b]	3.18~5.74	5.72±0.74[a]	4.90~6.49	5.49±0.99[a]	4.37~6.63
J	0.46±0.23[b]	0.17~0.65	0.62±0.10[a]	0.43~0.70	0.58±0.11[a]	0.40~0.68

注：同行数值标注不同字母，表示数值间差异显著（$P<0.05$）。SD. 标准差

生物多样性是群落的主要特征，既体现了生物之间及生物与环境之间的复杂关系，又体现了生物资源的丰富性。稳定的水生态系统通常具有较高的生物多样性。本试验结果表明，水蕹菜浮床提高了池塘浮游植物的多样性和均匀度，有助于池塘水生态系统的稳定。吴振斌等（2007）发现，长有水生植物的池塘，其浮游植物的多样性更高。水蕹菜浮床通过营养竞争、吸附滤除、遮光等途径，能有效抑制单一浮游植物的过量繁殖，提高了浮游植物的多样性和均匀度，对平衡藻相、稳定水质具有重要意义。

二、浮床对浮游植物密度和生物量的影响

（一）密度

对照塘、浮床塘覆盖区和敞水区平均密度分别为（0.82±0.43）×10⁹cells/L、（0.47±0.34）×10⁹cells/L 和（0.47±0.28）×10⁹cells/L（表 9-4）。对照塘密度显著高于浮床塘覆盖区和敞水区（$P<0.05$），覆盖区和敞水区差异不显著（$P>0.05$）。

表 9-4　不同采样区浮游植物密度和生物量

采样区		6 月	7 月	8 月	9 月	10 月	平均
密度/ （×10⁹cells/L）	对照塘	1.18±0.05ᵃ	1.36±0.15ᵃ	0.60±0.12ᵃ	0.60±0.09ᵃ	0.36±0.15ᵃ	0.82±0.43ᵃ
	敞水区	0.94±0.11ᵃᵇ	0.50±0.09ᵇ	0.38±0.12ᵇ	0.30±0.06ᵇ	0.25±0.01ᵇ	0.47±0.28ᵇ
	覆盖区	1.09±0.12ᵇ	0.46±0.09ᵇ	0.38±0.14ᵇ	0.27±0.05ᵇ	0.19±0.05ᵇ	0.47±0.34ᵇ
生物量/ （mg/L）	对照塘	59.17±1.85b	168.16±19.91ᵇ	261.03±22.50ᵃ	305.35±36.69ᵃ	185.74±11.62ᵃ	195.89±94.58ᵃ
	敞水区	107.27±17.19a	237.09±20.96ᵃᵇ	204.22±14.64ᵇ	180.46±25.41ᵇ	154.88±11.26ᵇ	176.79±49.28ᵃᵇ
	覆盖区	104.73±12.62a	197.10±25.89ᵃ	200.08±22.79ᵇ	178.20±38.13ᵇ	137.06±18.06ᵇ	163.43±41.34ᵇ

浮游植物各月密度变化趋势见图 9-1A。对照塘 6 月浮游植物密度为 1.18×10⁹cells/L，7 月上升到 1.36×10⁹cells/L，8 月大幅下降至 6.01×10⁸cells/L，10 月则降至 3.59×10⁸cells/L。浮床塘敞水区浮游植物密度从 6 月的 0.94×10⁹cells/L 持续下降到 10 月的 0.25×10⁹cells/L，浮床塘覆盖区浮游植物密度从 6 月的 1.09×10⁹cells/L 持续下降到 10 月的 0.19×10⁹cells/L。浮床塘敞水区和覆盖区各月浮游植物密度无显著差异（$P>0.05$）；对照塘与浮床塘敞水区和覆盖区各月浮游植物密度，除 6 月外均达到显著差异（$P<0.05$）。

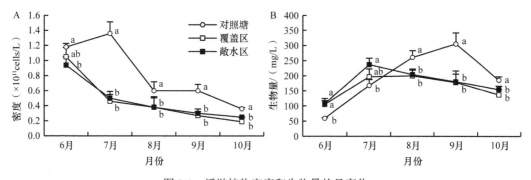

图 9-1　浮游植物密度和生物量的月变化

（二）生物量

对照塘平均生物量为（195.89±94.58）mg/L，浮床塘敞水区（176.79±49.28）mg/L，浮床塘覆盖区（163.43±41.34）mg/L（图 9-1B）。对照塘显著高于浮床塘覆盖区和敞水区（$P<0.05$），浮床塘覆盖区与敞水区之间无显著差异（$P>0.05$）。

浮游植物生物量随时间的变化趋势见图 9-1B。试验开始时的 6 月，对照塘以小型平裂藻属种类占绝对优势，虽然浮游植物的密度较高，但生物量仅 59.17mg/L，显著低于浮床塘；7 月和 8 月浮游植物生物量持续上升，9 月发生真蓝裸甲藻水华，生物量达到最大值（305.35mg/L），10 月水温下降，浮游植物生物量回落至 185.74mg/L。浮床塘覆盖区浮游植物生物量 8 月最高（200.08mg/L），敞水区 7 月最高（237.09mg/L），此后缓慢下降，10 月处于较低水平。浮床塘覆盖区和敞水区各月浮游植物生物量无显著差异（$P>0.05$），浮床塘覆盖区和敞水区 6 月浮游植物生物量显著高于对照塘（$P<0.05$），8 月和 9 月显著低于对照塘（$P<0.05$）。

不同类群浮游植物的密度和生物量百分比见表 9-5。蓝藻门在对照塘、浮床塘敞水区和覆盖区的密度分别占浮游植物总密度的 74.75%、60.53% 和 59.96%，生物量分别占 25.67%、26.96% 和 22.39%；其次是绿藻门，密度分别占 20.28%、32.63% 和 31.86%，生物量分别占 42.57%、47.45% 和 49.17%；再次为隐藻门和硅藻门，对照塘隐藻门和硅藻门密度分别占 2.32% 和 1.94%，生物量分别占 9.96% 和 5.27%；覆盖区密度分别占 2.60% 和 5.01%，生物量分别占 9.42% 和 10.42%；敞水区密度分别占 1.99% 和 4.27%，生物量分别占 9.03% 和 9.32%。其他 4 个类群的密度和生物量所占比例较小。3 个采样区蓝藻门密度逐月下降，绿藻门密度则逐月上升，提示生物浮床改变了浮游植物的种群结构，在一定程度上抑制了蓝藻和蓝藻生长，有利于硅藻和隐藻的生长。

表 9-5　不同类群浮游植物的密度和生物量百分比（%）

藻类类群	密度百分比			生物量百分比		
	对照塘	敞水区	覆盖区	对照塘	敞水区	覆盖区
蓝藻门 Cyanophyta	74.75	60.53	59.96	25.67	26.96	22.39
绿藻门 Chlorophyta	20.28	32.63	31.86	42.57	47.45	49.17
隐藻门 Cryptophyta	2.32	1.99	2.60	9.96	9.03	9.42
硅藻门 Bacillariophyta	1.94	4.27	5.01	5.27	9.32	10.42
裸藻门 Euglenophyta	0.19	0.22	0.19	5.52	3.83	4.16
甲藻门 Pyrrophyta	0.27	0.12	0.15	9.97	2.85	3.83
金藻门 Chrysophyta	0.20	0.24	0.24	0.44	0.37	0.41
黄藻门 Xanthophyta	0.06	0.00	0.00	0.60	0.20	0.20

试验期间，6～7 月出现严重的平裂藻水华，9 月再次出现轻度真蓝裸甲藻水华。水华对浮游植物密度和生物量的影响较小。从表 9-6 可以看出，平裂藻属密度占浮游植物总密度的比例，对照塘 6 月达 73.40%，7 月上升到 80.46%，8 月大幅下降至 40% 以下，

10月降至28.31%；浮床塘敞水区和覆盖区6月分别为76.68%和83.73%，7月大幅下降至32.93%和47.84%，到10月下降至16.80%和17.75%。浮床塘下降启动时间早于对照塘，下降幅度低于对照塘。生物量比例随时间的变化趋势与密度比例相似，对照塘6月和7月分别为1.64%和0.96%，8月开始急剧下降到0.11%以下；浮床塘敞水区和覆盖区6月比例显著高于对照塘，分别为3.36%和4.29%，7月则显著低于对照塘，分别为0.20%和0.21%，8月降至对照塘水平，9月降至对照塘的1/2，10月略低于对照塘。7~8月浮游植物群落主要以小型藻类为主是造成高密度和低生物量的原因；10月生物量升高则与该月P1塘和P2塘血红裸藻大量出现有关。裸藻喜生活在有机质丰富的水体中，常在秋季形成水华。

表 9-6　平裂藻属密度和生物量占浮游植物的比例（%）

采样区	密度比例					生物量比例				
	6月	7月	8月	9月	10月	6月	7月	8月	9月	10月
对照塘	73.40	80.46	35.84	38.60	28.31	1.64	0.96	0.11	0.10	0.04
敞水区	76.68	32.93	34.87	14.83	16.80	3.36	0.20	0.10	0.05	0.03
覆盖区	83.73	47.84	34.76	21.07	17.75	4.29	0.21	0.11	0.04	0.03

　　平裂藻属是一类个体细小、由多细胞构成平板状植物体的浮游植物，为淡水池塘、湖泊和水库中常见的优势藻种，常在夏秋季节暴发，在水体中形成水华（张扬宗等，1989；李静等，2015；王丽卿等，2011；夏爽等，2013），由于平裂藻基本不被滤食性鱼类消化利用，被认为对鱼类的生长有不利作用（谢从新，1989；徐彩平等，2012），且其大量繁殖时可通过占据光照、营养盐、水层等要素抑制其他有益浮游植物的生长，因此，平裂藻藻相水质被渔民认定为劣等水质。本研究结果显示，浮床对平裂藻水华有较好的抑制效果，且不会产生类似于泼洒石灰等方法引起的次生污染。

　　一般认为，水体中氮、磷浓度越高，浮游植物的数量和生物量就越高（沈韫芬等，1990；Gonzalez，2000；Dieter *et al.*，2003）。适宜浮游植物生长的氮浓度为0.1~45mg/L，磷浓度为0.009~45mg/L（陈琼，2006），当水体中PO_4^{3-}-P浓度>0.01mg/L时，磷浓度的降低不会导致浮游植物生物量的减少（Sas，1989）。本试验中，对照塘总氮和总磷浓度分别从6月的1.820mg/L和0.296mg/L上升到10月的7.864mg/L和0.771mg/L，但浮游植物生物量则在6~10月持续大幅下降，提示在本试验中，水体氮、磷浓度不是限制浮游植物生长的主要因素。而对照塘10月生物量为6月的3.14倍；浮床塘覆盖区和敞水区10月生物量则分别为6月的1.31倍和1.44倍（表9-4），显著低于对照塘的增长幅度，表明生物浮床可以通过去除水体营养物，有效降低浮游植物生物量。

　　浮游植物种群结构和生长受温度、光照等环境因子，水体生物群落组成以及浮游植物自身的化感作用等诸多影响（林少君等，2005；马晓燕和陈家长，2006；李晓莉等，2015）。本试验中，浮床塘覆盖区由于浮床的遮光作用，光照强度小于敞水区；水蕹菜发达的须根对水体上层中藻类的吸附、摇蚊幼虫等水生动物对附着藻类的摄食，增强了根系的滤除效果，这些是导致浮床塘浮游植物密度低于对照塘的重要因素。

第二节　水蕹菜浮床对池塘水质的影响

一、浮床对池塘 WT、pH、DO、透明度的影响

（一）浮床对 DO、透明度的影响

溶氧在鱼类生长期的月变化趋势见图 9-2，对照塘上层和底层平均溶氧分别为（4.72±1.69）mg/L 和（3.77±1.37）mg/L；浮床塘敞水区上层和底层溶氧分别为（5.58±1.76）mg/L 和（3.80±0.57）mg/L；覆盖区分别为（4.79±0.88）mg/L 和（3.36±0.45）mg/L。对照塘与浮床塘的上层和底层溶氧均无显著差异，浮床塘覆盖区溶氧水平略低于敞水区，但差异不显著，表明水蕹菜浮床对整个试验期间平均溶氧无显著影响。

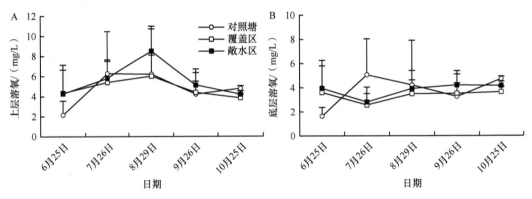

图 9-2　溶氧在鱼类生长期的月变化趋势

透明度在鱼类生长期的月变化趋势见图 9-3。对照塘透明度在试验初期上升之后逐步下降至 24.5～29.5cm；浮床塘在架设浮床后，敞水区和覆盖区透明度变化趋势基本一致，无显著差异（$P>0.05$），均呈逐渐上升趋势，并在 9 月下旬达最高值 34cm，10 月水温降低，水蕹菜生长缓慢，吸收营养物质能力下降，池塘悬浮物增加，导致透明度下降。透明度均值：覆盖区（30.6cm）＞敞水区（30.2cm）＞对照塘（27.0cm），浮床塘覆盖区与敞水区透明度显著高于对照塘（$P<0.05$）。

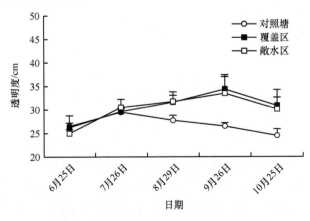

图 9-3　透明度在鱼类生长期的月变化趋势

水蕹菜浮床对池塘水体中的悬浮物具有良好的吸附滤除作用。试验后期，水蕹菜根系附着物干物质含量为（307.63±193.88）g/m²，网箱附着物干物质含量为（93.31±16.83）g/m²，即每平方米浮床可吸附（400.94±199.85）g 的悬浮物，折合全池水蕹菜浮床共计从水体中吸附（211.70±105.52）kg 悬浮物。水蕹菜浮床对悬浮物良好的吸附滤除作用，对提高水体透明度和减少沉积物产生具有重要意义。

（二）WT、pH、DO 的周日变化

8 月中旬，日水温为 16.3～33.6℃，日平均水温 26.3℃。池塘水温昼夜变化节律见图 9-4A。上层水温在 16:00 最高，底层水温则在 18:00 最高，底层水温在 20:00 前后趋近甚至超过上层水温，并维持到次日 8:00。对照塘上层平均水温较浮床塘上层水温高0.34℃，表明水蕹菜浮床对降低池塘水温具有一定作用。

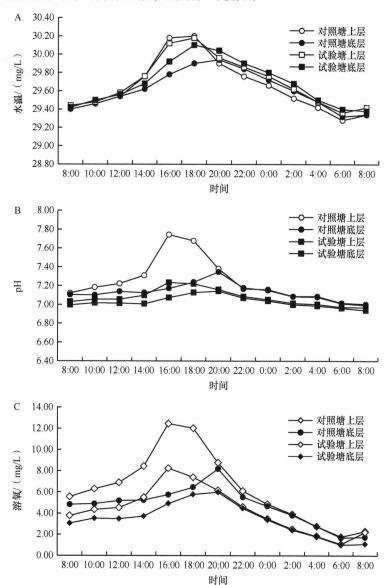

图 9-4　池塘水温、pH 和溶氧的日变化

pH 的周日变化见图 9-4B。对照塘和浮床塘的 pH 均呈先升后降趋势，上层最高值出现在 16:00，底层最高值出现在 20:00。对照塘上层 pH 7.26（7.02～7.74），差值 0.72；底层 7.14（7.01～7.35），差值 0.34。浮床塘上层 7.08（6.97～7.23），差值 0.26；底层 7.04（6.69～7.14），差值 0.45，表明水蕹菜浮床能够在一定程度上降低 pH 并减小池塘日波动幅度。

溶氧的周日变化趋势见图 9-4C。上层和底层日平均溶氧，对照塘分别为（9.29±2.42）mg/L 和（8.70±2.04）mg/L，浮床塘分别为（7.33±1.98）mg/L 和（6.73±1.55）mg/L。3 个采样区溶氧的周日变化趋势基本一致，上层溶氧在 16:00 前后达最高值，底层溶氧上升相对缓慢，在 18:00 达最高值；最低值出现在 8:00。日均溶氧从高到低排序：对照塘上层 [（9.09±5.23）mg/L]、浮床塘上层 [（7.76±4.42）mg/L]、对照塘底层 [（6.62±2.86）mg/L]、浮床塘底层 [（5.98±2.73）mg/L]。对照塘与浮床塘底层溶氧水平无显著差异（$P>0.05$）；对照塘上层溶氧在昼间（8:00～18:00）显著高于浮床塘（$P<0.05$），夜间无显著差异。虽然浮床对整个试验期间平均溶氧无显著影响（图 9-4C），但周日溶氧变化的监测结果表明，浮床抑制了池塘上层溶氧在昼间的上升；浮床塘夜间溶氧水平要略低于对照塘，与浮床植物根系的呼吸耗氧有关。

二、浮床对池塘 Chl-a 的影响

不同采样区水体 Chl-a 的变化趋势见图 9-5。对照塘 Chl-a 浓度呈先升后降趋势，在 9 月下旬达最高值（241.85mg/L）；浮床塘敞水区 Chl-a 浓度先缓慢上升，在 8 月下旬达最大值后缓慢下降；浮床塘覆盖区 Chl-a 浓度在试验期间小幅波动。Chl-a 均值的大小次序为：对照塘（190.73mg/L）＞敞水区（149.93mg/L）＞覆盖区（149.48mg/L），对照塘显著高于浮床塘（$P<0.05$）。水蕹菜浮床对 Chl-a 的去除率为 24.15%。

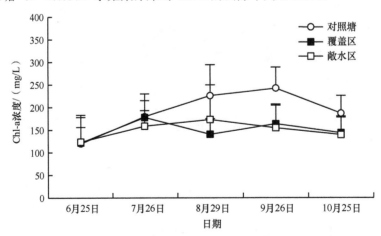

图 9-5　不同采样区水体 Chl-a 的变化趋势

有研究认为，浮床覆盖水面，阻碍空气中的氧气向水体溶解，削弱水下光照，影响藻类的光合作用，减少了水体的"氧源"（邴旭文和陈家长，2001；李欲如等，2006；Li and Li，2009）；植物根系的呼吸作用及根际微生物的硝化作用，造成大量耗氧（雷衍之，2004；唐静杰，2009；马旻，2011），生物浮床将增加水体的耗氧，对养殖动物产生不利

的影响。也有研究指出，生物浮床是否影响水体的溶氧主要取决于浮床面积，覆盖率小于 20%，生物浮床对水体溶氧的影响不显著（陈家长等，2010；李文祥等，2011；宋超等，2011）。本研究中，水蕹菜浮床覆盖率为 7.5%，浮床塘与对照塘的溶氧水平无显著差异，但浮床塘覆盖区的溶氧要略低于敞水区。水蕹菜浮床主要通过抑制池塘上层溶氧在昼间的上升影响水体溶氧，同时根系的呼吸作用可能增加夜间的耗氧。

三、浮床对池塘 N、P 的影响

对照塘 NH_4^+-N 均值为（1.46±0.98）mg/L，浮床塘敞水区为（1.22±0.65）mg/L，覆盖区为（1.24±0.65）mg/L。浮床塘覆盖区与敞水区自 6 月开始逐月上升，到 10 月达最高值；对照塘自 6 月开始以更快速度逐月上升，到 9 月达最高值，10 月下降，接近浮床塘覆盖区与敞水区浓度。除 9 月对照塘与浮床塘外存在显著差异外，不同采样区各月浓度无显著差异（图 9-6A）。

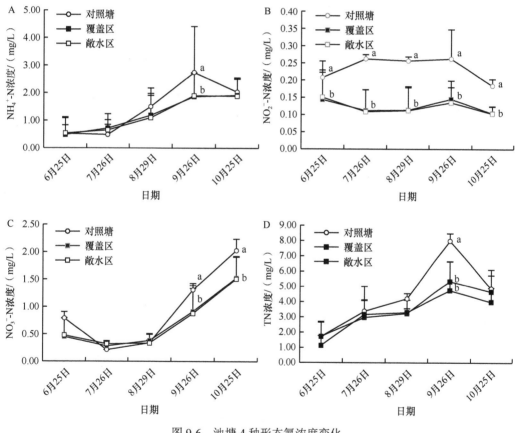

图 9-6　池塘 4 种形态氮浓度变化

对照塘 NO_2^--N 均值为（0.23±0.04）mg/L，浮床塘敞水区和覆盖区分别为（0.12±0.02）mg/L（和 0.12±0.02）mg/L。对照塘在 6～9 月维持在较高水平，10 月下降；浮床塘覆盖区与敞水区 6 月小幅下降，7～9 月则小幅上升，10 月复又下降；对照塘 6～10 月浓度显著高于浮床塘覆盖区与敞水区（图 9-6B）。

对照塘 NO_3^--N 为（0.94±0.75）mg/L，浮床塘敞水区和覆盖区分别为（0.70±

0.50）mg/L 和（0.71±0.52）mg/L。对照塘、浮床塘覆盖区与敞水区 NO_3^--N 浓度在 6～8
月均较低，无显著差异；9 月后迅速上升，对照塘显著高于浮床塘（图 9-6C）。

对照塘 TN 为（4.43±2.07）mg/L，浮床塘敞水区为（3.59±1.28）mg/L，覆盖区为
（3.26±1.20）mg/L。随时间的变化趋势与 NH_4^+-N 变化趋势基本相同，但对照塘 9 月显著
高于浮床塘覆盖区与敞水区（图 9-6D）。

根据测算，试验末期，水蕹菜浮床对 NH_4^+-N、NO_2^--N、NO_3^--N 和 TN 去除率分别为
6.61%、47.68%、25.17% 和 24.75%

PO_4^{3-}-P 和 TP：试验期间，对照塘 PO_4^{3-}-P 均值为（0.15±0.12）mg/L，浮床塘敞水区为
（0.06±0.02）mg/L，覆盖区为（0.06±0.02）mg/L。对照塘 TP 均值为（0.51±0.17）mg/L，
浮床塘敞水区为（0.35±0.03）mg/L，覆盖区为（0.35±0.03）mg/L。PO_4^{3-}-P 和 TP 随时
间的变化如图 9-7 所示，对照塘 PO_4^{3-}-P 和 TP 浓度在试验期间持续上升，末期浓度是初
始浓度的 17.83 倍和 2.61 倍；浮床塘 PO_4^{3-}-P 和 TP 浓度在试验期间变化平稳，分别为
0.025～0.09mg/L 和 0.29～0.38mg/L，覆盖区与敞水区差异不显著（$P>0.05$）；试验末期，
水蕹菜浮床对 PO_4^{3-}-P 和 TP 的去除效果显著，去除率分别为 75.27% 和 49.70%。

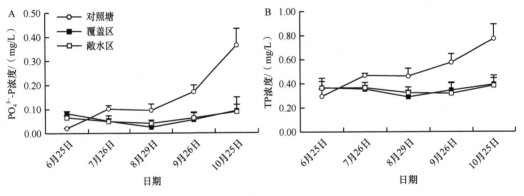

图 9-7　池塘 PO_4^{3-}-P 和 TP 浓度变化

植物对水体中不同形态氮元素的吸收具有一定的选择性（Colmer and Bloom，
1998）。多数学者倾向于认为植物优先吸收氨氮和其他还原态氮，仅当氨氮浓度降至极
低水平或耗尽时，植物才吸收硝态氮（刘淑媛等，1997；王国祥等，1999；周晓红等，
2008）。水蕹菜浮床对氨氮的去除率与浮床的覆盖率有关。宋超等（2011）的研究结果
表明，水蕹菜覆盖率超过 15% 时，试验后期氨氮浓度降低，而覆盖率为 10% 则不降低。
本研究中，7.5% 浮床覆盖率对氨氮的去除作用不明显。

湿地中多数的氮通过微生物"硝化-反硝化"途径转变为气态氮化物（Peterson and
Teal，1996；Kivaisi，2001）。养殖池塘中氮转化主要在微生物驱动下进行，并伴随着氮
化合价的改变，主要过程包括吸收同化、氨化、硝化和反硝化作用等（李谷等，2006）。
由于反硝化细菌主要分布在兼性及厌氧环境中，而硝化细菌则出现在富氧环境中，因此
一般池塘的氮循环细菌很难同时形成优势；生物浮床覆盖区存在富氧-厌氧微环境，使
几种氮循环细菌同时存在成为可能，促进了水体氮循环，加强了水体的自净功能（Huett
et al.，2005；Keffala and Ghrabi，2005；吴伟等，2008）。本研究中，7.5% 覆盖率的水蕹
菜浮床对 NO_2^--N、NO_3^--N 和 TN 的去除率分别为 41.7%、25.2% 和 24.7%，净化效果显著。

过高的 NO_2^--N 浓度对养殖鱼类具有毒害作用（余瑞兰等，1999），而水蕹菜对其的去除率最高，这为池塘养殖后期亚硝酸盐浓度居高不下的问题提供了解决途径。

磷在水体中可形成难溶盐类，沉入沉积物中，从而部分退出生物循环（陈佳荣，2000），湿地基质对磷的去除起着重要作用（Sakadevan and Bavor，1998）。周晓红等（2008）根据室内研究结果，认为植物的同化吸收是磷去除的主要途径。在水泥池、池塘等鱼菜共生系统的研究中发现，固定在植物体中的磷极有限，絮凝沉积是磷去除的主要途径（Li and Li，2009；李文祥等，2011）。本研究发现，每平方米的水蕹菜根系附着物干物质量可达（307.63±193.88）g。浮床塘随着水蕹菜根系生物量的不断增长，水体 PO_4^{3-}-P 和 TP 基本保持不变，没有水蕹菜的对照塘 PO_4^{3-}-P 和 TP 的浓度不断上升，试验末期，浮床塘 PO_4^{3-}-P 和 TP 较对照塘分别下降了 75.3% 和 49.7%，水蕹菜浮床对 PO_4^{3-}-P 和 TP 的去除效果显著，提示植物根系及其附着物对磷的吸附絮凝作用可能是磷去除的重要途径。

小　　结

1）浮游植物种类和优势种，对照塘分别为 188 种和 15 种，敞水区分别为 206 种和 22 种，覆盖区分别为 213 种和 28 种，对照塘优势种数显著少于浮床塘（$P<0.05$）。浮床塘优势种以蓝藻、绿藻、隐藻和硅藻为主。

2）浮游植物平均密度和生物量，对照塘分别为（0.82±0.43）×10⁹cells/L 和 195.89mg/L，敞水区分别为（0.47±0.28）×10⁹cells/L 和 176.79mg/L，覆盖区分别为（0.47±0.34）×10⁹cells/L 和 163.43mg/L，对照塘平均密度和平均生物量均显著高于浮床塘覆盖区和敞水区（$P<0.05$），覆盖区和敞水区差异不显著（$P>0.05$）。

3）对照塘 H'、D 和 J 分别为 2.09±1.11、4.51±0.98 和 0.46±0.23；浮床塘覆盖区分别为 2.91±0.54、5.72±0.74 和 0.62±0.10，敞水区分别为 2.74±0.59、5.49±0.99 和 0.58±0.11，覆盖区和敞水区的 3 个指数均显著大于对照塘（$P<0.05$）。

4）高温季节，对照塘上层水温较浮床塘高 0.34℃；对照塘和浮床塘 pH 日波动范围分别为 7.01～7.74 和 6.69～7.23；日平均溶氧对照塘上层 [（9.09±5.23）mg/L] > 浮床塘上层 [（7.76±4.42）mg/L] > 对照塘底层 [（6.62±2.86）mg/L] > 浮床塘底层 [（5.98±2.73）mg/L]；对照塘与浮床塘底层溶氧无显著差异（$P>0.05$），上层溶氧在昼间（8:00～18:00）显著高于浮床塘（$P<0.05$）。

5）对照塘 Chl-a（190.73mg/m³）显著高于浮床塘敞水区（149.93mg/m³）和覆盖区（149.48mg/m³），水蕹菜浮床对 Chl-a 的去除率为 24.15%；浮床塘透明度分别为 30.6cm 和 30.2cm，显著高于对照塘（27.0cm）。

6）试验末期，水蕹菜浮床对 NH_4^+-N、NO_2^--N、NO_3^--N 和 TN 的去除率分别为 6.61%、47.68%、25.17% 和 24.75%；对 PO_4^{3-}-P 和 TP 的去除率分别为 75.27% 和 49.70%，表明水蕹菜浮床对氮磷去除效果显著。

综上所述，水蕹菜浮床能有效抑制浮游植物的过量繁殖，提高了浮游植物的多样性和均匀度，对平衡藻相、稳定水质，以及降低池塘水温、减小水温和 pH 波动具有一定作用，不利影响是降低池塘溶氧。

参 考 文 献

邴旭文, 陈家长. 2001. 浮床无土栽培植物控制池塘富营养化水质. 湛江海洋大学学报, 21(3): 29-34

陈佳荣. 2000. 水化学. 北京: 中国农业出版社

陈家长, 孟顺龙, 胡庚东, 等. 2010. 空心菜浮床栽培对集约化养殖鱼塘水质的影响. 生态与农村环境学报, 26(2): 155-159

陈琼. 2006. 氮、磷对水华发生的影响. 生物学通报, 41(5): 12-14

何志辉, 李永函. 1983. 无锡市河埒口高产鱼池水质的研究: Ⅱ. 浮游生物. 水产学报, 7(4): 287-299

胡雄, 谢从新, 何绪刚, 等. 2010. 几种空心菜在富营养池塘中的生长特性和去除氮磷效果比较. 渔业现代化, 37(3): 9-14

雷衍之. 2004. 养殖水环境化学. 北京: 中国农业出版社

李谷, 吴振斌, 侯燕松, 等. 2006. 养殖水体氮的生物转化及其相关微生物研究进展. 中国生态农业学报, (1): 11-15

李静, 崔凯, 卢文轩, 等. 2015. 春季和夏季巢湖浮游生物群落组成及其动态分析. 水生生物学报, 39(1): 185-192

李文祥, 李为, 林明利, 等. 2011. 浮床水蕹菜对养殖水体中营养物的去除效果研究. 环境科学学报, 31(8): 1670-1675

李晓莉, 陶玲, 毛梦哲, 等. 2015. 温度和氮磷浓度对平裂藻和栅藻生长及竞争的影响. 水生生物学报, 39(6): 1217-1223

李欲如, 操家顺, 徐峰, 等. 2006. 水蕹菜对苏州重污染水体净化功能的研究. 环境污染与防治, (1): 69-71

林少君, 顾继光, 魏鹏, 等. 2005. 广东省公平水库与星湖生态特征的对比分析. 生态学杂志, 24(7): 773-779

刘淑媛, 任久长, 由文辉. 1997. 利用人工基质无土栽培经济植物净化富营养化水体的研究. 北京大学学报 (自然科学版), 35(4): 518-522

马旻. 2011. 水产养殖废水的植物-微生物联合修复研究. 中国农业科学院硕士学位论文

马晓燕, 陈家长. 2006. 化感作用与养殖池塘中铜绿微囊藻的防治. 水利渔业, 26(6): 75-76

沈韫芬, 章宗涉, 龚循矩, 等. 1990. 微型生物监测新技术. 北京: 中国建筑工业出版社

宋超, 陈家长, 戈贤平, 等. 2011. 浮床栽培空心菜对罗非鱼养殖池塘水体中氮和磷的控制. 中国农学通报, 27(23): 70-75

唐静杰. 2009. 水生植物-根际微生物系统净化水质的效应和机理及其应用研究. 江南大学硕士学位论文

王国祥, 濮培民, 张圣照, 等. 1999. 冬季水生高等植物对富营养化湖水的净化作用. 中国环境科学, 19(2): 106-109

王丽卿, 施荣, 季高华, 等. 2011. 淀山湖浮游植物群落特征及其演替规律. 生物多样性, 19(1): 48-56

吴伟, 胡庚东, 金兰先, 等. 2008. 浮床植物对池塘水体微生物的动态影响. 中国环境科学, 28(9): 791-795

吴振斌, 刘爱芬, 吴晓辉, 等. 2007. 人工湿地循环处理的养殖水体中浮游动物动态变化. 应用与环境生物学报, 13(5): 668-673

夏爽, 张琪, 刘国祥, 等. 2013. 人工试验湖泊浮游藻类群落的生态学研究. 水生生物学报, 37(4): 640-647

谢从新. 1989. 池养鲢、鳙鱼摄食习性的研究. 华中农业大学学报, 8(4): 385-394

徐彩平, 李守淳, 柴文波, 等. 2012. 鄱阳湖水华蓝藻的一个新记录种: 旋折平裂藻 (*Merismopedia convoluta* Breb. Kützing). 湖泊科学, 24(4): 643-646

姚宏禄. 1988. 综合养鱼高产池塘的溶氧变化周期. 水生生物学报, 12(3): 199-211

余瑞兰, 聂湘平, 魏泰莉, 等. 1999. 分子氨和亚硝酸盐对鱼类的危害及其对策. 中国水产科学, 6(3): 73-77

张扬宗, 谭玉钧, 欧阳海. 1989. 中国池塘养鱼学. 北京: 科学出版社

赵巧玲. 2010. 植物浮床对精养池塘水质及浮游藻类群落结构的效应. 华中农业大学硕士学位论文

周晓红, 王国祥, 杨飞, 等. 2008. 空心菜对不同形态氮吸收动力学特性研究. 水土保持研究, 15(5): 84-87

Colmer TD, Bloom AJ. 1998. A comparison of NH_4^+ and NO_3^- net fluxes along roots of rice and maize. *Plant Cell and Environment*, 21(2): 240-246

Dieter L, Andrew F, Brigitte N. 2003. Experimental eutrophication of a shallow acidic mining lake and effects on the phytoplankton. *Hydrobiologia*, 506(1): 753-758

Gonzalez EJ. 2000. Nutrient enrichment and zooplankton effects on the phytoplankton community in microcosms from EI Andino reservoir (Venezuela). *Hydrobiologia*, 434(1-3): 81-96

Huett DO, Morris SG, Smith G, *et al.* 2005. Nitrogen and phosphorus removal from plant nursery runoff in vegetated and unvegetated subsurface flow wetlands. *Water Research*, 39(14): 3259-3272

Keffala C, Ghrabi A. 2005. Nitrogen and bacterial removal in constructed wetlands treating domestic waste water. *Desalination*, 185(1-3): 383-389

Kivaisi AK. 2001. The potential for constructed wetlands for wastewater treatment and reuse in developing countries: A review. *Ecological Engineering*, 16(4): 545-560

Li WX, Li ZJ. 2009. *In situ* nutrient removal from aquaculture wastewater by aquatic vegetable Ipomoea aquatica on floating beds. *Water Science and Technology*, 59(10): 1937-1943

Peterson SB, Teal JM. 1996. The role of plant s in ecologically engineered wastewater treatment systems. *Ecological Engineering*, 6(1): 137-148

Sakadevan K, Bavor HJ. 1998. Phosphate adsorption characteristics of soils, slags and zeolite to be used as substrates in constructed wetland systems. *Water Research*, 32(2): 393-399

Sas H. 1989. Lake Restoration by Reduction of Nutrient Loading: Expectations, Experiences, Extrapolations. St. Augustin: Academia-Verl. Richarz

第十章 水蕹菜浮床对池塘浮游动物群落结构的影响

浮游动物是池塘生物群落的重要组分，主要包括原生动物、轮虫、枝角类和桡足类四大类。它们以有机颗粒物、细菌和浮游植物为食，本身又是鱼类和其他水生动物的食物，对池塘生产力具有重要作用，在食物链的能量流动过程中扮演了重要的角色（韩蕾等，2007）。水蕹菜浮床对养殖池塘水质具有良好的修复作用（黄婧等，2008），可有效降低池塘浮游植物密度和生物量及有机颗粒物浓度，从而影响浮游动物种群结构。了解生物浮床对浮游动物群落结构的影响，将有助于阐明浮床修复水质的机制。

本章的试验池塘基本条件、养殖鱼类、饲料投入和养殖管理同第九章。

第一节 原生动物的群落结构

一、种类组成与物种多样性

（一）种类组成

本研究共检出原生动物 48 属 65 种（表 10-1）。其中，肉足虫纲（Sarcodina）21 种，占总数的 32.3%；纤毛虫纲（Ciliata）43 种，占总数的 66.2%；吸管虫纲（Suctoria）1 种，占总数的 1.5%。对照塘、浮床塘敞水区和覆盖区原生动物种类分别为 31 种、51 种和 53 种，对照塘原生动物种类数显著多于浮床塘敞水区和覆盖区。

表 10-1 浮床塘和对照塘原生动物种类组成

种类	对照塘	敞水区	覆盖区
无恒多卓变虫 *Polychaos dubium*		+	+
点滴简变虫属一种 *Vahlkampfia* sp.	+	+	+
辐射变形虫 *Amoeba radiosa*	+	+	+
变形虫属一种 *Amoeba* sp.		+	+
毛板壳虫 *Coleps hirtus*		+	+
普通表壳虫 *Arcella vulgaris*	+	+	+
法帽表壳虫 *Arcella mitrata*	+	+	+
匣壳虫属一种 *Centropyxis* sp.	+		
偏孔砂壳虫 *Difflugia constricta*			+
尖顶砂壳虫 *Difflugia acuminata*		+	
球形砂壳虫 *Difflugia globulosa*		+	+
有棘鳞壳虫 *Euglypha acanthophora*		+	+
鳞壳虫属一种 *Euglypha* sp.	+		

续表

种类	对照塘	敞水区	覆盖区
斜口三足虫 *Trinema enchelys*			+
放射太阳虫 *Actinophrys sol*		+	+
轴丝光球虫 *Actinosphaerium eichhorni*	+	+	+
徽章棘球虫 *Acanthosphaera insignis*			+
棘球虫属一种 *Acanthosphaera* sp.	+	+	+
多足异胞虫 *Heterophrys myriopoda*			+
月形刺胞虫 *Acanthocystis erinaceu*s		+	+
叉棘刺胞虫 *Acanthocystis chaetophor*a	+	+	+
沟裸口虫 *Holophrya sulcata*	+	+	+
腔裸口虫 *Holophrya atra*	+	+	+
爽口虫属一种 *Climacostomum* sp.		+	
武装拟前管虫 *Pseudoprorodon armatus*		+	+
毛板壳虫 *Coleps hirtus*		+	
管叶虫属一种 *Trachelophyllum* sp.	+	+	+
唇斜吻虫 *Enchelydium labeo*		+	
长颈虫属一种 *Dileptus* sp.		+	+
小单环栉毛虫 *Didinium balbianiinanum*	+	+	+
双环栉毛虫 *Didinium nasutum*	+	+	+
肋状半眉虫 *Hemiophrys pleurosigma*	+	+	+
漫游虫属一种 *Litonotus* sp.		+	+
团焰毛虫 *Askenasia volvox*		+	+
肾状肾形虫 *Colpoda steini*	+	+	+
多足斜管虫 *Chilodonella calkinsi*		+	
梨形四膜虫 *Tetrahymena pyriformis*		+	
结节壳吸管虫 *Acineta tuberosa*		+	
固着足吸管虫 *Podophrya fixa*		+	
尾草履虫 *Paramecium caudatum*	+	+	+
鞭膜袋虫 *Cyclidium flagellatum*	+		
膜袋虫属一种 *Cyclidium* sp.		+	
点钟虫 *Vorticella picta*	+		+
钟形钟虫 *Vorticella campanula*	+	+	+
放射矛棘虫 *Hastatella radians*	+	+	+
累枝虫属一种 *Epistylis* sp.	+	+	+
旋口虫属一种 *Spirostomum* sp.			+
紫晶喇叭虫 *Stentor amethystinus*		+	+
弹跳虫属一种 *Collembola* sp.	+	+	+
急游虫属一种 *Strombidium* sp.	+	+	+

种类	对照塘	敞水区	覆盖区
拟急游虫属一种 Tintinnoposis sp.	+	+	+
侠盗虫属一种 Strobilidium sp.	+	+	+
锥形拟多核虫 Paradileptus conicus	+	+	+
拟多核虫属一种 Paradileptus sp.	+	+	+
淡水筒壳虫 Tintinnidium fluviatile			+
恩茨筒壳虫 Tintinnidium entzi	+		+
筒壳虫属一种 Tintinnidium sp.		+	+
中华似铃壳虫 Tintinnopsis sinensis		+	
湖沼似铃壳虫 Tintinnopsis lacustris			+
似铃壳虫属一种 Tintinnopsis sp.		+	+
赫奕尖毛虫 Oxytricha caudens	+	+	+
尖毛虫属一种 Oxytricha sp.			+
黏游仆虫 Euplotes muscicola	+	+	+
小旋口虫 Spirostomum minus			+
吸管虫属一种 Podaphrya sp.		+	+
合计	31	51	53

注："+"表示该种类出现

（二）优势种

浮床塘与对照塘原生动物优势种基本相似，均为纤毛虫纲种类占优势。其中，裸口虫属（Gmnostome）和急游虫属为整个试验期间两类池塘的主要优势种，其次为栉毛虫属、半眉虫属（Hemiophrys）、尖毛虫属（Oxytricha）等，为不同阶段优势种（表 10-2）。

表 10-2　浮床塘和对照塘原生动物优势属及其优势度

优势属	对照塘					浮床塘				
	6 月	7 月	8 月	9 月	10 月	6 月	7 月	8 月	9 月	10 月
裸口虫属 Gmnostome	0.09	0.16	0.13	0.18	0.32	0.10	0.14	0.10	0.06	0.06
管叶虫属 Trachelophyllum	0.04				0.07	0.02	0.03			
栉毛虫属 Didinium	0.17		0.08	0.19	0.16	0.10	0.13	0.05	0.12	0.03
半眉虫属 Hemiophrys	0.03		0.08	0.12	0.04	0.04		0.15	0.04	0.03
钟虫属 Vorticella		0.05		0.02						
累枝虫属 Epistylis	0.02	0.08				0.11				
急游虫属 Strombidium	0.09	0.06	0.02	0.16	0.03	0.02	0.24	0.05	0.14	0.03
侠盗虫属 Strobilidium			0.07							
拟急游虫属 Tintinnoposis	0.03		0.08	0.03		0.03		0.02		
拟多核虫属 Paradileptus		0.02								
筒壳虫属 Tintinnidium	0.06					0.02				
尖毛虫属 Oxytricha	0.02	0.08	0.12	0.03		0.07	0.02	0.05	0.02	

续表

优势属	对照塘					浮床塘				
	6月	7月	8月	9月	10月	6月	7月	8月	9月	10月
肾形虫属 Colpoda		0.03			0.02					
游仆虫属 Euplotes					0.03		0.02			

（三）物种多样性

浮床塘敞水区和覆盖区原生动物的 Shannon-Wiener 多样性指数（H'）均显著大于对照塘（$P < 0.05$）；Margalef 丰富度指数（D）和均匀度指数（J）差异不显著（$P > 0.05$）（表 10-3）。

表 10-3　浮床塘和对照塘原生动物多样性指数

多样性指数	对照塘	敞水区	覆盖区
D	1.133±0.247	1.113±0.216	1.193±0.202
H'	2.534±0.966[a]	2.069±0.159[b]	2.138±0.150[b]
J	1.006±0.343	0.853±0.040	0.851±0.036

注：同行上标字母不同表示差异显著（$P < 0.05$）

王亚军等（2006）对鳜（*Siniperca chuatsi*）养殖塘水质与原生动物群落多样性关系的研究表明，水质越好，原生动物多样性指数值越高。浮床塘原生动物种类增多和出现砂壳虫属（*Difflugia*）等寡污性种类，本研究结果提示水蕹菜浮床能够在一定程度上影响池塘原生动物群落结构，丰富池塘原生动物多样性，改善池塘水质环境。

二、密度和生物量

（一）密度

试验期间，对照塘、浮床塘敞水区和覆盖区原生动物的平均密度分别为（2.72±0.60）×10^4ind./L、（2.09±0.089）×10^4ind./L 和（2.15±0.010）×10^4ind./L，浮床塘敞水区和覆盖区密度显著低于对照塘（$P < 0.05$），覆盖区密度则显著高于敞水区（$P < 0.05$）。

浮床塘与对照塘逐月密度变化趋势大体相同，均在 7 月达到最高值，此后逐月降低。8～10 月对照塘中原生动物的密度均大于浮床塘（图 10-1A）。

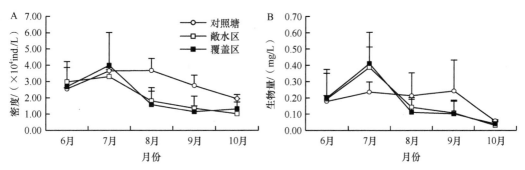

图 10-1　原生动物密度和生物量的月变化

（二）生物量

对照塘、浮床塘敞水区和覆盖区原生动物平均生物量分别为（0.18±0.12）mg/L、（0.172±0.119）mg/L 和（0.172±0.129）mg/L，彼此间差异均不显著（$P>0.05$）。

各月生物量变化，对照塘生物量自 6 月小幅上升，9 月达最高值（0.24mg/L），10 月生物量显著下降至最低值（0.06mg/L）。浮床塘敞水区和覆盖区原生动物各月生物量变化趋势基本一致，7 月明显上升至最高值，8 月显著下降，9～10 月继续小幅下降（图 10-1B）。7 月浮床塘敞水区和覆盖区的生物量均显著大于对照塘（$P>0.05$），与该月浮床塘中纤毛虫纲急游虫属与裸口虫属的密度显著大于对照塘有关。

统计分析表明，优势类群纤毛虫纲的密度，浮床塘和对照塘分别为（2.00±0.09）×10⁴ind./L 和（2.70±0.65）×10⁴ind./L，分别占原生动物总密度的 97% 和 99%；生物量分别为（0.18±0.05）mg/L 和（0.17±0.11）mg/L，分别占总生物量的 95% 和 94%。在整个试验期间，3 个采样区均为优势种的裸口虫属和急游虫属，两者密度和生物量的逐月变化趋势（图 10-2）与原生动物总密度和总生物量的变化趋势（图 10-1）基本一致，说明这两个优势属在较大程度上决定着原生动物密度和生物量的季节变化。

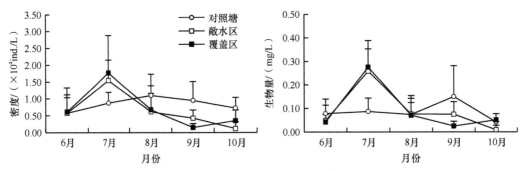

图 10-2　优势属急游虫属和裸口虫属密度和生物量的月变化

浮床塘敞水区和覆盖区原生动物密度显著低于对照塘，三者的生物量彼此间差异均不显著。我们推测可能与原生动物种类组成及个体大小变化有关。故以 3.0×10⁻⁵mg/ind. 为标准，将原生动物分为≤3.0×10⁻⁵mg/ind. 及以下个体（小型种），≥3.0×10⁻⁵mg/ind. 以上（大型种）两类。小型种占原生动物总密度和总生物量的比例见图 10-3。从图 10-3 可以看出，6 月，3 个采样区小型原生动物密度占总密度的比例为 84.31%～82.33%，彼此间无显著差异。对照塘呈现出 6 月下降、7 月上升、8 月下降、9 月上升的跳跃式变化，与原生动物总密度自 7 月后持续下降的变化趋势不同。浮床塘敞水区和覆盖区"下降、持续上升、下降"的变化（图 10-3），与原生动物总密度自 7 月后持续下降的变化趋势正好相反，说明浮床有利于稳定原生动物种类组成。小型种生物量与原生动物总生物量之比，6～9 月在 3 个采样区均较低，小于 45%，对照塘的比例超过或接近浮床塘敞水区和覆盖区，直到 10 月，对照塘比例达到 58.18%，而浮床塘敞水区和覆盖区的比例分别为 73.96% 和 84.15%，说明浮床在一定程度上造成了小型原生动物密度和生物量的相对减少，较大的原生动物相对增多。

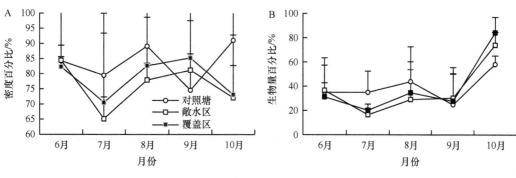

图 10-3　小型种占原生动物总密度和总生物量的比例

原生动物的交替演变，主要受温度、溶解氧、饵料、细菌等的影响（宋微波等，1993）。本试验中，不同采样区的 TN、TP 含量均随养殖时间延长而上升，对照塘的 TN、TP、Chl-a 含量显著高于浮床塘（图 9-5～图 9-7），透明度则显著小于浮床塘（图 9-3），说明 N、P 营养物质的积累，促进了细菌和藻类的生长，为原生动物提供饵料，促进了原生动物的生长和繁殖（徐润林，1992）。原生动物密度和生物量在试验后期（8～10 月）总体上呈下降趋势（图 10-1），未与 N、P 含量同步上升，意味着浮床塘可被原生动物利用的碎屑、细菌和藻类等悬浮物较对照塘少。天然食物对原生动物繁育极为重要，并对某些种类起到限制性作用，提示水蕹菜根系的吸收、吸附等作用，降低了浮床塘中营养物质和有机悬浮物含量，可能是浮床塘原生动物密度低于对照塘的原因。

原生动物群落的演变还受富营养化和鱼类放养的影响，并且因以上两种原因的加速呈逆向发展（刘建康，1995）。对试验塘营养水平、鲢和鳙鱼种放养量（鲢鳙放养量）、浮游植物和原生动物生物量的相关分析表明（表 10-4），鲢和鳙鱼种放养量与浮游植物生物量为负相关（$r=-0.605$），浮游植物生物量与 TN、TP 呈正相关，相关系数分别为 0.270 和 0.882，原生动物生物量与浮游植物生物量高度负相关（$r=-0.954$），说明池塘 TN、TP 越高，浮游植物生物量越高，鲢、鳙通过滤食抑制浮游植物，减少原生动物食物来源，进而对原生动物产生影响。此外，轮虫捕食也可能是造成原生动物群落结构变化的原因。原生动物群落的演变是多种因素相互作用的结果，很难用某个因素的变化来阐明其变化规律，但对照塘和浮床塘原生动物种群结构变化显然与生物浮床改变了池塘水体理化特征和生物群落结构有密切关系。

表 10-4　营养水平、鲢鳙放养量、浮游植物和原生动物生物量的相关性

项目	浮游植物	TN	TP	鲢鳙放养量
原生动物	−0.954	−0.150	−0.738	0.366
浮游植物		0.270	0.882	−0.605
TN			0.077	−0.078
TP				−0.897

第二节　轮虫的群落结构

一、种类组成与物种多样性

（一）种类组成

本研究共检出轮虫 42 种，隶属于 7 科 22 属。对照塘 28 种，浮床塘敞水区 34 种，覆盖区 35 种，对照塘较浮床塘敞水区和覆盖区分别少 6 种和 7 种。3 个采样区共有种 25 种，占总种数的 59.52%（表 10-5）。

表 10-5　浮床塘和对照塘轮虫种类组成

种类	对照塘	敞水区	覆盖区
臂尾水轮虫 *Epiphanes brachionus*			+
棒状水轮虫 *Epiphanes clavulatus*			+
矩形臂尾轮虫 *Brachionus leydigi*	+	+	+
方形臂尾轮虫 *Brachionus quadridentatus*	+	+	+
壶状臂尾轮虫 *Brachionus urceolaris*	+	+	+
裂足臂尾轮虫 *Brachionus diversicornis*	+	+	+
萼花臂尾轮虫 *Brachionus calyciflorus*	+	+	+
角突臂尾轮虫 *Brachionus angularis*	+	+	+
剪形臂尾轮虫 *Brachionus forficula*	+	+	+
蒲达臂尾轮虫 *Brachionus budapestiensis*	+	+	+
曲腿龟甲轮虫 *Keratella valga*	+	+	+
裂痕龟纹轮虫 *Anuraeopsis fissa*	+	+	+
弯角腔轮虫 *Lecane curvicornis*		+	
月形腔轮虫 *Lecane luna*	+		
尖角单趾轮虫 *Monostyla hamata*	+	+	+
尖趾单趾轮虫 *Monostyla closterocerca*	+	+	+
对棘同尾轮虫 *Diurellastylata*	+	+	+
月形单趾轮虫 *Monostyla lunaris*		+	+
囊形单趾轮虫 *Monostyla bulla*		+	+
梨形单趾轮虫 *Monostyla pyriformis*			+
精致单趾轮虫 *Monostyla elachis*		+	
三翼鞍甲轮虫 *Lepadella triptera*	+		+
十指平甲轮虫 *Platyias militaris*		+	
细异尾轮虫 *Trichocerca gracilis*	+	+	+
刺盖异尾轮虫 *Trichocerca capucina*	+	+	+
二突异尾轮虫 *Trichocerca bicristata*	+		
暗小异尾轮虫 *Trichocerca pusilla*	+		+
等刺异尾轮虫 *Trichocerca similis*		+	

续表

种类	对照塘	敞水区	覆盖区
田奈异尾轮虫 *Trichocerca dixon-nuttalli*		+	+
疣毛轮虫属一种 *Synchaeta* sp.	+	+	+
尖尾疣毛轮虫 *Synchaeta stylata*	+	+	+
长肢多肢轮虫 *Polyarthra dolichoptera*	+	+	+
椎尾水轮虫 *Epiphanes senta*		+	+
卜氏晶囊轮虫 *Asplanchna brightwelli*	+	+	+
沟痕泡轮虫 *Pompholyx sulcata*	+	+	+
臂三肢轮虫 *Filinia brachiata*	+	+	+
舞跃无柄轮虫 *Ascomorpha saltans*		+	
长刺异尾轮虫 *Trichocerca longiseta*			+
尖削叶轮虫 *Notholca acuminata*	+	+	+
轮虫属一种 *Rotaria* sp.	+	+	+
转轮虫 *Rotaria rotatoria*			
红眼旋轮虫 *Philodina erythrophthalma*	+	+	+
合计	28	34	35

注："+"表示该种类出现

（二）优势种

浮床塘与对照塘轮虫优势种基本相似（表 10-6）。萼花臂尾轮虫（*Brachionus calyciflorus*）、裂足臂尾轮虫（*Brachionus diversicornis*）、裂痕龟纹轮虫、暗小异尾轮虫、长肢多肢轮虫（*Polyarthra dolichoptera*）为整个试验期间的共有优势种，转轮虫（*Rotaria rotatoria*）从 8 月开始成为共有优势种，角突臂尾轮虫（*Brachionus angularis*）和三肢轮虫（*Filinia longiseta*）仅在 10 月为对照塘优势种。

表 10-6　浮床塘与对照塘轮虫优势种及其优势度

优势种	浮床塘					对照塘				
	6 月	7 月	8 月	9 月	10 月	6 月	7 月	8 月	9 月	10 月
裂足臂尾轮虫 *Brachionus diversicornis*	0.12	0.15	0.30	0.12	0.09	0.02	0.10	0.08	0.13	
萼花臂尾轮虫 *Brachionus calyciflorus*	0.07	0.08	0.09	0.03	0.03	0.05	0.04	0.06	0.11	0.02
裂痕龟纹轮虫 *Anuraeopsis fissa*	0.13	0.15	0.09	0.37	0.40	0.16	0.17	0.30	0.38	0.22
暗小异尾轮虫 *Trichocerca pusilla*	0.14	0.21	0.17	0.21	0.26	0.23	0.45	0.08	0.12	0.17
长肢多肢轮虫 *Polyarthra dolichoptera*	0.05	0.17	0.13	0.07	0.07	0.09	0.06	0.19	0.03	0.07
转轮虫 *Rotaria rotatoria*			0.03	0.03	0.06			0.07	0.02	0.16
角突臂尾轮虫 *Brachionus angularis*										0.09
三肢轮虫 *Filinia longiseta*										0.13

（三）物种多样性

从表 10-7 可以看出，浮床塘敞水区和覆盖区轮虫多样性指数和均匀度指数均显著高于对照塘（$P<0.05$），敞水区和覆盖区无显著差异（$P>0.05$），表明水蕹菜浮床能够影响轮虫的群落结构，使 Shannon-Wiener 多样性指数（H'）、Margalef 丰富度指数（D）和 Pielou 均匀度指数（J）升高。

表 10-7　浮床塘和对照塘轮虫多样性指数

多样性指数	对照塘	敞水区	覆盖区
H'	2.028 ± 0.067^a	2.363 ± 0.169^b	2.264 ± 0.162^b
D	1.694 ± 0.133^a	1.857 ± 0.062^b	1.815 ± 0.066^b
J	0.610 ± 0.050^a	0.642 ± 0.006^b	0.634 ± 0.034^b

注：同列数值上标字母不同，表示数值之间差异显著（$P<0.05$）

二、密度和生物量

（一）密度

对照塘、浮床塘敞水区和覆盖区轮虫平均密度分别为（2255±630）ind./L、（1814±336）ind./L 和（1970±224）ind./L。对照塘轮虫平均密度显著高于浮床塘敞水区和覆盖区（$P>0.05$），浮床塘敞水区和覆盖区无显著差异（$P>0.05$）。

轮虫密度月变化见图 10-4A。浮床塘敞水区 7 月小幅下降，8～10 月持续小幅上升；覆盖区密度变化幅度较小，自 6 月至 10 月持续小幅上升，敞水区和覆盖区密度无显著差异（$P>0.05$）。对照塘密度波动较大，在 7 月出现次高峰，8 月出现低谷，9 月又出现高峰，10 月又回落到 6 月水平。对照塘 7 月和 9 月密度显著高于浮床塘敞水区和覆盖区（$P<0.05$），其他月份虽出现有高有低的现象但是差异均不显著（图 10-2A），浮床并没有造成池塘不同区域的轮虫密度有显著差异。

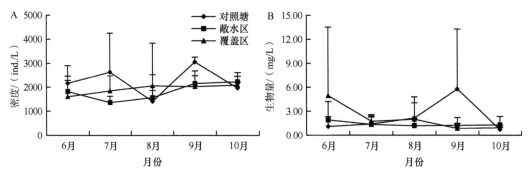

图 10-4　浮床塘和对照塘轮虫密度及生物量月变化

（二）生物量

对照塘、浮床塘敞水区和覆盖区轮虫生物量分别为（1.536±0.602）mg/L、（1.413±0.229）mg/L 和（1.302±0.350）mg/L，三者的生物量差异不显著（$P>0.05$）。

轮虫生物量的月变化见图 10-4B。对照塘轮虫生物量 6～9 月呈递增趋势，10 月份显著下降至浮床塘水平。浮床塘敞水区轮虫生物量自 6 月小幅下降，8 月达最低值后略有上升，各月变幅较小。覆盖区自 6 月开始下降，9 月达最低值后略有上升。浮床塘敞水区和覆盖区各月轮虫生物量互有高低，但差异并不显著。

（三）优势种对密度和生物量的影响

优势种占轮虫总密度和总生物量的比例见表 10-8，对照塘、浮床塘敞水区和覆盖区密度占轮虫总密度的比例分别为 64.01%、68.96% 和 64.55%，生物量比分别为 33.80%、37.63% 和 35.72%，提示优势种对密度的影响远大于对生物量的影响。

表 10-8　优势种占轮虫总密度和总生物量的比例（%）

月份	密度比例			生物量比例		
	对照塘	敞水区	覆盖区	对照塘	敞水区	覆盖区
6 月	55.56	69.37	35.36	38.52	34.80	7.05
7 月	58.63	61.40	65.63	36.96	35.47	34.10
8 月	73.40	67.94	73.15	19.41	54.73	46.81
9 月	69.12	68.68	72.87	20.28	35.18	46.85
10 月	63.32	77.43	75.76	53.85	27.95	43.78
平均	64.01	68.96	64.55	33.80	37.63	35.72

将在试验中检出的全部轮虫，按个体重分为小个体组（10^{-5}mg/ind.）、中个体组（10^{-4}mg/ind.）和大个体组（10^{-3}mg/ind.）3 组，分析它们占轮虫总密度和总生物量的比值（图 10-5）。

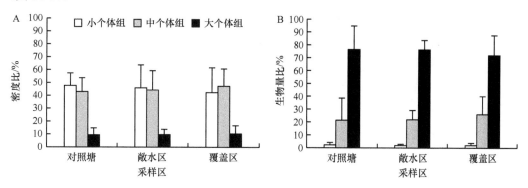

图 10-5　不同规格轮虫密度比和生物量比

结果表明，对照塘、浮床塘敞水区轮虫密度比均为小个体组最大，中个体组次之，大个体组最小，覆盖区密度比中个体组最大，小个体组次之，大个体组最小，大个体组显著低于小个体组和中个体组。生物量则是大个体组＞中个体组＞小个体组，彼此差异显著。对照塘、浮床塘敞水区和覆盖区小个体组对密度的贡献率分别为 47.76%、46.03% 和 42.31%，对生物量的贡献率则分别为 2.25%、1.88% 和 2.02%；大个体组对密度的贡献率分别为 9.38%、9.70% 和 10.34%，而对生物量的贡献率分别达 76.40%、76.22% 和 71.95%，表明池塘轮虫的种类组成、不同种类的数量及其个体大小是轮虫密度和生物量变化的主要原因。

本试验中检出的所有轮虫的均重为 1.13×10^{-3}mg/ind.。优势种中，萼花臂尾轮虫约为均重的 2.2 倍，裂足臂尾轮虫和长肢多肢轮虫分别为均重的 0.44 倍和 0.25 倍，裂痕龟纹轮虫和暗小异尾轮虫体重分别为均重的 0.012 倍和 0.04 倍。从图 10-6 可看出，裂痕龟纹

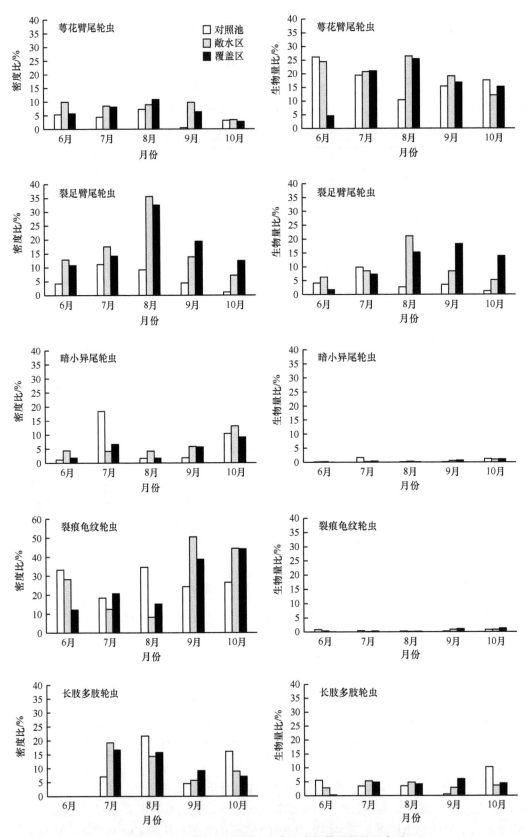

图 10-6 试验期间优势轮虫密度和生物量比值的月变动

轮虫的密度与轮虫总密度之比达 24% 以上，生物量比仅为 0.6%；暗小异尾轮虫密度比为 4.82%～6.07%，生物量比为 0.42%～0.60%；而个体较大的萼花臂尾轮虫密度比为 6.0% 左右，生物量比达到 16.62%～20.58%。与均重相差较大的种类，当其数量较大时将对生物量产生明显影响。例如，对照塘 6 月密度（2160ind./L）远高于浮床塘覆盖区（1605ind./L），对照塘的生物量（1.099mg/L）低于覆盖区（4.957mg/L），与之对应的是该月对照塘小个体裂痕龟纹轮虫密度比达 33.10%、覆盖区仅 12.15% 有关。

养殖池塘因受养鱼活动影响，水体通常处于富营养状态，且理化特征波动大，进而对浮游动物的群落演替产生影响。溶氧是影响池塘水体易变的主要因子之一，过高的养殖密度通常导致溶氧不足，限制轮虫的生长（Hofmann，1977）。高等水生植物具有通气组织，空气中的氧可经由通气组织输送到水下根系中，满足根系生长需求的盈余氧气可被释放到根区周边的环境中，形成富氧微环境（胡绵好，2008），有利于浮游动物的生长（杨凤娟等，2011）。生物浮床覆盖区存在的富氧-厌氧微环境使几种氮循环细菌同时存在，促进了水体氮循环（吴伟等，2008）；养殖水经微生物处理后，水体中藻类种类增加，藻类细胞数量及生物量减少，浮游动物增加，从而使浮游动物的群落组成发生了变化（韩士群等，2006）。因此，水蕹菜浮床对改善池塘环境、促进水体中轮虫种类的增加有积极作用。

轮虫生物学特性也是引起密度和生物量季节性变化的原因。裂痕龟纹轮虫是一种常见于富营养化水体的狭温性小型轮虫（Evenhuis and Eldredge，2003）。浮床塘 6～8 月裂痕龟纹轮虫一直低于对照塘，而 9～10 月则高于对照塘。萼花臂尾轮虫一般出现在高于 13～15℃水温、较低氨浓度、较少挥发性有机化合物和较高溶解氧浓度的适宜环境中（Roche，1995）。萼花臂尾轮虫密度的高低除和水温有密切关系外，还可能与食物的密度等有关（温新利和席贻龙，2007）。本试验中，浮床塘与对照塘的水温及溶解氧并无显著差异，Chl-a 含量低于对照塘，浮床塘萼花臂尾轮虫密度大于对照塘，推断应与浮床塘较为适宜的理化条件有关。

养殖池塘中轮虫群落的一个显著特征是以小型浮游动物占主导地位。有研究表明富营养化有利于小型浮游动物的生长（赵爱萍，2006）。此外，鱼类的摄食被认为是决定浮游动物群落密度、种类结构及导致浮游动物群落演替的最主要因素（Giliwcz and Pijanowska，1989）。对照塘轮虫密度显著高于浮床塘，两者轮虫生物量无显著差异（$P < 0.05$），因此推断，浮床塘在一定程度上减缓了轮虫的小型化（黄海平等，2012）。

第三节　枝角类和桡足类的群落结构

一、种 类 组 成

试验期间仅检出 4 种枝角类和桡足类及其幼体，分别为长肢秀体溞（*Diaphanosoma leuchtenbergianum*）、多刺裸腹溞（*Moina macrocopa*）、1 种剑水蚤和 1 种华哲水蚤，不同类型池塘的出现种没有差异（表 10-9）。

表 10-9　　浮床塘和对照塘枝角类和桡足类种类组成

种类	对照塘	敞水区	覆盖区
长肢秀体溞 *Diaphanosoma leuchtenbergianum*	+	+	+
多刺裸腹溞 *Moina macrocopa*	+	+	+
无节幼体 nauplius	+	+	+
剑水蚤属一种 *Cyclops* sp.	+	+	+
华哲水蚤属一种 *Sinocalanus* sp.	+	+	+
桡足幼体 copepodite	+	+	+

二、密度和生物量

对照塘枝角类和桡足类的月平均密度为（22.70±21.59）ind./L，高于敞水区 [（19.45±18.91）ind./L]，显著高于覆盖区的（14.55±11.55）ind./L（$P < 0.05$）。对照塘密度自 6 月开始上升，到 8 月达最高值，此后下降至 10 月达最低值。浮床塘敞水区和覆盖区密度在试验期间以不同速率持续下降，8 月后的密度保持在 4~6ind./L（图 10-7A）。对照塘 8 月密度显著高于浮床塘敞水区和覆盖区（$P < 0.05$），其他各月差异不显著（$P > 0.05$）。

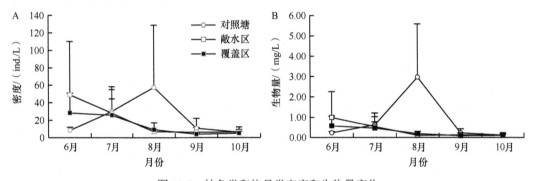

图 10-7　枝角类和桡足类密度和生物量变化

对照塘枝角类和桡足类的月平均生物量为（0.83±1.21）mg/L，显著高于敞水区 [（0.38±0.39）mg/L] 和覆盖区 [（0.28±0.22）mg/L]。各月生物量变化趋势与密度变化相似（图 10-7B）。对照塘 8 月生物量显著高于浮床塘敞水区和覆盖区（$P < 0.05$），其他各月差异不显著（$P > 0.05$）。

枝角类和桡足类处于食物链的中间环节，大型浮游动物种类较少，与池塘生态环境有很大关系。枝角类的大部分种类、剑水蚤的无节幼体、哲水蚤均以滤食藻类为食，因此藻类的上行效应会对枝角类和桡足类的结构产生影响；水体中的营养水平和滤食性鱼类的捕食是造成浮游甲壳类分布格局的重要因素（鲁敏和谢平，2002）。一方面，养殖池塘由于饲料和肥料等外源性营养物的输入，氮、磷含量通常较高，较低的溶氧也会限制大型动物的发生；另一方面，由于池塘中放有一定比例的鲢和鳙，滤食性鱼类的滤食压力会直接影响浮游动物的种群密度（李纯厚和林婉莲，1995）。因而在一定程度上也会限制枝角类和桡足类。8 月不同采样区池塘枝角类和桡足类密度和生物量出现显著差异（$P < 0.05$），这与 7 月对照塘轮虫与原生动物和浮游植物的生物量较高（黄海平等，

2012) 有关, 当饵料丰富时, 会促进枝角类和桡足类的发生; 另外, 8 月温度较高, 温度较高时会限制滤食性鱼类的摄食 (申玉春等, 1998)。

小　结

1) 本研究共检出原生动物 48 属 65 种。其中, 纤毛虫纲 43 种, 占总数的 66.2%; 对照塘原生动物种类 (31 种) 显著少于浮床塘敞水区 (51 种) 和覆盖区 (53 种)。浮床塘敞水区和覆盖区多样性指数 (H') 显著大于对照塘 ($P < 0.05$); 对照塘、敞水区和覆盖区平均密度分别为 $(2.72 \pm 0.60) \times 10^4$ind./L、$(2.09 \pm 0.089) \times 10^4$ind./L 和 $(2.15 \pm 0.010) \times 10^4$ind./L, 浮床塘敞水区和覆盖区密度显著低于对照塘 ($P < 0.05$); 平均生物量为 (0.18 ± 0.12) mg/L、(0.172 ± 0.119) mg/L 和 (0.172 ± 0.129) mg/L, 三者彼此间差异均不显著 ($P > 0.05$)。

2) 本研究共检出轮虫 22 属 42 种, 对照塘轮虫种类 (28 种) 少于浮床塘敞水区 (34 种) 和覆盖区 (35 种), 浮床塘敞水区和覆盖区多样性指数 (H') 和均匀度指数 (J) 显著高于对照塘 ($P < 0.05$)。对照塘轮虫平均密度 $[(2255 \pm 630)$ ind./L] 显著高于浮床塘敞水区 $[(1814 \pm 336)$ ind./L] 和覆盖区 $[(1970 \pm 224)$ ind./L] ($P > 0.05$), 浮床塘敞水区和覆盖区无显著差异 ($P > 0.05$); 生物量分别为 (1.536 ± 0.602) mg/L、(1.413 ± 0.229) mg/L 和 (1.302 ± 0.350) mg/L, 彼此间差异不显著 ($P > 0.05$)。

3) 本研究共检出枝角类和桡足类各 2 种。对照塘枝角类和桡足类密度和生物量分别为 (22.70 ± 21.59) ind./L 和 (0.83 ± 1.21) mg/L, 高于敞水区 $[(19.45 \pm 18.91)$ ind./L 和 (0.38 ± 0.39) mg/L] 和覆盖区 $[(14.55 \pm 11.55)$ ind./L 和 (0.28 ± 0.22) mg/L]。

综上所述, 水蕹菜浮床改变浮游动物群落结构, 抑制浮游动物种类小型化, 降低浮游动物密度, 提高浮游动物生物量, 丰富浮游动物多样性。

参 考 文 献

韩蕾, 施心路, 刘桂杰, 等. 2007. 哈尔滨太阳岛水域原生动物群落变化的初步研究. 水生生物学报, 31(2): 272-277

韩士群, 范成新, 严少华. 2006. 固定化微生物对养殖水体浮游生物的影响及生物除氮研究. 应用与环境生态学报, 12(2): 251-254

胡绵好. 2008. 水生经济植物浮床技术改善富营养化水体水质的研究. 上海交通大学博士学位论文

黄海平, 谢从新, 何绪刚, 等. 2012. 密度和收割对水蕹菜浮床净水效果的影响. 渔业现代化, 39(1): 22-26

黄婧, 林惠凤, 朱联东, 等. 2008. 浮床水培蕹菜的生物学特征及水质净化效果. 环境科学与管理, 33(12): 92-94

李纯厚, 林婉莲. 1995. 武汉东湖浮游动物对浮游细菌的牧食力研究. 生态学报, 15(2): 49-54

刘建康. 1995. 东湖生态学研究 (二). 北京: 科学出版社

鲁敏, 谢平. 2002. 武汉东湖不同湖区浮游甲壳动物群落结构的比较. 海洋与湖沼, 33(2): 174-181

申玉春, 张显华, 王亮, 等. 1998. 池塘沉积物的理化性质和细菌状况的研究. 中国水产科学, 5(1): 113-117

宋微波, 成效吉, 刘桂荣, 等. 1993. 青岛小西湖春季原生动物生态的初步研究. 青岛海洋大学学报, 23(3): 99-106

王亚军, 林文辉, 吴淑勤, 等. 2006. 鳜塘水质与原生动物群落多样性关系的初步研究. 水产学报, 30(1): 69-75

温新利, 席贻龙. 2007. 镜湖常见臂尾轮虫 (*Brachionus*) 种群周年动态及生活史对策. 生态学报, 27(10): 3956-3963

吴伟, 胡庚东, 金兰先, 等. 2008. 浮床植物系统对池塘水体微生物的动态影响. 中国环境科学, 28(9): 791-795

徐润林. 1992. 湖泊富营养化对浮游原生动物生产力的影响. 中山大学学报论丛, (3): 100-104

杨凤娟, 杨扬, 潘鸿, 等. 2011. 强化生态浮床原位修复技术对污染河流浮游动物群落结构的影响. 湖泊科学, 23(4): 498-504

赵爱萍. 2006. 镇江金山湖及附近水体浮游生物群落结构及其与环境因子关系的研究. 上海师范大学硕士学位论文

Evenhuis NL, Eldredge LG. 2003. Records of the Hawaii biological survey for 2001-2002 Part 2: notes. Bishop Museum Occasional Papers: No. 74

Giliwcz ZM, Pijanowska J. 1989. The role of Predation in zooplankton succession // Sommer U. Plankton Ecology. New York: Springer-Verlag

Hofmann W. 1977. The influence of abiotic environmental factors on population dynamics in planktonic rotifers. *Arch Hydrobiol Beih Ergebn Limnol*, (8): 77-83

Roche KF. 1995. Growth of the rotifer *Brachionus calyciflorus* Pallas in dairy waste stabilization ponds. *Water Research*, 29(10): 2255-2260

第十一章　梨形环棱螺食性及对水质的影响

通过生物调控技术治理养殖污染得到越来越广泛的应用（全为民等，2003；屈铭志等，2010；郑有飞等，2008；周露洪等，2012）。底栖动物通过摄食藻类、有机碎屑、小型无脊椎动物（small invertebrate）以及高等水生植物碎片进而对水质起到净化作用（Han *et al.*，2010；Brönmark，1989；Li *et al.*，2008；白秀玲等，2006），其分泌物可使水体中的颗粒悬浮物絮凝而沉降，能迅速将水体中悬浮态氮磷转换为溶解态氮磷，对降低水体悬浮物含量、提高水体透明度有着显著作用（陈静等，2012）；底栖动物活动造成底泥再悬浮，进而促进氮、磷营养盐向水体释放。梨形环棱螺是我国最为常见的淡水腹足类之一，梨形环棱螺是生态沟渠生物群落改造和重建中的重要物种。本章在分析养殖场沟渠中梨形环棱螺食物组成的基础上，研究不同密度梨形环棱螺对水体及沉积物中氮、磷释放的影响，旨在为生态沟渠生物净化系统中底栖动物的群落构建，以及富营养化水体生物修复技术提供科学依据。

第一节　摄食习性

一、摄食强度

2012年春季（4月）、夏季（7月）、秋季（10月）、2013年冬季（1月），在渔场沟渠共采集406个梨形环棱螺，进行常规生物学测量后，解剖并收集肠道内容物，加入10%福尔马林保存。其中，208个样本（壳高12～32mm）的摄食率见图11-1。从图11-1可见，梨形环棱螺冬季不摄食，春季、夏季和秋季摄食率分别为90.57%、96.37%和96.67%。

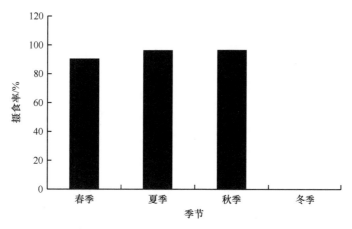

图 11-1　梨形环棱螺摄食率的季节变化

梨形环棱螺摄食率的季节变化与其生活习性及环境变化，特别是水温的季节变化密切相关。冬天天气寒冷，水温较低，梨形环棱螺隐藏在底泥中，处于冬眠状态，故不摄食（杜增瑞和李树杰，1963；曹正光和蒋忻坡，1998）。有研究表明在一定的温度范围内，摄食率随温度的升高而增大，达到一定温度时摄食率也达到最大值，其后温度再升高，摄食率下降，如张许峰（2007）报道铜锈环棱螺的摄食率达到最大值时的温度为 35℃，本研究中采样沟渠冬季和早春水温约 18℃，夏季 7 月水温达 33.5℃，摄食率的季节性变化与张许峰（2007）的研究结果相吻合。此外，秋季摄食率较高可能与为其越冬和翌年的产卵繁殖储备能量有关。

二、食物组成与季节变化

（一）食物组成

梨形环棱螺肠道内检出藻类 7 门 65 属，其中，蓝藻门 10 属，绿藻门 32 属，硅藻门 14 属，裸藻门 5 属，甲藻门 2 属，黄藻门和隐藻门各 1 属；小型无脊椎动物有原生动物和轮虫两大类。肠道里还发现少量的水生植物碎屑，以及较多的泥沙（表 11-1）。

表 11-1　梨形环棱螺的食物组成（%）

食物种类	F%	N%	W%	IRI%
藻类	100.00	94.71	67.45	78.66
蓝藻门 Cyanophyta				
色球藻属 *Chroococcus*	26.61	0.16	0.06	0.04
颤藻属 *Oscillatoria*	61.32	0.45	0.79	0.57
鞘丝藻属 *Lyngbya*	10.25	0.06	0.09	0.01
微囊藻属 *Microcystis*	6.12	1.2	0.05	0.06
平裂藻属 *Merismopedia*	56.86	5.89	0.00	2.50
胶鞘藻属 *Phormidium*	41.16	10.67	19.43	9.26
尖头藻属 *Raphidiopsis*	35.37	0.87	0.02	0.24
隐杆藻属 *Aphanothece*	1.65	0.02	—	—
隐球藻属 *Aphanocapsa*	2.48	0.35	—	—
蓝纤维藻属 *Dactylococcopsis*	9.92	0.09		
绿藻门 Chlorophyta				
小椿藻属 *Characium*	38.84	0.32	0.21	0.15
四星藻属 *Tetrastrum*	28.10	0.17	0.02	0.04
实球藻属 *Pandorina*	13.22	0.08	2.55	0.26
空球藻属 *Eudorina*	10.74	0.05	1.40	0.12
小球藻属 *Chlorella*	89.26	8.53	0.16	5.80
栅藻属 *Scenedesmus*	95.04	12.36	9.63	15.62
四角藻属 *Tetraedron*	75.21	1.49	0.40	1.06
绿球藻属 *Chlorococcum*	75.54	2.02	0.97	1.69
胶网藻属 *Dictyosphaerium*	29.26	0.33	0.28	0.13
空星藻属 *Coelastrum*	22.15	0.09	0.02	0.02

续表

食物种类	F%	N%	W%	IRI%
鼓藻属 Cosmarium	21.82	0.09	0.06	0.02
角星鼓藻属 Staurastrum	3.14	0.01	0.01	—
月牙藻属 Selenastrum	70.25	5.46	0.54	3.15
新月藻属 Closterium	11.40	0.03	0.19	0.02
集星藻属 Actinastrum	4.63	0.01	—	—
十字藻属 Crucigenia	77.69	5.14	2.04	4.17
盘星藻属 Pediastrum	41.32	0.2	0.92	0.35
卵囊藻属 Oocystis	72.56	1.05	0.62	0.91
丝藻属 Ulothrix	11.07	0.04	0.07	0.01
鞘藻属 Oedogonium	58.35	0.24	1.21	0.63
蹄形藻属 Kirchneriella	41.82	1.92	0.09	0.63
纤维藻属 Ankistrodesmus	88.93	10.51	0.63	7.41
韦氏藻属 Westella	2.48	0.02	—	—
顶棘藻属 Lagerheimiella	13.39	0.07	0.01	0.01
弓形藻属 Schroederia	13.06	0.03	0.03	0.01
胶囊藻属 Gloeocystis	1.49	—	—	—
骈胞藻属 Binuclearia	4.46	—	—	—
尾丝藻属 Uronema	8.43	0.03	0.06	0.01
衣藻属 Chlamydomonas	2.48	0.01	—	—
肾形藻属 Nephrocytium	4.96	0.02	0.01	—
胶星藻属 Gloeoactinium	1.65	0.01	—	—
角丝鼓藻属 Desmidium	0.83	—	—	—
硅藻门 Bacillariophyta				
菱形藻属 Nitzschia	72.40	3.83	2.35	3.35
舟形藻属 Navicula	78.84	2.94	4.85	4.59
卵形藻属 Cocconeis	54.88	1.91	0.45	0.97
异极藻属 Gomphonema	66.94	2.96	1.64	2.30
小环藻属 Cyclotella	61.32	1.76	0.44	1.01
针杆藻属 Synedra	45.12	1.17	0.83	0.67
脆杆藻属 Fragilaria	38.51	1.62	0.05	0.48
辐节藻属 Stauroneis	8.60	0.13	—	—
直链藻属 Melosira	13.55	1.06	0.72	0.18
桥弯藻属 Cymbella	39.67	1.31	0.34	0.49
美壁藻属 Caloneis	3.14	0.02	0.02	0.00
月形藻属 Closteridium	32.40	1.56	1.14	0.65
羽纹藻属 Pinnularia	0.83	0.1	0.12	—
短缝藻属 Eunotia	2.48	0.04	0.06	—

续表

食物种类	F%	N%	W%	IRI%
裸藻门 Euglenophyta				
扁裸藻属 *Phacus*	82.81	1.54	3.84	3.33
裸藻属 *Euglena*	78.51	2.03	7.08	5.35
囊裸藻属 *Trachelomonas*	42.64	0.29	0.65	0.30
鳞孔藻属 *Lepocinclis*	8.93	0.05	0.12	0.01
柄裸藻属 *Colacium*	1.49	—	0.02	—
黄藻门 Xanthophyta				
黄管藻属 *Ophiocytium*	39.01	0.17	0.03	0.06
甲藻门 Pyrrophyta				
薄甲藻属 *Glenodinium*	11.40	0.04	0.03	0.01
裸甲藻属 *Gymnodinium*	18.51	0.07	0.05	0.02
隐藻门 Cryptophyta	0.00		0.00	
隐藻属 *Cryptomonas*	5.95	0.02	0.04	—
小型无脊椎动物	30.58	0.20		0.01
原生动物 Protozoa				
纤毛虫属 *Ciliophora*	3.31	0.02	—	—
砂壳虫属 *Difflugia*	1.65	0.01	—	—
未知原生动物	2.48	0.01	—	—
轮虫 Rotifera				
龟甲轮虫属 *Kertella*	3.31	0.02	—	—
轮虫卵	15.70	0.11	—	0.01
未知轮虫	4.13	0.03	—	—
有机碎屑	77.69	4.76	31.72	21.19
其他	35.54	0.33	0.83	0.14
水生植物	16.53	0.12	0.80	0.11
未鉴定	19.01	0.21	0.03	0.03

注："—"代表<0.01%。F%. 出现率；N%. 数量百分比；W%. 质量百分比；IRI%. 相对重要指数百分比

从出现率来看，藻类最高，为100.00%，其次为有机碎屑（77.69%），水生植物和未鉴定的成分为35.54%，小型无脊椎动物最低，为30.58%。从数量百分比来看，藻类为94.71%，有机碎屑为4.76%，水生植物和未鉴定的成分为0.33%，小型无脊椎动物为0.20%。去除泥沙，从质量百分比来看，藻类为67.45%，有机碎屑为31.72%，水生植物和未鉴定的成分为0.83%。从相对重要指数百分比来看，藻类最高（78.66%），其次为有机碎屑（21.19%），水生植物和未鉴定的成分为0.14%，小型无脊椎动物最低，为0.01%。

（二）食物多样性

食物多样性（H'）和均匀度指数（J）分别为3.34和0.71。不同季节的食物多样性

和均匀度指数有所不同，最高值出现在夏季（$H'=2.91$，$J=0.71$），其次为春季（$H'=2.8$，$J=0.68$），秋季 $H'=2.76$，$J=0.66$（表 11-2）。

表 11-2　梨形环棱螺不同季节的多样性指数（H'）和均匀度指数（J）

	春季	夏季	秋季	冬季	总体
n	34	53	34	—	121
H'	2.8	2.91	2.76	—	3.34
J	0.68	0.71	0.66	—	0.71

（三）食物组成的季节变化

梨形环棱螺不同季节的主要食物见表 11-3。春季的主要食物为蓝藻门的胶鞘藻属，绿藻门的栅藻属，硅藻门的菱形藻属、舟形藻属，裸藻门的扁裸藻属（Phacus），以及有机碎屑。夏季的主要食物为绿藻门的小球藻属、栅藻属、绿球藻属、十字藻属（Crucigenia）、卵囊藻属（Oocystis）、纤维藻属，硅藻门的舟形藻属、异极藻属、卵形藻属，裸藻门的裸藻属、扁裸藻属，以及有机碎屑。秋季的主要食物为蓝藻门的胶鞘藻属，绿藻门的栅藻属、月牙藻属、十字藻属、纤维藻属，硅藻门的菱形藻属、舟形藻属、异极藻属，裸藻门的裸藻属以及有机碎屑。梨形环棱螺主要摄食藻类和有机碎屑，以及少量的小型无脊椎动物以及高等水生植物碎片。

表 11-3　梨形环棱螺不同季节的主要食物

食物种类	总体	春季	夏季	秋季
胶鞘藻属 Phormidium	+	+		+
小球藻属 Chlorella			+	
栅藻属 Scenedesmus	+	+	+	+
绿球藻属 Chlorococcum			+	
月牙藻属 Selenastrum	+			+
十字藻属 Crucigenia	+		+	+
卵囊藻属 Oocystis			+	
纤维藻属 Ankistrodesmus	+		+	+
菱形藻属 Nitzschia	+	+		+
舟形藻属 Navicula	+		+	+
异极藻属 Gomphonema	+		+	+
卵形藻属 Cocconeis			+	
裸藻属 Euglena	+		+	+
扁裸藻属 Phacus	+	+	+	
有机碎屑	+	+	+	+

不同季节各类食物的相对重要指数百分比（IRI%）见表 11-4。藻类 IRI% 最高出现在秋季（83.40%），夏季最低（69.75%）；有机碎屑的 IRI% 最高出现在夏季（29.99%），春季最低（14.61%）；小型无脊椎动物的 IRI% 最高出现在春季（0.14%），秋季最低

（0.01%）；高等水生植物碎片和未鉴定成分的 IRI% 最高出现在夏季（0.23%），秋季最低（0.06%）。

表 11-4　梨形环棱螺不同季节的食物相对重要性指数（%）

食物种类	总体	春季	夏季	秋季
藻类	78.86	83.40	69.75	82.09
小型无脊椎动物	0.01	0.14	0.03	0.01
有机碎屑	21.19	14.61	29.99	17.85
其他	0.14	1.85	0.23	0.06

Reavell（1980）对英国 20 种淡水腹足类食性的研究表明这些种类主要以有机碎屑和藻类为食，其中多数种类食物中有机碎屑的比例为 55.6%～89.1%。一种扁卷螺（*Planorbis contortus*）主要摄食有机碎屑、藻类和真菌（fungi）（Calow，1973）。刘学勤（2006）对几种螺类食性的研究结果表明，长角涵螺、环棱螺（*Bellamya* sp.）、圆扁螺（*Hippeutis* sp.）、大沼螺和纹沼螺的主要食物是有机碎屑，除有机碎屑外，不同种类还摄食一定量的甲壳动物、硅藻、原生动物、摇蚊幼虫等。幼湖北钉螺（*Oncomelania hupensis*）的主要食物为硅藻（周利红等，1994）。上述研究表明，螺类的食物来源广泛，主要食物为藻类和有机碎屑，不同种群食物的差异可能与水体中食物可得性有关。本研究结果显示，梨形环棱螺主要以藻类和有机碎屑为食，其中藻类是最主要的食物，有机碎屑是次要食物，而高等水生植物和小型无脊椎动物是偶见食物。至于肠道中大量的泥沙，应该是在刮食食物时带入的。食物中的藻类，以绿藻门占优势，其次为硅藻门，这与周丛藻类的优势藻相同。

腹足类重要摄食器官齿舌形态反映其主要摄食方式是刮食（Steneck and Watling，1982）。但 Declerck（1995）报道在环棱螺属（*Bellamya*）的一些种类中观察到有滤食途径，此后发现覆螺（*Crepidula fecunda*）和铜锈环棱螺（*Bellamya aeruginosa*）等亦具有刮食和滤食两种明显不同的摄食方式（Chaparro *et al.*，2002；Ruppert *et al.*，2004；Yan *et al.*，2010；屈铭志等，2010）。解剖学资料显示铜锈环棱螺和梨形环棱螺的鳃、食物槽、外套腔和唇等结构与滤食螺类结构类似，推测梨形环棱螺主要以刮食方式摄食藻类和有机碎屑，同时以滤食方式摄食悬浮颗粒物及藻类（吴小平等，2000；卢晓明等，2007；李宽意等，2007；Han *et al.*，2010）。滤食功能实际上是由鳃的清理机制发展而来的，当栉鳃上堆积的颗粒物质超出了处理利用能力，将会分泌黏液清理鳃上过滤下来的过多的颗粒物质（Jorgensen，1990）。屈铭志等（2010）认为铜锈环棱螺呼吸过程中截留水中的微囊藻颗粒，形成黏液包裹的高浓度微囊藻团，从外套腔出水口排出的藻团中微囊藻并没有死亡，其生理结构和活性正常，故该行为仅能短时间减少水中的悬浮微囊藻生物量，使水华状态暂时消失。这也许正是其能在短时间内澄清水体的根本原因。

三、食物选择性

（一）食物重叠指数

用重叠指数（C）来研究食物竞争程度：$C=1-0.5\sum|P_{xi}-P_{yi}|$。式中，$P_{xi}$、$P_{yi}$ 分别为共有饵料 i 在 x、y 组的肠道内含物中所占的比例（IRI%）；C_{xy} 为 0～1。$C=0$，饵料完全不

重叠；C=1，饵料全部重叠；$C>0.6$ 时，显著重叠（Wallace，1981）。

梨形环棱螺不同季节的食物重叠指数表明（表 11-5），春季、夏季以及秋季三个季节的食物重叠指数大于 0.6，食物重叠显著。

表 11-5　梨形环棱螺不同季节食物重叠指数

分组	春季	夏季
夏季	0.95	
秋季	1.00	0.95

（二）食物选择指数

用 Ivlev 选择指数（E）评价对食物的选择性：$E=(r_i-p_i)/(r_i+p_i)$。式中，E 为食物选择指数；r_i 为 i 种饵料在食物中所占的比例；p_i 为 i 种饵料在环境中所占的比例。E 值为 $-1.0\sim+1.0$。$E<0$，表示对某种饵料回避或无法获得，负值越大表示回避或无法获得程度越强；E 值接近于 0，表示随机选食；$E>0$，表示选食某种饵料，正值越大表示选食程度越强。

梨形环棱螺对不同饵料生物的选择指数的分析结果见图 11-2。梨形环棱螺对裸藻和绿藻的选择指数分别为 0.36 和 0.19，表现出较高的正选食性；甲藻（0）、蓝藻（-0.02）和硅藻（0.03）的选择指数等于或接近 0，表明无选择性；隐藻、原生动物和轮虫的选择指数分别为 -0.99、-0.98 和 -0.73，表现出强的负选择性。

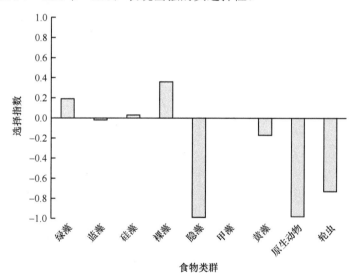

图 11-2　梨形环棱螺对不同饵料生物的选择指数

选择指数是评价动物对环境中食物基础利用状况的一个指标，通常用于判断动物对环境中某种食物的喜好性和食物的易得性。本研究结果显示，梨形环棱螺对绿藻和裸藻有一定偏好，对硅藻、蓝藻和黄藻无选择性；对隐藻、原生动物、轮虫表现出负选择性。梨形环棱螺是一种迁移能力比较弱的底栖软体动物，通过刮食和滤食摄取周丛藻类及周边的浮游藻类，至于那些生活在水层中远离螺类的藻类是无法摄取的。因此，其食物成分主要与饵料生物的易得性有关。

第二节　梨形环棱螺对水体理化指标的影响

　　试验容器为半径 10cm、高 35cm 的圆柱形玻璃缸。每个容器铺 5cm 厚底泥（120℃温度下烘干 12h，粉碎后过 40 目筛网）。容器加水至 30cm，静置至澄清。供试梨形环棱螺先清除体表附着物，自来水中暂养 24h，以排净体内废物。随机取 50 个样本，平均体重（1.91±0.27）g，体高（1.96±0.13）cm。试验设 1 个对照组（CK）和 3 个试验组（编号 A、B、C），投放数量分别为 0 个、5 个、10 个、20 个，生物量分别为 $0g/m^2$、$287.86g/m^2$、$590.28g/m^2$、$1237.03g/m^2$，每组均设 3 个重复。采用虹吸法分别从试验容器的上、中、下层取 100mL 水，混合后用作水质分析，同时补充等量充分曝气的蒸馏水，取水和补水时尽可能不搅动底泥。试验水温 29.7～31.2℃。

一、DO 和 pH 的变化

　　试验前水体 DO 为 5.82mg/L，pH 为 8.44，加入梨形环棱螺后，各试验组 DO 浓度显著低于对照组（$P<0.05$），下降率与放养密度呈显著正相关（$R^2=0.8568$，$P<0.05$）。pH 则在 7.76～9.63 小幅波动，各处理组 pH 均显著低于对照组（$P<0.05$）（图 11-3）。

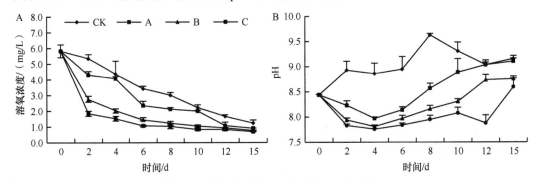

图 11-3　不同处理组 DO 浓度和 pH 的变化

　　螺类作为水生生态系统中的一个重要组成部分，其呼吸代谢活动能够影响水体 DO 的变化（刘夏松，2010）。魏阳春和濮培民（1999）研究了铜锈环棱螺对氮、磷的降解作用，放养螺类水体的 DO 始终低于不放任何水生生物的水体，且这种情况在螺的放养之初尤为明显。朱苗骏等（2004）的研究证明，螺类的耗氧速率与放养密度呈正相关。

二、悬浮物和 Chl-a 去除率

　　如图 11-4 所示，梨形环棱螺能在短时间内显著降低 SS 和 Chl-a（$P<0.01$）。试验前期，各处理组悬浮物浓度的变化规律基本一致，悬浮物浓度下降趋势显著，去除率随密度的增大而升高，到第 4 天趋于平缓，A 组浓度最高，B 组次之，C 组最低，悬浮物去除率则是 C 组（73.91%）＞B 组（59.78%）＞A 组（40.22%），显示梨形环棱螺能显著去除水体悬浮物和 Chl-a，去除效果随放养密度增大而升高。试验后期去除率较低，原因可能是梨形环棱螺代谢排出的营养盐促进了浮游植物的生长（白秀玲等，2006），同时梨形环棱螺排泄物也增大了水体悬浮物的浓度（张爱菊等，2011）。

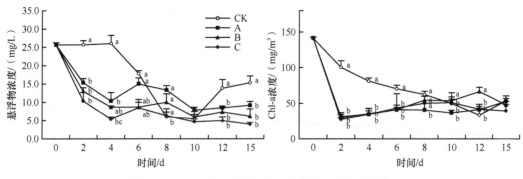

图 11-4　不同处理组悬浮物和叶绿素 a 浓度的变化

Chl-a 的初始浓度为 141.40mg/m³，各处理组 Chl-a 变化规律趋于一致。第 2 天，Chl-a 显著下降，达到最低值，各处理组间差异不显著，其下降幅度平均达到 79.18%，而后又逐渐升高；到试验末期，C 组去除率最高（26.60%），B 组次之（10.59%），A 组最低（1.59%），表明 Chl-a 的去除率随着梨形环棱螺密度增加而下降。

三、氮、磷变化与去除率

（一）氮浓度变化与去除率

试验开始时，TN 含量为 1.33mg/L。试验期间，A 组和对照组 TN 一直呈现逐渐下降趋势，而 B 组和 C 组 TN 在第 2 天均出现不同程度的升高，其中 C 组升高幅度极为显著（$P<0.01$），TN 由 1.33mg/L 上升到 1.77mg/L，B 组 TN 由 1.33mg/L 上升到 1.49mg/L；此后，TN 逐步降低，最终基本与 A 组和对照组趋于一致。试验末期，TN 的去除率为 C 组＞B 组＞A 组，分别为 32.88%、29.43%、14.41%（图 11-5）。

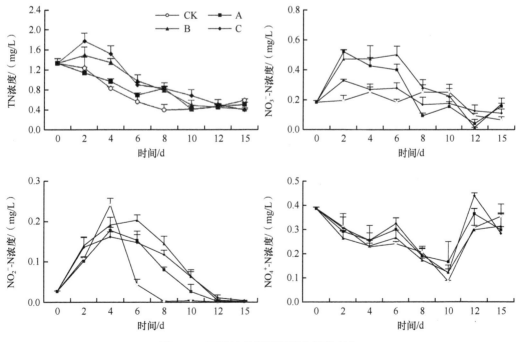

图 11-5　不同处理组不同形态氮的变化

各处理组 NO_3^--N 的变化趋势基本一致。在试验前期，A、B 组的 NO_3^--N 分别从 0.18mg/L 升高到 0.48mg/L 和 0.43mg/L，极显著高于对照组（$P<0.01$），从第 6 天起，各处理组 NO_3^--N 逐步下降，试验末期，A、B、C 组 NO_3^--N 分别为 0.16mg/L、0.17mg/L 和 0.11mg/L，均高于对照组。A 组 NO_3^--N 具有良好的去除效果，在第 8 天和第 12 天，对 NO_3^--N 的去除率分别达到 62.93%、56.58%。

各处理组 NO_2^--N 在试验前期均呈现升高趋势，除 B 组外均在第 4 天达到最大值，此后逐渐降低，最终稳定在 0.002~0.004mg/L，C 组极显著高于对照组（$P<0.01$）；A、B、C 组 NO_2^--N 均低于对照组，去除率分别为 26.12%、20.70% 和 32.73%，试验后期，各处理组 NO_2^--N 均明显高于对照组。

各处理组 NH_4^+-N 的变化规律均一致。试验前均呈持续下降趋势，至第 10 天降至最低点，第 12 天又显著性升高，最终均降至 0.30mg/L 左右。试验末期，NH_4^+-N 的去除率为 C 组＞A 组＞B 组，分别为 19.92%、15.65% 和 11.38%。

从上述结果可以看出，梨形环棱螺对水体 TN 和 NH_4^+-N 具有明显的去除效果，去除效果与放养密度存在一定相关性。朱苗骏等（2004）的试验表明，铜锈环棱螺可有效降低水体不同形态氮的浓度；高密度组（2kg/m²）铵盐、硝酸盐和亚硝酸盐的去除率分别是低密度组（1kg/m²）的 2.97~4.86 倍、1.17~1.23 倍和 0.81~0.73 倍，铵盐和硝酸盐去除率与密度呈正相关；NO_2^--N 去除率与密度呈负相关。陈静等（2012）对不同密度铜锈环棱螺和梨形环棱螺的研究结果表明，投放一定密度铜锈环棱螺及梨形环棱螺有利于水体环境的改善，密度不同改善效果不同，但对 TN、TP 没有显著的去除效果。张爱菊等（2011）报道铜锈环棱螺对 NH_4^+-N 和 NO_3^--N 的去除率与放养密度、水质肥瘦度以及培养时间有关。亚硝酸盐是中间产物，在环境中不稳定。在氧气充足条件下，水体中的氨在亚硝酸菌的作用下形成亚硝态氮，继而在硝酸杆菌作用下被氧化成硝态氮（董玉波和戴媛媛，2011），曝气将加剧亚硝酸盐的去除（陈静等，2012）。水体中有机物的氧化分解，容易使氨的浓度增高，当 pH 升高时，离子铵向非离子氨的转化率高，非离子氨成倍增加。由于硝酸杆菌对非离子氨比亚硝酸盐细菌敏感，非离子氨的急剧增多将对硝酸杆菌产生很大的抑制作用，从而抑制硝酸盐的生成，导致亚硝酸盐的大量积累（刘淑梅等，1999）。在缺氧或低氧条件下，反硝化细菌还原硝态氮（NO_3^--N）和亚硝态氮（NO_2^--N），释放出 N_2 或 N_2O。天然水环境中亚硝态氮浓度非常低，在集约化养殖水体其浓度可达 50mg/L，甚至更高。pH、水温、溶氧、硝化细菌数量等因素均可影响细菌硝化作用（董玉波和戴媛媛，2011）。本试验中，亚硝态氮浓度随时间变化趋势与溶氧变化趋势基本一致（图 11-3），与 NH_4^+-N 正好相反（图 11-5），可能与 NH_4^+-N 转化成亚硝酸盐氮有关。

（二）磷含量变化与去除率

磷含量变化与去除率如图 11-6 所示。

放养梨形环棱螺前，水体 TP 和 PO_4^{3-}-P 分别为 0.23mg/L、0.25mg/L。试验期间，对照组 TP 持续下降至第 12 天，各处理组 TP 在前 8d 一直呈极显著降低趋势（$P<0.01$），试验结束时稳定在 0.056mg/L 左右；PO_4^{3-}-P 在第 2 天均呈上升趋势，B 组和 C 组上升幅度高于 A 组，其浓度分别达到 0.34mg/L、0.36mg/L。随后各组浓度持续下降，对照组下

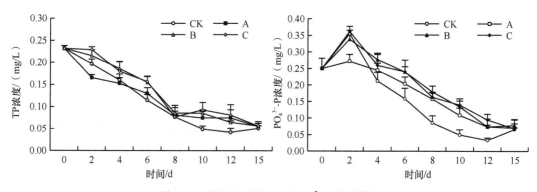

图 11-6　不同处理组 TP 和 PO_4^{3-}-P 浓度变化

降速度较快，其浓度显著低于各处理组浓度（$P<0.05$），到第 15 天，A 组、B 组和 C 组浓度达到最低值，分别为 0.07mg/L、0.08mg/L、0.07mg/L。

　　试验期间，各处理组 TP 和 PO_4^{3-}-P 均高于对照组，说明单一放养梨形环棱螺不能削减水体中的磷，可能与环棱螺代谢排出营养盐增加了水体中的磷，环棱螺对藻类的摄食也影响了浮游植物对水体营养盐的利用有关（刘夏松，2010）。

（三）梨形环棱螺扰动对沉积物中氮、磷释放的影响

　　4 个试验组（编号 L01、L05、L10、L15）：分别放 1 只、5 只、10 只和 15 只梨形环棱螺，实测生物量分别为 102.36g/m^2、333.50g/m^2、682.42g/m^2 和 994.94g/m^2；空白对照组（CK0）：容器中只有蒸馏水，消除由曝气带来的误差；蒸馏水+底泥对照组（CK1）：蒸馏水+底泥，不放梨形环棱螺，消除底泥自然释放带来的误差。试验结果如下。

　　NH_4^+-N 浓度变化见图 11-7A。试验开始后，各处理中 NH_4^+-N 均缓慢升高，且高密度组（T10 和 T15）显著高于低密度组（T01 和 T05）（$P<0.05$）；到试验第 3 天加泥组 NH_4^+-N 达到一个相对稳定值，在第 5 天均达到最大值，其后趋于稳定。各处理组中 PO_4^{3-}-P 均呈现缓慢逐步升高的趋势，到第 5 天达到一个稳定值，其后继续升高，这可能与试验后期溶氧不足，部分螺死亡，导致水体 PO_4^{3-}-P 显著升高有关（$P<0.05$）。

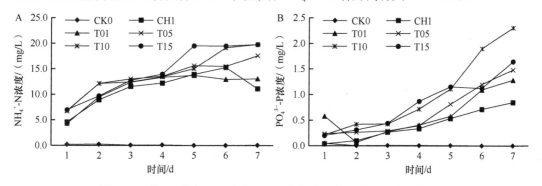

图 11-7　梨形环棱螺不同密度处理下氨氮和活性磷酸盐浓度的变化

　　梨形环棱螺对沉积物中氨氮的释放量（y）与生物量（x）呈指数关系：$y=0.4147e^{-0.0017x}$（$R^2=0.8221$，$P=0.092$）。梨形环棱螺对沉积物中活性磷酸盐的释放量（y）与生物量（x）呈多项式关系：$y=-7.6\times10^{-7}x^2+0.0013x-0.1141$（$R^2=0.9913$，$P=0.082$）（图 11-8）。

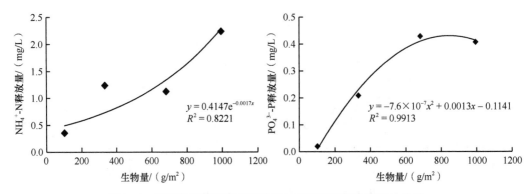

图 11-8　氨氮和活性磷酸盐释放量与梨形环棱螺生物量的关系

　　生物扰动是指底栖动物由于摄食、筑穴等活动对沉积物初级结构的改变。底栖动物通过生物扰动加剧了沉积物各层之间的混合，促进间隙水与上覆水的物质交换。穴居底栖动物可通过摄食底层微生物和自身筑巢等活动改变沉积物-水界面营养通量（Kajan and Frenzel，1999），同时，底栖动物自身的排泄也对水体营养盐含量造成重要影响（Henry and Santos，2008）。在湖泊生态系统中，底栖动物生物扰动是沉积物营养输移的主要动力之一（白秀玲等，2012）。本试验中，梨形环棱螺能有效促进沉积物中 NH_4^+-N 和 PO_4^{3-}-P 向上覆水中释放，其释放通量与放养生物量呈显著正相关。梨形环棱螺生物量越大，对沉积物中氮、磷的释放作用越明显。

小　结

　　1）梨形环棱螺冬季停止摄食，春季、夏季、秋季的摄食率分别为90.57%、96.37% 和96.67%；主要食物成分为藻类、有机碎屑、小型无脊椎动物等。

　　2）食物多样性和均匀度指数夏季最高（H'=2.91，J=0.71），其次为春季 H'=2.8，J=0.68，秋季 H'=2.76，J=0.66；春季、夏季以及秋季三个季节的食物显著重叠（$C > 0.6$）。

　　3）梨形环棱螺对多数藻类为正选择或无选择性，对原生动物和轮虫的选择指数分别为-0.98 和-0.73，与其摄食器官和摄食习性以及饵料生物行为密切相关。

　　4）梨形环棱螺导致试验水体 DO 下降，下降幅度与放养密度呈显著正相关；显著降低 pH；显著去除水体中的悬浮物和 Chl-a，去除率随梨形环棱螺密度增大而升高，最高去除率达 26.60%。

　　5）TN、NO_2^--N 和 NH_4^+-N 的最高去除率分别为32.88%、32.73% 和19.92%；各处理组 TP 和 PO_4^{3-}-P 浓度均高于对照组，说明单一放养梨形环棱螺不能削减水体中的磷。

　　6）梨形环棱螺能有效促进沉积物中 NH_4^+-N 和 PO_4^{3-}-P 向上覆水中释放，沉积物 NH_4^+-N 释放量（y）与梨形环棱螺生物量（x）呈指数关系：y=0.4147$e^{-0.0017x}$；PO_4^{3-}-P 释放量（y）与生物量（x）呈多项式关系：y=$-7.6 \times 10^{-7}x^2$+0.0013x-0.1141。

参 考 文 献

白秀玲, 谷孝鸿, 张钲. 2006. 太湖螺类的实验生态学研究: 以环棱螺为例. 湖泊科学, 18(6): 649-654
白秀玲, 周云凯, 张雷. 2012. 水丝蚓对太湖沉积物有机磷组成及垂向分布的影响. 生态学报, 32(17): 5581-5588

曹正光, 蒋忻坡. 1998. 几种环境因子对梨形环棱螺的影响. 上海水产大学学报, 7(3): 200-205

陈静, 宋光同, 汪翔, 等. 2012. 不同密度铜锈环棱螺和梨形环棱螺对水体环境的影响效果. 安徽农业科学, 40(23): 11708-11709

董玉波, 戴媛媛. 2011. 亚硝酸盐氮对水产经济动物毒性影响的研究概况. 水产养殖, 32(4): 28-32

杜增瑞, 李树杰. 1963. 螺类对恶劣环境的适应. 吉林大学学报, 5(1): 141-144

李宽意, 文明章, 杨宏伟, 等. 2007. "螺-草" 的互利关系. 生态学报, 27(12): 5427-5432

刘淑梅, 孙振中, 戚隽渊, 等. 1999. 亚硝酸盐氮对罗氏沼虾幼体的毒性试验. 水产科技情报, 26(6): 281-283

刘夏松. 2010. 铜锈环棱螺对富营养化水体的综合生态效应. 宁波大学硕士学位论文

刘学勤. 2006. 湖泊底栖动物食物组成与食物网研究. 中国科学院研究生院博士学位论文

卢晓明, 金承翔, 黄民生, 等. 2007. 底栖软体动物净化富营养化河水实验研究. 环境科学与技术, 30(7): 7-9

屈铭志, 屈云芳, 任文伟, 等. 2010. 铜锈环棱螺控制微囊藻水华的机理研究. 复旦学报 (自然科学版), (3): 301-308

全为民, 沈新强, 严力蛟. 2003. 富营养化水体生物净化效应的研究进展. 应用生态学报, 14(11): 2057-2061

魏阳春, 濮培民. 1999. 太湖铜锈环棱螺对氮磷的降解作用. 长江流域资源与环境, 8(1): 88-93

吴小平, 欧阳珊, 梁彦龄, 等. 2000. 三种环棱螺贝壳形态及齿舌的比较研究. 南昌大学学报 (理科版), 24(1): 1-5

张爱菊, 宓国强, 练青平, 等. 2011. 不同密度铜锈环棱螺对不同水体指标影响效果的研究. 浙江海洋学院学报 (自然科学版), 30(3): 205-210

张许峰. 2007. 四种淡水贝摄食率和耗氧率的实验研究. 南昌大学硕士学位论文

郑有飞, 文明章, 李宽意, 等. 2008. 太湖环棱螺牧食活动对苦草生长的影响. 环境科学研究, 21(4): 94-98

周利红, 彭雪华, 左家铮. 1994. 东洞庭湖湖洲钉螺幼螺食性的观察. 实用预防医学, 1(2): 79-80

周露洪, 谷孝鸿, 曾庆飞, 等. 2012. 利用环棱螺调控池塘水质的实验生态学研究. 生态学杂志, 31(11): 2966-2975

朱苗骏, 柏如法, 张彤晴, 等. 2004. 不同密度铜锈环棱螺对水体环境影响效果的研究. 淡水渔业, 34(6): 31-33

Brönmark C. 1989. Interactions between epiphytes, macrophytes and freshwater snails: a review. *Journal of Molluscan Studies*, 55: 299-311

Calow P. 1973. Field observations and laboratory experiments on the general food requirements of two species of freshwater snail. *Planorbis contortus* and *Ancylus fluviatilis*. *Proceeding of Malacology Society of London*, 40: 483-489

Chaparro OR, Thompson RJ, Pereda SV. 2002. Feeding mechanisms in the gastropod *Crepidula fecunda*. *Marine Ecology Progress Series*, 234: 171-181

Declerck CH. 1995. The evolution of suspension feeding in gastropods. *Biological Reviews*, 70(4): 549-569

Han SQ, Yan SH, Chen KN, *et al*. 2010. ^{15}N isotope fractionation in an aquatic food chain: *Bellamya aeruginosa* (Reeve) as an algal control agent. *Journal of Environmental Sciences*, 22(2): 242-247

Henry R, Santos CM. 2008. The importance of excretion by *Chironomus* larvae on the internal loads of nitrogen and phosphorus in a small eutrophic urban reservoir. *Brazilian Journal of Biology*, 68(2): 349-357

Jorgensen CB. 1990. Bivalve Filter Feeding: Hydrodynamics, Bioenergetics, Physiology and Ecology. Fredensborg: Olsen & Olsen

Kajan R, Frenzel P. 1999. The effect of chironomid larvae on production, oxidation and fluxes of methane in a flooded rice soil. *FEMS Microbiology Ecology*, 28(2): 121-129

Li, KY, Liu ZW, Gu BH. 2008. Persistence of clear water in a nutrient-impacted region of Lake Taihu: the role of periphyton grazing by snails. *Fundamental and Applied Limnology*, 173(1): 15-20

Reavell PE. 1980. A study of the diets of some British freshwater gastropods. *Journal of Conchology*, 30: 253-271

Ruppert EE, Fox RS, Barnes RB. 2004. Invertebrate Zoology, A Functional Evolutionary Approach. 7th ed. Belmont CA: Brooks Cole Thomson

Steneck RS, Watling L. 1982. Feeding capabilities and limitation of herbivorous molluscs: A functional group approach. *Marine Biology*, 68(3): 299-319

Wallace RJ. 1981. An assessment of diet-overlap indexes. *Transactions of the American Fisheries Society*, 110(1): 72-76

Yan SH, Chen KN, Zhang ZH, *et al.* 2010. ^{15}N isotope fractionation in an aquatic food chain: *Bellamya aeruginosa* (Reeve) as an algal control agent. *Journal of Environmental Sciences*, 22(2): 242-247

第十二章 附着藻类和营养水平对苦草
理化特性及氮、磷去除能力的影响

利用沉水植物修复富营养化或被污染水体是一种有效的方法（Melzer，1999；林连升等，2005；Sooknah and Wilkie，2004）。但是，同为重要初级生产者的浮游植物和沉水植物对水体中的光照、营养物和生存空间存在激烈的竞争，并互相影响（章宗涉，1998）。沉水植物可通过生存资源的竞争和释放化感物质来影响浮游植物的生长（汤仲恩等，2007；高云霓等，2011）。不同的水体理化环境，如水下光照强度、温度、水体浊度、水体氮磷水平、底质条件等，会对沉水植物的生长产生一定的影响（金送笛等，1991；王文林等，2006；Barko and Smart，1981）；水体营养盐的升高会促进沉水植物表面附着藻类的过度繁殖与生长（宋玉芝等，2007a）。附着藻类的生长会严重抑制沉水植物的光合作用（Jones et al.，1999），且附着藻类的大量生长会严重影响沉水植物的生长（Ozimek et al.，1991）。

苦草（Vallisneria natans）是我国中东部地区常见沉水植物，具有较低的光合补偿点（苏文华等，2004）、较快的繁殖速度（陈开宁等，2006）及较强的吸收营养盐和其他污染物的能力（Takamura et al.，2003），是渔场沟渠植物群落的主要植物。本章模拟研究不同营养水平和附着藻类对苦草生理生化特性及对水体氮磷去除的影响，期望为水质修复生态沟渠植物群落构建提供依据。

第一节 水体营养水平对苦草生长和附着藻类的影响

试验容器为容积 70L 聚乙烯塑料桶，内铺 15cm 底泥。设置贫营养、中营养、富营养和重富营养 4 个营养水平（表 12-1），各设 3 个平行。

表 12-1 试验水体营养水平设置（mg/L）

指标	水体营养水平			
	贫营养	中营养	富营养	重富营养
TN	0.25	0.80	2.50	8.00
TP	0.025	0.08	0.25	0.80

供试苦草［（3.70±0.17）g］每桶种植苦草 20 株。试验用水为 1/10N 霍格兰（Hoagland）培养液，水深 70cm，水澄清后按表 12-1 设置调整营养水平。试验期间通过添加 $NaNO_3$ 和 KH_2PO_4 使水体氮磷含量稳定于试验设置水平。日光灯光源，水面垂直照度（15 000±1770）lx；水温为（28.18±1.24）℃，试验周期 42d。每隔 2d 测定水体中总氮及总磷含量，每隔 7d 取 1 株苦草，用于各种指标的测定。苦草样本采回后用蒸馏水冲洗干净，用滤纸迅速吸干水分，在电子天平上称其鲜量，计算生物量及相对生长率。培养周

期42d，试验结束时，各试验组苦草株重和理化指标见表12-2。

表 12-2　试验结束时不同试验组苦草株重和理化指标

指标	营养水平			
	贫营养	中营养	富营养	重富营养
株重/(g/ind.)	15.67±2.61^a	26.70±2.99^b	22.43±3.10^b	13.40±1.22^a
可溶性总糖/(mg/g)	14.36±0.67^b	5.91±1.17^a	4.86±0.72^a	4.87±0.63^a
可溶性蛋白/(mg/g)	5.63±1.00^a	5.16±0.04^a	8.37±0.60^b	8.53±0.99^b
超氧化物歧化酶/(U/g)	60.26±4.51^b	174.80±14.88^c	143.68±26.56^c	27.51±13.36^a
丙二醛/(nmol/g)	15.24±0.63^b	11.34±1.23^a	16.30±1.87^b	22.91±1.64^c
含水率/%	93.75±0.22^a	94.20±0.32^b	94.53±0.05^{bc}	94.62±0.13^c
氮含量/(mg/g)	15.27±0.14^a	14.94±0.96^a	16.83±0.79^b	17.04±0.96^b
磷含量/(mg/g)	1.80±0.40^a	1.94±0.14^{ab}	2.59±0.47^b	3.94±0.31^c

注：同一行数值的右上标字母不同，表示数值间差异显著（$P < 0.05$）

一、营养水平对苦草生长和 Chl-a 含量的影响

（一）营养水平对苦草生长的影响

从表 12-2 可以看出，不同营养组苦草的株重差异显著（$P < 0.05$），中营养组和富营养组苦草单株均重显著高于贫营养组和重富营养组苦草的单株均重。自第 21 天起，中营养组苦草的单株均重显著高于其他试验组（$P < 0.05$）（图 12-1A）。试验后期不同营养组苦草的相对生长率具有显著差异（$P < 0.05$），中营养组＞富营养组＞贫营养组＞重富营养组（图 12-1B）。苦草的含水率、氮和磷含量随试验水体营养水平的提高而上升，不同营养组间具有显著差异（$P < 0.05$）。

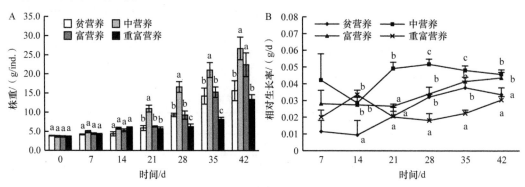

图 12-1　苦草株重和相对生长率的变化

（二）营养水平对 Chl-a 浓度的影响

水体 Chl-a 浓度：贫营养组和中营养组水体 Chl-a 浓度在整个试验期间均处于较低水平，富营养组与重富营养组的 Chl-a 浓度，在试验的第 14 天大幅上升，显著高于贫营养组和中营养组（$P < 0.05$），第 21 天开始较大幅度下降，在 28d 下降至接近贫营养组和中营养组（$P > 0.05$），并持续至试验结束（图 12-2A）。

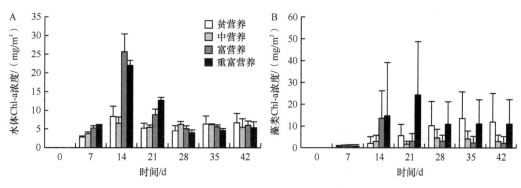

图 12-2　水体（A）和附着藻类（B）Chl-a 浓度变化

附着藻类 Chl-a 含量：富营养组与重富营养组附着藻类 Chl-a 含量在试验第 14 天显著高于贫营养组和中营养组（$P<0.05$）；28d 以后，贫营养组和重富营养组 Chl-a 含量明显高于中营养组与富营养组（图 12-2B）。

（三）营养水平对苦草 N、P 浓度的影响

图 12-3 显示试验开始和结束时不同营养水平下苦草氮、磷浓度。从图 12-3 可以看出，随着水体营养水平的升高，苦草组织内的氮、磷浓度也随之升高，磷含量变化尤为明显，富营养组及重富营养组苦草磷含量分别为贫营养组的 1.44 倍和 2.19 倍。

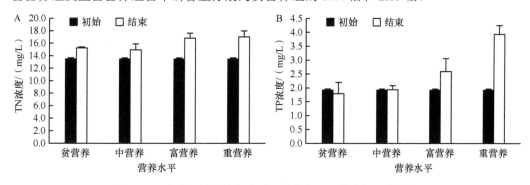

图 12-3　试验开始和结束时不同营养水平下苦草氮、磷浓度

雷泽湘等（2008）对太湖水生植物中氮、磷与湖水和沉积物中氮、磷含量关系的研究结果表明，沉水和浮叶植物中氮、磷含量与水体中氮、磷含量的相关性较为显著，与沉积物中氮、磷的相关性不明显。湿地植物的氮磷含量可反映所处环境的营养状况，同时植物氮、磷含量的改变可导致其种间竞争能力和对环境胁迫适应能力的变化（鲁静等，2011）。本试验中苦草氮、磷含量随试验水体营养水平的变化趋势与上述学者的研究结果相似。

水体中氮、磷等营养元素的含量会对沉水植物的生长产生重要影响。在适宜范围内，较高的氮、磷含量可促进沉水植物生长，但过高的氮、磷含量反而会严重抑制其生长，甚至导致沉水植被消失（Ozimek and Kowalezewski，1984）。刘燕等（2009）报道，在中营养（TN=1.86mg/L，TP=0.087mg/L）水体，狐尾藻（*Myriophyllum verticillatum*）和金鱼藻的单株最大生物量较富营养（TN=2.47mg/L，TP=0.16mg/L）水体分别高 39% 和 22%。苦草的生理活性在 TN 含量高于 8mg/L 和 30℃ 水温下均会受到一定程度的抑制，

而在 TN 含量 2～4mg/L 和 10℃水温下生长状况良好（朱丹婷等，2010），说明苦草对低温的耐受性较好，但对高营养盐的耐受性较差。

二、营养水平对苦草理化指标的影响

（一）苦草可溶性总糖和可溶性蛋白含量的变化

苦草可溶性总糖含量采用蒽酮法测定，可溶性蛋白含量采用考马斯亮蓝法测定。从图 12-4 可看出，不同营养组苦草可溶性总糖含量均出现明显上升，贫营养组的上升幅度显著高于其他营养组，第 14 天起，贫营养组可溶性总糖含量显著高于其他营养组（$P<0.05$）。试验结束时，富营养和重富营养组苦草可溶性总糖低于试验初始（图 12-4A）。

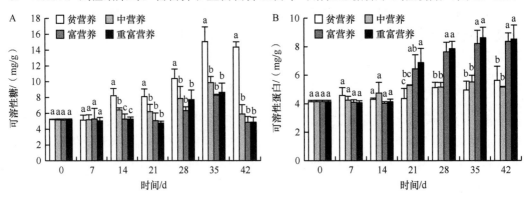

图 12-4　苦草可溶性总糖和可溶性蛋白含量的变化

可溶性总糖是光合产物，能量的储存者和参与新陈代谢的重要底物也是植物合成其他有机物的起始物质，在植物新陈代谢过程中起着十分重要的作用，其含量直接受植物体生长条件和环境的影响，同时其变化又能显示植物体对环境变化的反应。王斌和李伟（2002）报道，竹叶眼子菜（*Potamogeton wrightii*）在不同氮、磷含量条件下，在试验29d 时，对照组可溶性总糖含量分别为其他高营养试验组的 5.8 倍、3.7 倍和 6.0 倍。在富营养化水体中，伊乐藻（*Elodea canadensis*）的可溶性总糖含量随着氮、磷含量的增大而逐渐降低（范媛媛，2007）。本试验结果与上述学者的结论相吻合，表明苦草与沉水植物竹叶眼子菜和伊乐藻一样，比较适合寡营养和中营养水质条件，氮、磷浓度的升高将影响其生理功能，过高的营养条件对其是一种胁迫，可抑制其生长。

贫营养组和中营养组苦草可溶性蛋白含量没有发生明显的变化，而富营养组和重富营养组苦草的可溶性蛋白含量自第 21 天起出现明显的上升（图 12-4B），试验后期，贫营养组、中营养组与富营养组、重富营养组之间可溶性蛋白含量差异显著（$P<0.05$），呈现出随营养水平提高而上升的趋势。Wu 等（2009）认为，漂浮植物的可溶性蛋白含量与水体各种形态的氮元素含量显著相关，沉水植物的可溶性蛋白含量变化，除铵盐及透明度外还与水体碳的变化相关。

（二）苦草 SOD 活性和 MDA 含量的变化

苦草超氧化物歧化酶（SOD）活性采用黄嘌呤氧化酶法，丙二醛（MDA）含量采用硫代巴比妥酸法测定。从图 12-5A 可看出，贫营养组和重富营养组苦草的 SOD 活性在试验期间呈明显下降趋势，而试验后期中营养组和富营养组苦草SOD活性显著高于同期贫营养组和重富营养组。试验结束时，中营养组、富营养组与贫营养组、重富营养组之间差异显著（$P<0.05$）。

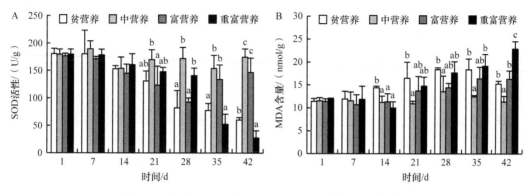

图12-5　苦草SOD活性（A）和MDA含量（B）的变化

中营养组苦草的丙二醛（MDA）含量在试验期间没有出现明显的变化，而其他营养组的MDA含量随着试验时间的延长有明显的上升趋势（表12-2，图12-5B）。试验结束时，贫营养、中营养、富营养及重富营养组苦草组织MDA含量分别为（15.24±0.63）nmol/g、（11.34±1.23）nmol/g、（16.30±1.87）nmol/g和（22.91±1.64）nmol/g，不同营养组之间MDA含量差异显著（$P<0.05$）。

有研究表明，总氮及总磷的变化会影响金鱼藻的生理合成（王珺等，2005）；苦草叶组织的SOD活性随营养水平的提高而上升，但随培养时间的延长而下降（熊汉锋等，2009）。SOD是活性氧清除系统中第一个发挥作用的抗氧化酶（马旭俊和朱大海，2003）。在机体受到胁迫和损伤的状态下，SOD活性会发生相应的变化。植物器官衰老过程中或在逆境条件下时，往往会发生膜脂过氧化作用，丙二醛（MDA）是其产物之一，通常利用它作为膜脂过氧化指标，表示细胞膜脂过氧化程度和植物对逆境条件反应的强弱（李合生，2000）。本试验中，中营养组和富营养组苦草的SOD活性维持在较稳定水平，而在贫营养组与重富营养组，SOD活性不断下降，植物机体清除氧自由基的能力下降，在一定程度上影响了植物的生长。本试验中，贫营养与重富营养水平下苦草的MDA含量显著高于其他营养水平。相关研究表明，随着水体氮、磷营养水平的升高，总氮12.5mg/L组苦草MDA含量比总氮1.5mg/L组上升74.38%（宋玉芝等，2011）；在富营养条件下（TN=2.47mg/L，TP=0.16mg/L），金鱼藻MDA质量分数的最大值是中营养（TN=1.86mg/L，TP=0.087mg/L）条件下最大值的5倍（刘燕等，2009），表明植物细胞膜受到的损害大于中营养及富营养水平，这可能与SOD活性降低有关。

附着藻类与沉水植物之间存在对营养盐和光照的竞争。若水体富营养化程度较高，附着藻类大量生长，其产生的遮光作用和营养物质竞争会对沉水植物产生不利影响，甚至导致沉水植物群落消亡。例如，在室内条件下，随着附着生物生物量的增加，伊乐藻的生物量、叶绿素质量分数及光合作用速率随之下降（宋玉芝等，2007b）；水体营养水平的增加促进菹草（*Potamogeton crispus*）叶片附着藻类的大量繁殖，且导致菹草光合机能下降，营养盐对菹草的影响是间接的（陈灿等，2007）。中低营养盐含量条件下（TN=0.4～2.5mg/L），苦草促进附着藻类而抑制浮游藻类，在较高营养盐含量下

（TN=4.5～6.5mg/L），苦草对附着藻类产生了极显著的抑制作用，且这种抑制作用随着营养盐含量的增加而增强（黄瑾等，2010）。本试验中，贫营养组和重富营养组试验后期苦草叶片表面附着藻类的Chl-a含量显著高于中营养组及富营养组，而与此对应的是贫营养组及重富营养组苦草单株均重显著低于中营养组及富营养组（图12-1A），提示附着藻类的生长可能在一定程度上影响了苦草的生长。试验期间，贫营养组及中营养组水体Chl-a含量始终维持在较低水平，富营养组和重富营养组水体Chl-a含量在短暂上升后，迅速下降至接近贫营养组及中营养组水平，即水体浮游植物的生物量较低。有研究表明，苦草的水浸提物和种植水均可以显著抑制多种浮游或附着藻类的生长（Xian *et al.*，2005；顾林娣等，1994；陈卫民等，2009）。本研究结果还表明，在中营养水平下（TN 0.8mg/L、TP 0.08mg/L），苦草的生长最为良好，株重和相对生长率、SOD活性都优于其他营养组，且苦草叶片附着藻类的生物量显著低于其他营养组，表明苦草对于轻度的水体富营养状况（TN 2.5mg/L、TP 0.25mg/L）具有一定的适应能力。

第二节 附着藻类生物量与氮、磷去除率关系

采用人工基质（7.5cm×10cm玻片）采集附着藻类（金相灿，1990）。将附着藻类生长良好且分布均匀的玻片［附着藻类Chl-a含量为（80.52±3.79）mg/m²］悬挂至已加注4L试验用水的圆柱状透明玻璃容器中（直径12cm，高50cm）。试验用水经中速定性滤纸过滤，初始水质指标：NH_4^+-N=（2.91±0.01）mg/L、NO_3^--N=（1.04±0.04）mg/L、PO_4^{3-}-P=（0.32±0.01）mg/L、TN=（4.60±0.49）mg/L、TP=（0.41±0.07）mg/L。设3个试验组和1个空白对照组（CK），每组设3个平行。3个试验组（Tr0.9、Tr1.8和Tr2.7）分别放置附着藻类玻片3片、6片和9片，附着藻类生物量分别为0.9mg/L、1.8mg/L和2.7mg/L；CK不放置玻片。试验期间采用日光灯光源，光照强度为8000lx，光暗比为14：10；水温恒定为25℃。试验周期12d，每隔2d定时测定水质指标。试验结束时采用软毛刷将玻片上的附着藻类冲刷至玻璃容器内并定容到一定体积，同时测定玻片上单位面积附着藻类生物量及水体Chl-a含量。

一、水体 DO 和 Chl-a 变化

（一）水体 DO 变化

不同试验组溶解氧（DO）含量变化见图12-6。各组DO含量从高到低排序为Tr2.7组、Tr1.8组、Tr0.9组、CK组。试验前4d，各组水体DO含量以不同幅度上升，上升幅度从大到小的排序与DO含量从高到低排序相同，但各组间DO含量无显著差异（$P>0.05$）。第6天，各组DO显著高于CK组（$P<0.05$），Tr0.9组显著低于Tr2.7组和Tr1.8组（$P<0.05$）。试验结束时，Tr0.9、Tr1.8和Tr2.7组水体DO含量分别为（11.42±0.10）mg/L、（12.48±0.12）mg/L和（13.61±0.14）mg/L，组间差异显著（$P<0.05$），DO含量与附着藻类生物量高低呈明显正相关。有研究表明，周丛藻类在影响水体氮、磷含量的同时，也可以显著提高水体DO水平（张彦浩等，2007），周丛藻类系统出水DO含量由2.2～4.2mg/L提升至6.4～10.7mg/L，而空白系统中进出水的DO

含量没有明显差异（史雅娟等，2008），表明附着藻类可以显著提高水体 DO 含量，并与附着藻类的生物量高低具有密切关系。

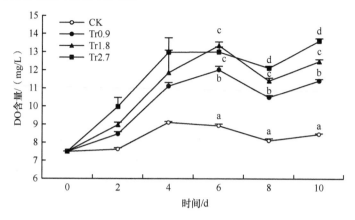

图 12-6　不同试验组溶解氧（DO）含量变化

（二）附着藻类和水体 Chl-a 变化

从表 12-3 可以看出，Tr0.9、Tr1.8 和 Tr2.7 组附着藻类生物量增长率分别为（210.50±4.60）%、（91.03±1.62）% 和（44.53±0.66）%；附着藻类的初始生物量越低，其增长量越大，不同试验组间差异显著（$P<0.05$）。

表 12-3　不同试验组附着藻类生物量变化

指标	CK	Tr0.9	Tr1.8	Tr2.7
附着藻类起始 Chl-a 含量/mg		3.62±0.17	7.25±0.34	10.87±0.51
附着藻类结束 Chl-a 含量/mg		11.24±0.17[a]	13.85±0.12[b]	15.71±0.07[c]
增长量/mg		7.62±0.17[c]	6.60±0.12[b]	4.84±0.07[a]
增长率/%		210.50±4.60[c]	91.03±1.62[b]	44.53±0.66[a]
结束时水体 Chl-a 含量/ mg	0.15±0.02	0.19±0.02	0.25±0.05	0.22±0.01

注：同一行数值右上标字母不同，表示数值间差异显著（$P<0.05$）

试验期间，各试验组和对照组水体 Chl-a 含量的增幅极小，仅占附着藻类 Chl-a 增量的 2.49%～4.55%，且不同试验组之间无显著差异。试验结束时，不同试验组与 CK 组的水体 Chl-a 含量均处于极低水平，且不同试验组间差异不显著（$P>0.05$），说明水体氮、磷营养盐含量的下降主要由附着藻类的生长引起，浮游藻类对氮、磷的吸收利用仅起到次要作用。同时附着藻类与浮游藻类竞争营养盐，导致其生物量较低，张秋节等（2009）的研究表明，在一定的温度、照度和水体氮磷比等条件下附着藻类会对浮游藻类的生长产生明显的抑制作用。水体氮、磷被藻类吸收后会引起藻类的增长和繁殖，从而引起生物量的增长。梁霞等（2008）的研究表明，在模拟藻类自然生长条件的周丛藻类水质处理系统中，周丛藻类的生物量比试验初始时增加了 54%，Chl-a 含量增加了 58.2%。本试验中，不同试验组附着藻类生物量均出现明显的增长，并且初始生物量越低，增长率越大，可能与试验水体中氮、磷营养盐含量有关。

二、附着藻类密度对水体氮、磷含量的影响

附着藻类密度对水体 TN、NH_4^+-N、NO_3^--N、TP 和 PO_4^{3-}-P 含量的影响见图 12-7～图 12-11。

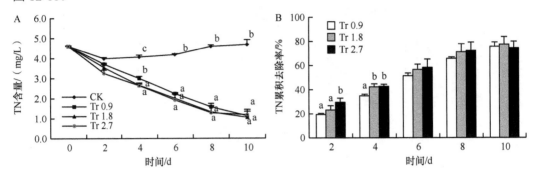

图 12-7　不同试验组 TN 含量（A）和累积去除率（B）变化

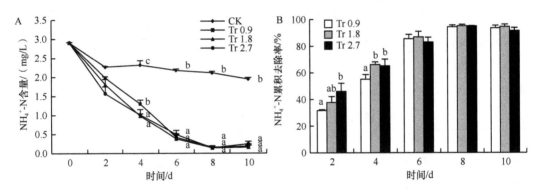

图 12-8　不同试验组 NH_4^+-N 含量（A）和累积去除率（B）的变化

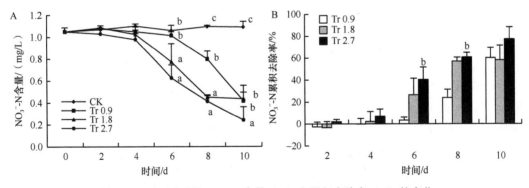

图 12-9　不同试验组 NO_3^--N 含量（A）和累积去除率（B）的变化

由图 12-7A 可知，Tr0.9 组、Tr1.8 组和 Tr2.7 组水体中 TN 含量均随着时间延长持续下降；第 4 天后，各试验组 TN 含量显著低于对照组（$P<0.05$）。试验结束时，Tr0.9 组、Tr1.8 组与 Tr2.7 组 TN 含量分别降至（1.13±0.18）mg/L、（1.05±0.30）mg/L 和（1.18±0.26）mg/L，彼此间差异不显著（$P>0.05$）。

试验第 2 天，Tr0.9 组、Tr1.8 组与 Tr2.7 组对 TN 的去除率分别为（19.46±0.87）%、

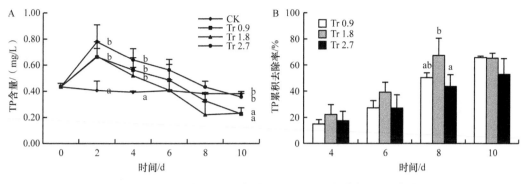

图 12-10　不同试验组 TP 含量（A）和累积去除率（B）变化

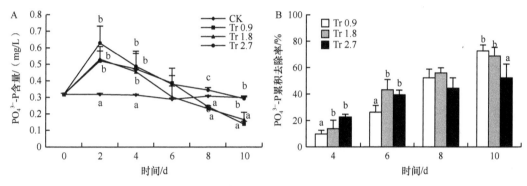

图 12-11　不同试验组 PO_4^{3-}-P 含量（A）和累积去除率（B）变化

（23.10±3.64）% 和（29.46±3.52）%，Tr0.9 组、Tr1.8 组与 Tr2.7 组之间具有显著差异（$P<0.05$）(图 12-7B)。试验结束时，3 个试验组对总氮的去除率分别为（75.48±3.81）%、（77.24±6.49）% 和（74.29±5.60）%，各试验组之间差异不显著（$P>0.05$）。

对照组与各试验组的 NH_4^+-N 含量均出现明显下降（图 12-8A）。从第 2 天开始，各试验组的 NH_4^+-N 含量显著低于 CK 组（$P<0.05$）；第 6 天后，各试验组 NH_4^+-N 含量差异不显著（$P>0.05$），均显著低于 CK 组（$P<0.05$）。试验结束时，Tr0.9 组、Tr1.8 组和 Tr2.7 组中水体 NH_4^+-N 含量分别降至（0.19±0.05）mg/L、（0.16±0.05）mg/L 和（0.25±0.07）mg/L。

试验第 2 天，Tr0.9～Tr2.7 组对 NH_4^+-N 的去除率分别为（31.74±0.78）%、（37.78±4.43）% 和（46.05±6.15）%，Tr0.9 组与 Tr2.7 组之间具有显著差异（$P<0.05$），Tr1.8 组与 Tr0.9 组和 Tr2.7 组之间差异不显著（$P>0.05$）。第 4 天，Tr0.9 组与 Tr1.8 组、Tr0.9 组与 Tr2.7 组之间具有显著差异（$P<0.05$）。第 6 天起，各试验组对 NH_4^+-N 的累积去除率之间差异不显著（$P>0.05$）；试验结束时，Tr0.9、Tr1.8 和 Tr2.7 组对水体 NH_4^+-N 的去除率分别为（93.62±1.91）%、（94.56±1.73）% 和（91.55±2.27）%（图 12-8B）。

不同试验组 NO_3^--N 含量持续下降，Tr0.9 组比 Tr1.8 组和 Tr2.7 组下降速率较慢。试验第 6 天，Tr1.8 组与 Tr2.7 组 NO_3^--N 含量显著低于 CK 组（$P<0.05$），Tr0.9 组与 CK 组之间差异不显著（$P>0.05$）。试验第 8 天，Tr0.9 组中 NO_3^--N 含量显著低于 CK 组，且与 Tr1.8 组和 Tr2.7 组之间具有显著差异（$P<0.05$），Tr1.8 组与 Tr2.7 组之间差异不显著（$P>0.05$）。试验第 10 天，各试验组 NO_3^--N 含量显著低于 CK 组（$P<0.05$），Tr2.7 组与 Tr1.8 组和 Tr0.9 组之间差异显著（$P<0.05$）。试验结束时，Tr0.9、Tr1.8 和 Tr2.7 组 NO_3^--N

含量分别降至（0.42±0.08）mg/L、（0.44±0.12）mg/L 和（0.24±0.12）mg/L（图 12-9A）。

不同试验组 NO_3^--N 累积去除率在第 10 天已达 60% 以上。NO_3^--N 含量在第 6 天出现明显的下降，试验前 4d，NO_3^--N 的累积去除率不足 10%，甚至为负（图 12-9B）。不同阶段累积去除率差异应与不同阶段附着藻类生物量差异存在一定关系。此外，可能与附着藻类优先利用水体中的 NH_4^+-N，在 NH_4^+-N 降至较低水平后才会开始利用其中的 NO_3^--N 有关。况琪军等（2004）和马沛明等（2005）的研究表明，在污水处理模拟试验中，底栖藻类优先利用水体中的 NH_4^+-N。藻类能优先利用水体中的 NH_4^+-N 及其他还原态氮，因其不产生具有活性的硝酸还原酶，故当水体中 NH_4^+-N 降至较低程度或耗尽时对 NO_3^--N 进行吸收利用，本试验中 NH_4^+-N 及 NO_3^--N 的变化过程与上述结果相符。

试验期间，各试验组中 TP 在试验第 2 天上升至最高点后持续下降；CK 组中 TP 始终维持在较稳定水平。试验第 2 天和第 4 天，各试验组中 TP 显著高于 CK 组（$P < 0.05$），各试验组间差异不显著（$P > 0.05$）。试验第 6 天及第 8 天，各试验组 TP 降至接近 CK 组，且相互之间无显著差异（$P > 0.05$）。试验结束时，Tr0.9、Tr1.8 和 Tr2.7 组水体 TP 分别降至（0.23±0.05）mg/L、（0.23±0.04）mg/L 和（0.36±0.03）mg/L，Tr0.9 组与 Tr1.8 组 TP 显著低于 CK 组与 Tr2.7 组（$P < 0.05$）（图 12-10A）。

以试验第 2 天的 TP 为初始值计算附着藻类对 TP 的累积去除率（图 12-10B）。第 4 天起各试验组对 TP 的累积去除率不断上升，试验结束时达最高值，Tr0.9、Tr1.8 和 Tr2.7 组的累积去除率分别为（65.87±1.09）%、（65.34±13.82）% 和（52.83±12.29）%，不同试验组之间对总磷的累积去除率无显著差异（$P > 0.05$）。

各试验组 PO_4^{3-}-P 含量在第 2 天上升至最高点，而后持续下降；CK 组 PO_4^{3-}-P 含量始终维持在较稳定水平。试验第 2 天和第 4 天，各试验组中 PO_4^{3-}-P 含量显著高于 CK 组（$P < 0.05$），但各试验组之间差异不显著（$P > 0.05$）。第 6 天后，各试验组 PO_4^{3-}-P 含量差异不显著（$P > 0.05$）且降至接近 CK 组。试验结束时，Tr0.9、Tr1.8 和 Tr2.7 组的 PO_4^{3-}-P 含量分别降至（0.14±0.02）mg/L、（0.17±0.04）mg/L 和（0.29±0.02）mg/L，Tr0.9 组与 Tr1.8 组 PO_4^{3-}-P 含量显著低于 CK 组与 Tr2.7 组（$P < 0.05$）（图 12-11A）。

以第 2 天的 PO_4^{3-}-P 含量为初始值计算附着藻类对 PO_4^{3-}-P 累积去除率（图 12-11B）。结果表明，试验第 4 天起各试验组对 PO_4^{3-}-P 累积去除率不断上升，在试验结束时达到最高。试验第 4 天，Tr2.7 组 PO_4^{3-}-P 累积去除率显著高于 Tr0.9 组（$P < 0.05$），但在试验结束时 Tr0.9 组和 Tr1.8 组 PO_4^{3-}-P 累积去除率显著高于 Tr2.7 组（$P < 0.05$）。不同处理间对 PO_4^{3-}-P 累积去除率的差异可能由附着藻类生物量的增长量差异所引起。

有研究表明，沉积物中的细菌能够将水体中的磷以多磷酸盐形态储存起来，死亡分解后会再次释放入水体（Khoshmanesh et al.，2002），这也可能是本试验中水体磷上升的原因。Scinto 和 Reddy（2003）的研究表明，亚热带淡水湿地中周丛藻类所吸收的磷占其总去除量的 83% 以上，而吸附等其他非生物过程仅占 14% 左右。有研究表明，人工基质上的附着藻类可以有效降低水体中的磷含量（张彦浩等，2007；张强和刘正文，2010）。

第三节　浮游植物密度对苦草生长和水质的影响

试验装置和苦草来源同第一节。设 3 个试验组和 1 个对照组，每组设 3 个平行。空白对照组（CK）不种植苦草，不添加浮游植物；3 个试验组的苦草种植量均为 250g，设计水体 Chl-a 含量分别为 0mg/m³、150mg/m³ 和 300mg/m³，添加浮游植物后，实测含量分别为（6.12±2.10）mg/m³、（149.07±4.84）mg/m³ 和（310.45±2.60）mg/m³，分别编号为 Tr006、Tr150 和 Tr300。室内日光灯光源，水面垂直照度 15 000lx。试验周期 15d。每天定时测定 Chl-a、DO、NO_3^--N、PO_4^{3-}-P 和光照强度，试验结束时测定苦草生物量。

一、水体光照强度和溶氧变化

不同试验组水体溶氧（DO）在试验前期均处于较稳定水平。第 5 天起水体 DO 表现出 CK＞Tr006＞Tr150＞Tr310，且各组间具显著差异（$P<0.05$）。除 Tr310 组水体 DO 出现先下降后上升的趋势外，其他各试验组水体 DO 均不断上升，Tr310 组水体 DO 最低降至（3.65±0.23）mg/L，而 CK 组中水体 DO 最高升至（18.12±0.39）mg/L。试验后期，CK 组水体 DO 依旧显著高于其他 3 个试验组（$P<0.05$），但 3 个试验组水体 DO 无显著差异（$P>0.05$）（图 12-12A）。

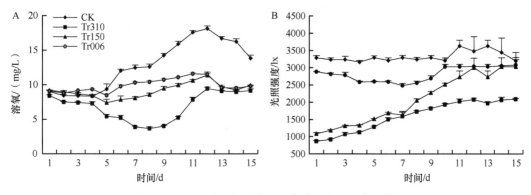

图 12-12　不同试验组水体 DO 含量和光照强度的变化

由于水体浮游植物及苦草叶片的遮光作用，CK 组及苦草对照组（Tr006）初始水下光照强度显著高于 Tr310 组和 Tr150 组（$P<0.05$）。CK 组及 Tr006 组水下光照强度始终维持在较稳定水平；Tr310 组和 Tr150 组的水下光照强度随着时间延长不断上升，分别由试验初的（866.67±20.82）lx 和（1083.33±30.55）lx 升至试验结束时的（2090.00±20.00）lx 和（2430.00±202.98）lx（图 12-12B）。

试验水体中的 DO 基本由藻类和沉水植物的光合作用产生，各试验组水体 DO 变化与水下光照强度的变化密切相关。CK 组中水下光照强度始终较高，由于浮游植物的快速生长，水体 DO 上升明显且显著高于其他试验组；Tr310 组和 Tr150 组中 DO 出现先降后升变化，除与其水下光照强度初始值较低且上升缓慢外，还可能与浮游藻类大量死亡后腐烂分解耗氧有关。

二、苦草生物量和水体 Chl-a 含量变化

（一）苦草生物量变化

各试验组苦草初始生物量均为 250g，试验结束时，Tr006、Tr150 和 Tr310 组的苦草生物量分别为（265.50±22.82）g、（224.96±13.40）g 和（200.17±2.37）g。Tr006 组的苦草生物量出现增长，Tr310 组和 Tr150 组中苦草生物量均低于初始生物量（图 12-13）。各组间苦草生物量差异显著（$P<0.05$）。

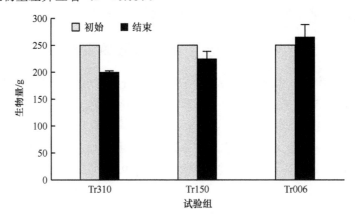

图 12-13　不同试验组苦草生物量变化

苦草生物量的这种变化可能与水下光照强度的差异有关。Tr310 组和 Tr150 组中的水下光照强度由于藻类的遮光作用，在整个试验期间始终低于 Tr006 组和 CK 组，这种差异随着时间的延长逐渐缩小（图 12-13）。光照不足导致苦草光合作用受到抑制，进而抑制其生长（王文林等，2006）。除光照影响外，白秀玲等（2006）发现，藻类密度较高会导致微型生态系统中苦草生物量下降。浮游藻类也可能通过一定的机制，如浮游藻类产生的藻毒素或释放的化感物质影响苦草的生长。尹黎燕等（2004）的研究表明，不同含量的微囊藻毒素会抑制苦草的发芽、叶片及根的生长。黎慧娟和倪乐意（2007）认为除遮光对苦草的生长产生了一定抑制外，浮游绿藻可能通过化感作用和对其他资源的竞争抑制了苦草的生长。在蓝藻对竹叶眼子菜生长影响的研究中，有蓝藻胁迫的竹叶眼子菜的生物量下降了 57.1%，而在无蓝藻胁迫的竹叶眼子菜的生物量增加了 24.1%（陈开宁等，2003）。

（二）水体 Chl-a 含量变化

图 12-14 显示，CK 组 Chl-a 含量持续上升，由试验开始时的（2.18±0.82）mg/m³ 上升至试验结束时的（136.33±9.50）mg/m³。Tr006 组藻类 Chl-a 始终维持在较低水平。Tr310 组和 Tr150 组水体 Chl-a 在前 7 天呈明显的下降趋势，此后处于较低水平。在试验第 7 天，Tr310 组 Chl-a 从初始时的（310.45±2.60）mg/m³ 降至（35.81±4.82）mg/m³；Tr150 组 Chl-a 从初始时的（149.07±4.84）mg/m³ 降至（26.85±5.26）mg/m³。试验后期，CK 组 Chl-a 显著高于各试验组（$P<0.05$），各试验组间无显著差异（$P>0.05$）。

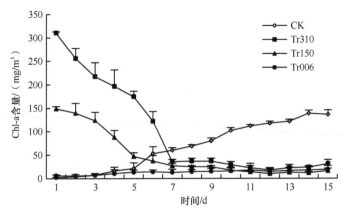

图 12-14　不同试验组水体 Chl-a 含量的变化

在苦草生物量相同的情况下，Tr310 组和 Tr150 组 Chl-a 均出现明显下降，且起始含量越大，下降速率越快。CK 组 Chl-a 持续上升，至试验结束时达到 Tr150 组的初始水平，而 Tr006 组 Chl-a 始终维持在较低水平，说明苦草有效地抑制了水体浮游植物的生长。Tr310 组和 Tr150 组 Chl-a 的下降除与苦草的化感作用和对光照和生长空间的竞争外，还可能与高密度的浮游植物自身内部对生存资源的竞争有关。有研究表明，水体单位叶绿素净初级生产力与藻类密度呈负相关，藻类细胞对光照和营养物质的吸收存在明显竞争（吴生才，2004）。

（三）水体硝态氮和可溶性磷酸盐含量变化

从图 12-15A 可看出，不同试验组 NO_3^--N 均出现明显下降。试验前 5d，Tr310 组及 Tr150 组 NO_3^--N 下降幅度显著高于 CK 组和 Tr006 组；试验第 6 天，Tr310 组中的 NO_3^--N 明显升高，显著高于其他试验组（$P<0.05$），并在试验后期维持在较高水平。试验第 7 天后 NO_3^--N 从大到小排序为 Tr310 组、CK 组、Tr006 组、Tr150 组。

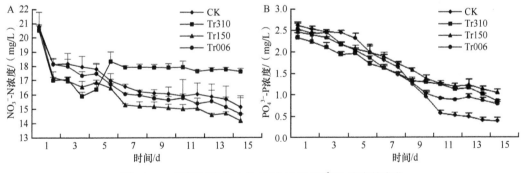

图 12-15　不同试验组水体 NO_3^--N 和 PO_4^{3-}-P 浓度的变化

不同试验组中 PO_4^{3-}-P 随着时间的推移均不断下降（图 12-15B），Tr310 组、Tr150 组、CK 组和 Tr006 组 PO_4^{3-}-P 分别降至（0.84±0.04）mg/L、（1.04±0.08）mg/L、（0.39±0.07）mg/L 和（0.78±0.05）mg/L。试验前 10d，不同试验组 PO_4^{3-}-P 无显著差异；自第 11 天起，CK 组显著低于试验组（$P<0.05$）。Tr310 组和 Tr150 组中 PO_4^{3-}-P 无显著差异（$P>0.05$）。

小　结

1）不同营养水平下苦草的单株均重均出现明显的增长，但在中营养（TN=0.8mg/L，TP=0.08mg/L）和轻度富营养（TN=2.5mg/L，TP=0.25mg/L）条件下，苦草叶片附着藻类的生物量显著低于其他试验组；中营养（TN=0.8mg/L，TP=0.08mg/L）条件下苦草的生长情况最佳，株重、相对生长率和SOD活性都优于其他试验组，膜脂过氧化程度则低于其他试验组，重富营养组（TN=8.00mg/L，TP=0.80mg/L）苦草株重、可溶性蛋白和SOD活性显著低于中/富营养组，MDA显著高于其他3组。

2）苦草附着藻类对养殖池塘水中的总氮、铵态氮和NO_3^--N均具有显著的去除能力。试验结束时不同试验组对水体总氮的累积去除率均达到70%以上，对铵态氮的累积去除率均达90%以上，对NO_3^--N的去除率超过50%，TP和PO_4^{3-}-P的累积去除率均可达50%以上。上述结果表明，苦草表面生长的大量附着藻类可以有效地吸附水体中的氮、磷营养盐，且对水体DO含量的提高发挥一定的作用。

3）在水体营养盐充足的条件下，苦草对不同密度浮游植物的生长均有明显的抑制作用，使其维持在较低水平；而过高密度的浮游植物也会对苦草的生长产生影响，导致其生物量下降。水体NO_3^--N及PO_4^{3-}-P含量的变化与水体浮游植物的变化和苦草生物量关系密切，而水体DO含量则与水下光照强度和浮游植物密度的变化密切相关。

参 考 文 献

白秀玲, 谷孝鸿, 张钰, 等. 2006. 两种常见沉水植物与藻的相互作用. 生态环境, 15(3): 465-468
陈灿, 张浏, 赵兴青, 等. 2007. 不同营养状态下附生藻类对菹草 (Potamogeton crispus) 叶片光合机能的影响. 湖泊科学, 19(4): 485-491
陈开宁, 兰策介, 史龙新, 等. 2006. 苦草繁殖生态学研究. 植物生态学报, 30(3): 487-495
陈开宁, 李文朝, 吴庆龙, 等. 2003. 滇池蓝藻对沉水植物生长的影响. 湖泊科学, 15(4): 364-368
陈卫民, 张清敏, 戴树桂. 2009. 苦草与铜绿微囊藻的相互化感作用. 中国环境科学, 29(2): 147-151
范媛媛. 2007. 富营养水体中氮、磷对沉水植物生长和生理影响的研究. 华中师范大学硕士学位论文
高云霓, 刘碧云, 王静, 等. 2011. 苦草 (Vallisneria spiralis) 释放的酚酸类物质对铜绿微囊藻 (Mirocystis aeruginosa) 的化感作用. 湖泊科学, 23(5): 761-766
顾林娣, 陈坚, 陈卫华, 等. 1994. 苦草种植水对藻类生长的影响. 上海师范大学学报 (自然科学版), 23(1): 62-68
黄瑾, 宋玉芝, 秦伯强. 2010. 不同营养水平下苦草对附着和浮游藻类的影响. 环境科学与技术, 33(11): 17-21
金送笛, 李永函, 王永利. 1991. 几种生态因子对菹草光合作用的影响. 水生生物学报, 15(4): 295-302
金相灿. 1990. 湖泊富营养化调查规范. 2 版. 北京: 中国环境科学出版社
况琪军, 马沛明, 刘国祥, 等. 2004. 大型丝状绿藻对 N、P 去除效果研究. 水生生物学报, 28(3): 323-326
雷泽湘, 徐德兰, 谢贻发, 等. 2008. 太湖水生植物氮磷与湖水和沉积物氮磷含量的关系. 植物生态学报, 32(2): 402-407
黎慧娟, 倪乐意. 2007. 浮游绿藻对沉水植物苦草生长的抑制作用. 湖泊科学, 19(2): 111-117
李合生. 2000. 植物生理生化实验原理和技术. 北京: 高等教育出版社
梁霞, 李小平, 史雅娟. 2008. 周丛藻类水质处理系统中氮、磷污染物去除效果研究. 环境科学学报, 28(4): 695-704

林连升, 缪为民, 袁新华, 等. 2005. 沉水植物在池塘养殖生态系统中的水质改良作用. 水产科学, 24(12): 45-47

刘燕, 王圣瑞, 金相灿, 等. 2009. 水体营养水平对 3 种沉水植物生长及抗氧化酶活性的影响. 生态环境学报, 18(1): 57-63

鲁静, 周虹霞, 田广宇, 等. 2011. 洱海流域 44 种湿地植物的氮磷含量特征. 生态学报, 31(3): 709-715

马沛明, 况琪军, 刘国祥, 等. 2005. 底栖藻类对氮、磷去除效果研究. 武汉植物学研究, 23(5): 465-469

马旭俊, 朱大海. 2003. 植物超氧化物歧化酶 (SOD) 的研究进展. 遗传, 25(2): 225-231

史雅娟, 李小平, 卢丽君. 2008. 周丛藻类对景观水体水质净化的效果研究. 水资源保护, 24(5): 4-7

宋玉芝, 秦伯强, 高光. 2007a. 附着生物对太湖沉水植物影响的初步研究. 应用生态学报, 18(4): 928-932

宋玉芝, 秦伯强, 高光, 等. 2007b. 附着生物对沉水植物伊乐藻生长的研究. 生态环境, 16(6): 1643-1647

宋玉芝, 杨美玖, 秦伯强. 2011. 苦草对富营养化水体中氮磷营养盐的生理响应. 环境科学, 32(9): 2569-2575

苏文华, 张光飞, 张云孙, 等. 2004. 5 种沉水植物的光合特征. 水生生物学报, 28(4): 391-395

汤仲恩, 种云霄, 吴启堂, 等. 2007. 3 种沉水植物对 5 种富营养化藻类生长的化感效应. 华南农业大学学报, 28(4): 42-46

王斌, 李伟. 2002. 不同 N、P 浓度条件下竹叶眼子菜的生理反应. 生态学报, 22(10): 1616-1621

王珺, 顾宇飞, 朱增银, 等. 2005. 不同营养状态下金鱼藻的生理响应. 应用生态学报, 16(2): 337-340

王文林, 王国祥, 李强, 等. 2006. 水体浊度对菹草 (*Potamogeton crispus*) 幼苗生长发育的影响. 生态学报, 26(11): 3586-3593

吴生才. 2004. 太湖水华藻类越冬生态机制和浮游植物的研究. 中国科学院南京地理与湖泊研究所博士学位论文

熊汉锋, 谭启玲, 刘艳玲. 2009. 不同营养状态下苦草的生理响应. 华中农业大学学报, 28(4): 442-445

尹黎燕, 黄家权, 李敦海, 等. 2004. 微囊藻毒素对沉水植物苦草生长发育的影响. 水生生物学报, 28(2): 147-150

张强, 刘正文. 2010. 附着藻类对湖水磷含量的影响. 环境科学与技术, 33(9): 31-34

张秋节, 杨敏, 唐仙, 等. 2009. 附着藻类对浮游藻类生长抑制的试验研究. 污染防治技术, 22(2): 14-17

张彦浩, 邢丽贞, 孔进, 等. 2007. 附着藻类床去除城市污水中的氮、磷. 中国给水排水, 23(9): 48-52

章宗涉. 1998. 水生高等植物-浮游植物关系和湖泊富营养状态. 湖泊科学, 10(4): 83-86

朱丹婷, 李铭红, 乔宁宁. 2010. 正交试验法分析环境因子对苦草生长的影响. 生态学报, 30(23): 6451-6459

Barko JW, Smart RM. 1981. Comparative influences of light and temperature on the growth and metabolism of selected submersed freshwater macrophytes. *Ecological Monographs*, 51(2): 219-235

Jones JI, Young JO, Haynes GM, *et al*. 1999. Do submerged aquatic plant influence their periphyton to enhance the growth and reproduction of invertebrate mutualists. *Oecologia*, 120(3): 463-474

Khoshmanesh A, Hart BT, Duncan A, *et al*. 2002. Luxury uptake of phosphorus by sediment bacteria. *Water Research*, 36(3): 774-778

Melzer A. 1999. Aquatic macrophytes as tools for lake management. *Hydrobiologia*, 395/396: 181-190

Ozimek T, Kowalezewski A. 1984. Long-term changes of the submerged macrophytes in eutrophic lake Mikolajskie(North poland) . *Aquatic Botany*, 19(1-2): 1-11

Ozimek T, Pieczynska E, Hankiewicz A. 1991. Effects of filamentous algae on submerged macrophyte growth: a laboratory experiment. *Aquatic Botany*, 41(4): 309-315

Scinto LJ, Reddy KR. 2003. Biotic and abiotic uptake of phosphorus by periphyton in a subtropical freshwater wetland. *Aquatic Botany*, 77(3): 203-222

Sooknah RD, Wilkie AC. 2004. Nutrient removal by floating aquatic macrophytes cultured in anaerobically digested flushed dairy manure wastewater. *Ecological Engineering*, 22 (1): 27-42

Takamura N, Kadono Y, Fukushina M, *et al.* 2003. Effects of aquatic macrophytes on water quality and phytoplankton communities in shallow lakes. *Ecological Research*, 18(4): 381-395

Wu AP, Cao T, Wu SK, *et al.* 2009. Trends of superoxide dismutase and soluble protein of aquatic plants in lakes of different trophic levels in the middle and lower reaches of the Yangtze River, China. *Journal of Integrative Plant Biology*, 51(4): 414-422

Xian QM, Chen HD, Qu LJ, *et al.* 2005. Allelopathic potential of aqueous extracts of submerged macrophytes against algal growth. *Allelopathy Journal*, 15(1): 95-104

第十三章　苦草冬季分解速率及营养盐释放规律

沉水植物是水生态系统的重要组成部分（Stephen and David，1986）。苦草是一种常见的沉水植物，能改善水体中的溶氧、pH、电导率等化学环境（王传海等，2007），有效控制水体中氮、磷水平（吴振斌等，2003；高镜清等，2007；王沛芳等，2008），从而显著改善水质。苦草以冬芽或种子越冬，在春季冬芽或种子开始萌发，且随着气温上升开始缓慢生长，在夏季快速生长，秋季生物量达到最大，冬季后苦草的地上部分死亡（熊秉红和李伟，2000）。苦草在夏季生长旺盛，可以稳定水体环境，但在冬季，苦草地上部分大量衰亡，会对水体环境造成一定的影响（潘慧云等，2008；胡雪峰等，2001）。本章采用分解网袋法研究了苦草地上部分的腐败速率，氮、磷损失及其营养盐释放对水环境的影响，以期为利用苦草修复水质提供基础资料。

第一节　苦草生长期对水体营养物的去除效果

试验水池为 14 个室外水泥池（规格：3.0m×4.0m），池底铺土 15cm，灌注养殖池塘水至 0.5m 深。试验用水水质：pH 8.12，溶氧（DO）6.90mg/L，TN 2.50mg/L，TP 0.75mg/L，NO_3^--N 2.01mg/L、NO_2^--N 0.22mg/L，COD_{Mn} 40.14mg/L。2 个对照池（CK），不种苦草；另 12 个池分为 4 组（编号 C1～C4），苦草种植量分别为 500g/m²、200g/m²、100g/m² 和 50g/m²，每组 3 个重复。试验时间 19d，试验期间水温为 33.2～33.9℃。

一、DO 和 pH 的周日变化

由图 13-1 可知，5:30，对照组溶氧为 9.02mg/L，显著高于各试验组（5.38～5.94mg/L）（$P < 0.05$）。7:30 以后，对照组溶氧持续上升，15:30 达最高值 [（12.45±1.80）mg/L]，然后逐渐下降，在 21:30 降低至 9.79mg/L；试验组溶氧自 7:30 持续上升，17:30～19:30

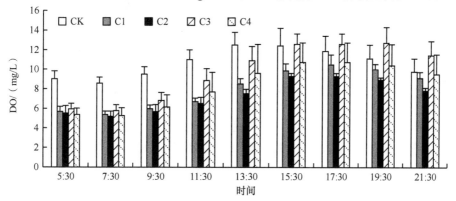

图 13-1　各处理组中 DO 的日变化

达到最高值，而后下降，21:30 各试验组溶氧为 7.83～9.51mg/L。对照组溶氧日变化范围为 8.59～12.45mg/L，变幅 3.86mg/L，试验组平均溶氧为 5.41～10.80mg/L，日变化幅度较大。

　　对照组 pH 为 8.07～8.99，最小值出现在 5:30 时，最大值出现在 15:30 时；试验组 pH 为 8.02～8.89，最小值均出现在 7:30 时，最大值均出现在 15:30 时。对照组和试验组最小 pH 出现时间较溶氧最小值出现时间滞后 2h，最大值出现时间则与溶氧最大值出现时间基本一致（图 13-2）。

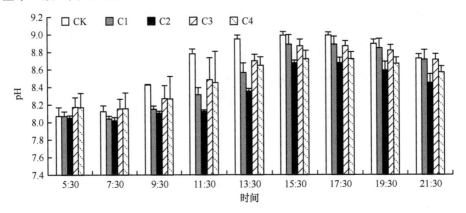

图 13-2　各处理组中 pH 的日变化

二、营养物和 COD_{Mn} 的去除率

　　TN：从图 13-3A 可以看出，C1 组个别节点浓度高于对照组，但总体上对照组和各处理组 TN 浓度均随时间呈逐渐下降趋势；对照组 TN 浓度显著高于各处理组（$P<0.05$）。对照组去除率为 39.58%，各处理组的去除率为 66.48%（C3）～70.95%（C2），各处理组 TN 去除率与对照组之间差异显著（$P<0.05$），各处理组去除率间差异不显著（$P>0.05$），说明苦草对总氮有较强的净化效果（图 13-3B）。

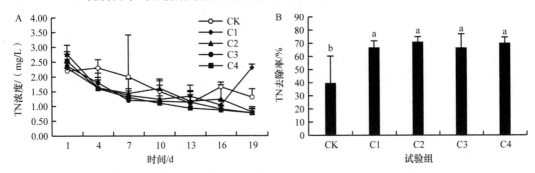

图 13-3　不同密度苦草水体 TN 浓度（A）及去除率（B）变化

　　NO_3^--N：从图 13-4A 可以看到，对照组和处理组 NO_3^--N 浓度变化趋势是一致的。试验前 4d 下降迅速，此时 CK 组 NO_3^--N 浓度显著低于各处理组（$P<0.05$），此后对照组和各处理组浓度保持在较低浓度小幅波动。试验结束时，对照组去除率为 78.17%，处理组为 70.87%（C3）～83.33%（C1），各处理组和对照组之间的去除率差异不显著（$P>0.05$），处理组 C1 和 C3、C4 之间的去除率差异显著（$P<0.05$）（图 13-4B）。

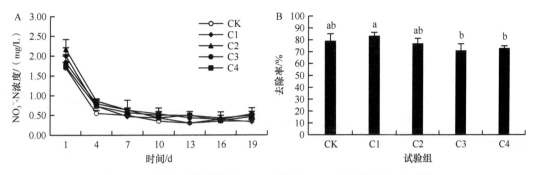

图13-4 不同密度苦草水体 NO_3^--N 浓度（A）与去除率（B）变化

NO_2^--N：由图13-5A可知，各处理组和对照组的 NO_2^--N 浓度在试验的前4d迅速下降，接近或低于0.05mg/L，组间差异不显著（$P>0.05$），第7天，各组浓度为 $0.01\sim0.02$mg/L，此后均低于0.01mg/L。各组对 NO_2^--N 的去除率达到97%以上（图13-5B），处理组间及处理组与对照组间去除率均无显著差异（$P>0.05$），推测与试验时间较短有关。

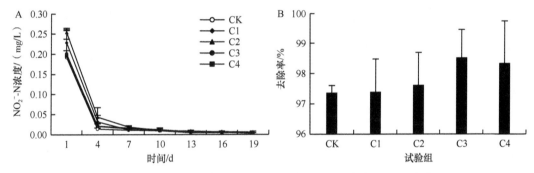

图13-5 不同密度苦草水体 NO_2^--N 浓度（A）与去除率（B）变化

TP：由图13-6A可以看到，各组的 TP 浓度呈下降趋势，各处理组 TP 浓度在前4d下降幅度较大。此后各组 TP 浓度下降速度比较平缓。对照组去除率为58.93%，各处理组去除率为 $56.11\%\sim63.75\%$（图13-6B），相互间去除率差异不显著（$P>0.05$）。

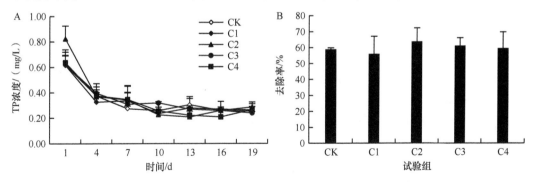

图13-6 不同密度苦草水体 TP 浓度（A）与去除率（B）变化

COD_{Mn}：由图13-7A可知，在第4天，除了 C1 中 COD_{Mn} 浓度下降，且显著低于其他处理组（$P<0.05$）外，对照组和其他处理组的 COD_{Mn} 浓度都是升高的。第7天各处理组和对照组的 COD_{Mn} 浓度均呈下降趋势，彼此间差异不显著（$P>0.05$）。各处理组 COD_{Mn} 去除率可以达到40%以上，最高达到71%（C4）。各处理组对 COD_{Mn} 去除率无显著差异（$P > 0.05$），表明苦草密度对 COD_{Mn} 浓度影响不显著（图 13-7B）。

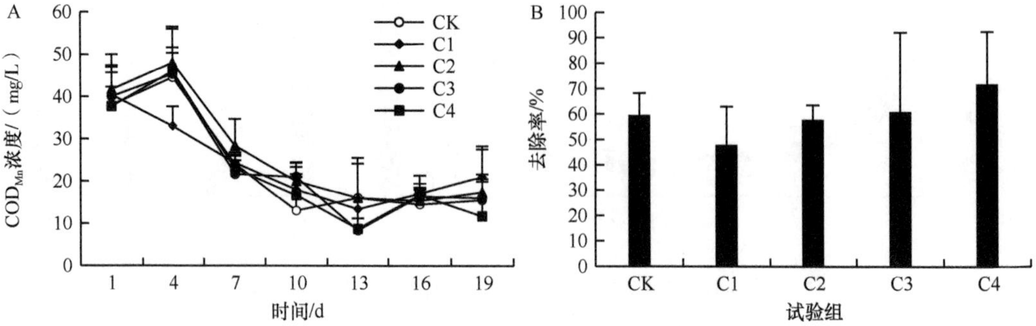

图 13-7　不同密度苦草水体 COD_{Mn} 浓度（A）与去除率（B）变化

　　水体中的氮、磷是水生生物所必需元素，但过量的氮、磷会使水体富营养化，沉水植物可以有效控制水体中氮、磷水平（吴振斌等，2003）。沉水植物对氮、磷营养物质的去除是生物相的生物作用和底泥相的生物吸附作用相辅相成的结果，其中生物相包括沉水植物、浮游生物、原生动物和微生物，底泥相主要包括微生物和底栖生物（王丽卿等，2008；Rooney and Kalff，2003；常会庆等，2005）。

　　沉水植物对水体中氮的去除主要通过植物吸收和微生物降解完成。刘佳等（2007）研究苦草对水体氮、磷的吸收表明，苦草对总氮的吸收率为65.2%，和本次试验中苦草的去除率相当。陈锦清（2005）报道不同沉水植物生物量与 TN 去除率关系不同，伊乐藻、菹草对 TN 的去除率随植物生物量的增加而增大。黄蕾等（2005）研究表明，植物对水体中硝酸盐的吸收率可达到75.04%，与本试验的结果一致。本试验中 NO_2^--N 的去除率高达97%，并且和植物的存在与否无关，这主要是因为 NO_2^--N 是无机氮类的不稳定中间产物（王沛芳等，2008；敬小军和袁新华，2010）。NO_2^--N 的去除率和各组溶解氧的变化曲线相似，表明好氧硝化菌在 NO_2^--N 的去除中起着重要作用。

　　沉水植物可直接吸收利用水体中的磷，从而降低水体中磷的浓度，同时沉水植物也为磷的沉积吸附提供介质（王圣瑞等，2006），可以通过改变水体中的 pH、氧化还原电位（Eh）等化学环境，抑制沉积物中磷的释放（包先明等，2006）。本试验的结果表明苦草在静水体中较短时间内对磷的吸收有限，磷的去除主要靠磷自身的沉积和水体一些物质对其的吸附；金湘灿等（2005）的研究表明，沉水植物黑藻可以吸收利用水体中不同形态的磷，但吸收量有限，沉水植物的存在主要影响磷在水–沉水植物–底质中的分配。

　　沉水植物可以为水体提供充足的有氧环境，使水体中的好氧细菌活性增加，有利于 COD_{Mn} 的分解。本试验的结果表明，COD_{Mn} 的去除主要依靠水体的自净作用，苦草对去除 COD_{Mn} 的贡献不大。王斌等（2002）指出细菌等微生物能降解自然界中几乎所有有机物质，虽然其他水生生物对 COD_{Mn} 也有降解作用，但污染物的生物降解主要依赖微生物。沉水植物光合作用释放的氧气进入水体，提高水体氧气浓度；同时，光合作用要耗掉大量的无机碳源，使水体的 pH 上升。田琦等（2009）发现在种植有沉水植物的水体中，溶氧最高出现在16:00，与本试验溶氧最高出现在15:30比较吻合。本试验中对照组溶氧较高，可能与试验用水来自养殖池塘水，与水体中浮游植物的光合作用有关。

第二节　苦草分解速率与氮、磷释放

将洗净的苦草叶片剪成 5～10cm 长的片段，用吸水纸吸干叶片表面水分，称取 （12.0±0.5）g 苦草叶片放入网袋（20×30cm）。室内试验：试验容器为 50L 塑料桶，试验周期为 96d。设置 1 个对照组（CK）和 3 个处理组：Tr1：30L 池塘水+5cm 厚底泥，Tr2：0L 池塘水+5cm 厚底泥+10 袋分解网袋，Tr3：30L 自来水+10 袋分解网袋；对照组：30L 自来水，不加底泥和分解网袋。每组 3 个平行。野外沟渠试验：2 组（编号 D1 和 D2），试验周期 66d。将分解网袋用竹竿固定于沟渠水体中，每条沟渠设 3 个平行，每个平行 10 个分解网袋。植物 TN 和 TP 测定方法见南京农业大学（1992），分解系数 k 计算方法见历恩华等（2006）。

一、苦草的分解速率

（一）干重剩余率

不同试验中苦草分解速率试验结果见表 13-1。由各处理组苦草分解系数 k 可知，无底泥的条件下（Tr3）的分解速率最快，$t_{50\%}$ 和 $t_{95\%}$ 分别为 53d 和 230d，有底泥（Tr2）则分别为 69d 和 299d，在自然沟渠中（D2、D1）$t_{50\%}$ 分别为 57d 和 86d，$t_{95\%}$ 分别为 249d 和 374d，表明底泥环境可降低苦草分解速率。

表 13-1　不同环境中苦草分解速率试验结果

指标	处理 2（Tr2）	处理 3（Tr3）	沟渠 1（D1）	沟渠 2（D2）
分解系数 $(k)/\mathrm{d}^{-1}$	0.010	0.013	0.008	0.012
R^2	0.92	0.971	0.218	0.524
50% 分解时间 $(t_{50\%})/\mathrm{d}$	69	53	86	57
95% 分解时间 $(t_{95\%})/\mathrm{d}$	299	230	374	249

试验的前 36d，苦草干重损失迅速，Tr2 组和 Tr3 组的干重剩余率接近 50%，两者间无显著差异（$P>0.05$）。自然沟渠中的两个处理（D1 和 D2）的干重剩余率低于 50%，两者间无显著差异（$P>0.05$），干重剩余率显著低于 Tr2 组和 Tr3 组（$P<0.05$）。试验的 36～66d，各处理组干重损失速度明显变缓，沟渠处理组中甚至出现干重剩余率上升的现象，其中，D1 组的干重剩余率显著高于其他处理组（$P<0.05$）（图 13-8）。在 96d 的试验中，Tr2 组干重剩余率显著高于 Tr3（$P<0.05$），说明底泥减缓了干重损失速度。

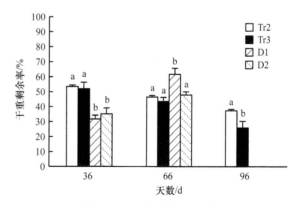

图 13-8　干重剩余率的变化

（二）TN 和 TP 剩余率

分解试验第 36 天，具有底泥的 Tr2 组和不具底泥的 Tr3 组，苦草 TN 剩余率分别为 68.07% 和 79.12%，自然沟渠（D1 和 D2）TN 剩余率分别为 44.54% 和 43.26%，显著低于 Tr2 组和 Tr3 组（$P<0.05$）。第 36～66 天，除 Tr3 组的 TN 损失率有所下降外，Tr2 组和自然沟渠中（DI、D2）的 TN 剩余率均有升高，但 TN 剩余率在各组间的差异不显著（$P>0.05$），分解试验第 96 天，Tr2 组中 TN 剩余率显著低于 Tr3 组（$P<0.05$）（图 13-9A），说明底泥加快了 TN 的损失速率。

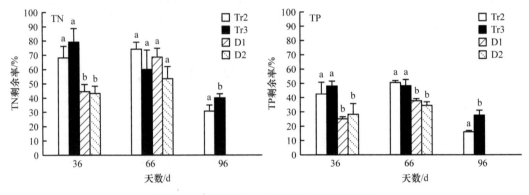

图 13-9　苦草残骸中 TN 和 TP 剩余率的变化

试验第 36 天，Tr2 组和 Tr3 组的 TP 剩余率分别为 42.26% 和 47.88%，D1 组和 D2 组分别为 24.54% 和 27.85%，显著低于 Tr2 组和 Tr3 组（$P<0.05$）。试验第 66 天，TP 损失率，除 Tr3 组略有下降外，其他处理组的 TP 剩余率均有所升高，D1 组和 D2 组的 TP 剩余率显著地低于 Tr2 组和 Tr3 组（$P<0.05$）。试验第 96 天，Tr2 组的 TP 剩余率显著低于 Tr3 组（$P<0.05$）（图 13-9B），说明底泥加快了 TP 损失速度。

从上述结果可以看出，苦草的分解具有一定阶段性，在最初的 36 天中表现为快速分解阶段，随后分解速率明显下降，甚至出现 TN 剩余量增加，在一些研究中亦出现类似现象（Juliann et al.，2000；周俊丽等，2006）。冬季不同环境对苦草干重及 TN 和 TP 剩余率有显著的影响。苦草在腐败过程中 TP 的损失最快，干重次之，TN 损失最慢（李燕等，2008；李文朝等，2001）。

水生植物的腐败分解受到诸多因素影响，光照和溶氧可以显著提高植物的分解速度（李燕等，2008；包裕尉等，2010），高溶氧和强光照可以保持水体中微生物的活性，加速植物的分解（包裕尉等，2010）。水体中氮、磷的浓度可以影响植物的分解速度（Lee and Bukaveckas，2002；Villar et al.，2001）。研究表明，营养盐浓度对沉水植物干重剩余率影响不显著，但对氮、磷释放影响显著，可能与水体中的营养盐有利于微生物的生长从而加速植物的分解有关（顾久君等 2008）。在本试验第 66 天，除无底泥的处理组（Tr3）中植物的 TN 剩余量没有增加外，其他各组剩余量都有增加，推测底泥中微生物加速植物的分解，但到一定程度后，植物残骸上的微生物可能会引起植物的 TN 升高。当植物损失量达到一定后，植物体中的一些难溶性物质（如木质素等）增多，延缓植物的损失速率（Szabó et al.，2000）。底泥的存在减缓了干重的损失，而加快了植物 TN 和 TP 的损失速度，可能和底泥中存在大量微生物有关。水生植物在分解过程中除靠自身物质的淋溶作用外，生物的生化作用和机械物理作用也是不可忽视的，因为微生物可以利用腐败植物作为营养源，水体中的一些无脊椎动物也可把腐败植物作为食物的来源，不同的水环境中生物组成不同，造成植被在不同水体中的分解速度不一样（Battle and Mihuc，2000）。有研究表明植物在淋溶和生物分解的共同作用下干重的剩余率远低于植物仅靠淋溶形式的分解（Szabó *et al.*，2000）。同时水生植物的分解率不仅和外界环境有关系，还与自身物质的成分也有很大的关联（Chimney and Pietro，2006），同一种植物不同部位由于化学成分的不一样也会影响植物的分解率（周俊丽等，2006）。

二、苦草腐败分解期氮、磷的释放

（一）苦草腐败期水体 NH_4^+-N 变化

从图 13-10A 可看出，对照组的 NH_4^+-N 浓度基本保持稳定，Tr3 组 NH_4^+-N 浓度在试验的第 50 天均显著高于对照组（$P<0.05$），提示在没有底泥情况下，苦草腐败会释放一定量 NH_4^+-N 进入水体。Tr1组和 Tr2 组 NH_4^+-N 表现出相似的变化趋势，但 Tr2 组的 NH_4^+-N 在各时间点低于 Tr1 组（$P>0.05$），表明在底泥作用下，苦草腐败过程中释放到水体中的 NH_4^+-N 数量十分有限。

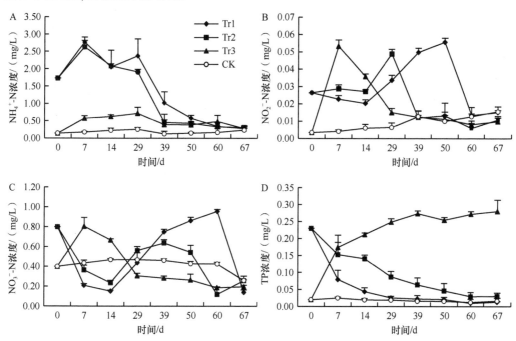

图 13-10　苦草不同条件下腐败分解过程中 NH_3^--N、NO_3^--N、NO_2^--N 和 TP 的变化

（二）苦草腐败期水体 NO_2^--N 变化

从图 13-10B 可以看出，对照组（CK）的 NO_2^--N 在试验期间基本保持稳定。Tr3 组 NO_2^--N 变化强烈，前 7d 直线上升至最高点，后快速下降，7～29d 显著高于对照组（$P<0.05$）。Tr3 组在 29d 后下降到对照组水平（$P>0.05$）。Tr2 组则在 60d 后显著低于

对照组（$P<0.05$），表明在没有底泥情况下，苦草腐败分解初期会释放大量的 NO_2^--N 进入水体。水体中 NO_2^--N 变化速度较快，可能与微生物的硝化与反硝化作用有关。Tr1 组的变化趋势基本与 Tr2 组相似，不同的是，Tr2 组在 7～29d 显著高于 Tr1 组（$P<0.05$）；Tr2 组在第 29 天以后迅速下降，第 39 天下降到低于初始水平，Tr1 组在第 50 天时才开始迅速下降，表明在底泥作用下，苦草腐败过程中释放到水体中的 NO_2^--N 数量有限。

（三）苦草腐败期水体 NO_3^--N 变化

对照组的 NO_3^--N 浓度在前 60d 中变幅较小，到第 67 天有显著的降低（$P<0.05$）（图 13-10C）。Tr1 组和 Tr2 组变化趋势相似，先降后升然后再降，都在第 14 天达到最低值，最高值则分别出现在第 39 天和第 60 天；Tr3 组 NO_3^--N 在第 7 天达到最高并且显著高于对照组（$P<0.05$），但是第 7 天后一直下降，到第 60 天达到最低，且显著低于对照组（$P<0.05$），说明在无底泥条件下苦草冬季腐败分解初期会释放一定量 NO_3^--N 进入水体。7～29d，Tr2 组的 NO_3^--N 浓度高于 Tr1 组（$P>0.05$），而后又显著低于 Tr1 组（$P<0.05$），提示在底泥存在下苦草腐败分解不是引起水体 NO_3^--N 变化的主要原因。

（四）苦草腐败期水体 TP 变化

由图 13-10D 可以看出，对照组的 TP 保持稳定，Tr3 组的 TP 试验开始后快速持续增加，第 39 天时达到最大，以后变化平缓。7～67d，Tr3 组的 TP 浓度均显著高于对照组（$P<0.05$），表明在没有底泥情况下，苦草腐败释放的磷大量进入了水体。Tr1 组和 Tr2 组的 TP 在试验开始后快速降低，一直低于初始水平（$P<0.05$），表明底泥对水体磷的吸附作用十分强烈。Tr2 组的 TP 在整个试验过程中均高于 Tr1 组，除了第 50、60 天未达到显著水平（$P>0.05$），其他时段都达到显著水平（$P<0.05$），表明在底泥的吸附等作用下，苦草腐败释放的磷，进入水体的数量大幅减少。

植物在腐败分解时首先以有机氮的形式进入水体中，然后在微生物矿化作用下释放出 NH_4^+-N，并通过硝化和反硝化作用形成 NO_2^--N，冬季低温会影响微生物的活性，从而降低有机氮的分解。试验结束时各处理组中 NH_4^+-N 和 NO_2^--N 的浓度基本趋于一致，说明冬季植物因腐败分解而进入水体中的 NH_4^+-N 和 NO_2^--N 有限。潘慧云等（2008）的研究表明，冬季苦草的腐败并未引起 NH_4^+-N 和 NO_2^--N 的升高，但在次年春天温度回升、有衰亡植物的水体中 NH_4^+-N 和 NO_2^--N 开始上升，更加证实植物冬季腐败对 NH_4^+-N 和 NO_2^--N 的影响有限。同时也有研究表明，将一定的衰亡植物留在水体中，可以减少水体的氮循环，从而降低水体的氮素水平（徐红灯等，2007）。

植物的衰亡是一个复杂的物理化学过程，一般认为植物在生长季节吸收氮和磷，在衰亡时氮、磷会重新释放到水体中造成水体的二次污染（胡雪峰等，2001）。植物体内的磷主要存在于一些活性物质中，植物腐败过程中磷的释放是比较迅速的，腐败的第 2 天，磷的释放就可以达到最大量（李燕等，2008），植物腐败过程中释放的磷不一定滞留在水体，因为水体中的磷可以被底泥吸附截留而离开水体（徐红灯等，2007）。

小　结

1）在有底泥的水泥池，苦草密度为 $500g/m^2$、$200g/m^2$、$100g/m^2$、$50g/m^2$ 4 个梯度，研究苦草生长期对池塘水的净化效果。结果表明，在 19d 的短期试验中，各密度组 TN 去除率为 66.48%～70.95%，显著高于对照组。TP 去除率为 56.11%～63.75%，各密度组与对照组间差异均不显著。硝酸盐去除率分别为 70.87%～83.33%，$500g/m^2$ 苦草去除率显著高于 $100g/m^2$ 组和 $50g/m^2$ 组。亚硝酸盐去除率为 97.62%～98.54%，与对照组差异不显著。COD_{Mn} 的去除率为 47.92%～71.93%，与对照组间差异不显著。水体中溶氧和 pH 日变化显著，对照组溶氧在 13:30 达最大，种植苦草组在 15:30 后达最大。

2）苦草腐败分解具有阶段性，开始 36d 非常迅速，从第 36 天至第 66 天是缓慢期。苦草冬季腐败释放的磷大部分会被底泥吸附，进入水体中的磷很少。苦草冬季腐败以 NH_4^+-N 和 NO_2^--N 形式释放到水体的量有限。水体环境对植物的腐败分解有显著的影响，在有底泥和无底泥水池中的分解系数 k 分别为 0.010 和 0.013，自然沟渠中分别为 0.008 和 0.012，底泥减缓了苦草干重的损失速度，加快了 TN 和 TP 的损失速度。

参 考 文 献

包先明, 陈开宁, 范成新. 等. 2006. 种植沉水植物对富营养化水体沉积物中磷形态的影响. 土壤通报, 37(4): 710-715

包裕尉, 卢少勇, 金湘灿, 等. 2010. 溶解氧和光照对狐尾藻衰亡释放氮磷碳的影响. 环境科学与技术, 33(2): 5-9

常会庆, 杨肖娥, 方云英, 等. 2005. 伊乐藻和固化细菌共同作用对富营养化水体中养分的影响. 水土保持学报, 19(3): 114-117

陈锦清. 2005. 沉水植物对污染水体的水质改善效应研究. 河海大学硕士学位论文

高镜清, 熊治廷, 张维昊, 等. 2007. 常见沉水植物对东湖重度富营养化水体磷的去除效果. 长江流域资源与环境, 16(6): 796-800

顾久君, 金朝晖, 刘振英. 2008. 乌梁素海沉水植物腐烂分解试验研究. 干旱区资源与环境, 22(4): 181-184

胡雪峰, 陈振楼, 高效江. 2001. 入冬水生高等植物的衰亡对河流水质的影响. 上海环境科学, 20(4): 184-187

黄蕾, 翟建平, 王传瑜, 等. 2005. 4 种水生植物在冬季脱氮除磷效果的试验研究. 农业环境科学学报, 24(2): 366-370

金湘灿, 王圣瑞, 赵海超, 等. 2005. 磷形态对磷在水-沉水植物-底质中分配的影响. 生态环境, 14(5): 631-635

敬小军, 袁新华. 2010. 金鱼藻改善精养池塘水质的效果试验. 天津农业科学, 16(5): 38-41

李文朝, 陈开宁, 吴庆龙, 等. 2001. 东太湖水生植物生物质腐烂分解实验. 湖泊科学, 13(4): 331-336

李燕, 王丽卿, 张瑞雷. 2008. 淀山湖沉水植物死亡分解过程中营养物质的释放. 环境污染与防治, 30(2): 45-52

历恩华, 刘贵华, 李伟, 等. 2006. 洪湖三种水生植物的分解速率及氮、磷动态. 中国环境科学, 26(6): 667-671

刘佳, 刘永立, 叶庆富, 等. 2007. 水生植物对水体中氮, 磷的吸收与抑藻效应的研究. 核农学报, 21(4): 393-396

南京农业大学. 1992. 土壤农化分析. 2 版. 北京: 农业出版社

潘慧云, 徐小花, 高士祥. 2008. 沉水植物衰亡过程中营养盐的释放过程及规律. 环境科学研究, 21(1): 64-68

田琦, 王沛芳, 欧阳萍, 等. 2009. 5 种沉水植物对富营养化水体的净化能力研究. 水资源保护, 25(1): 14-17

王斌, 周莉苹, 李伟. 2002. 不同水质条件下菹草的净化作用及其生理反应初步研究. 武汉植物学研究, 20(2): 150-152

王传海, 李宽意, 文明章, 等. 2007. 苦草对水中环境因子影响的日变化特征. 农业环境科学学报, 26(2): 798-800

王丽卿, 李燕, 张瑞雷. 2008. 6 种沉水植物系统对淀山湖水质净化效果的研究. 农业环境科学学报, 27(3): 1134-1139

王沛芳, 王超, 王晓蓉, 等. 2008. 苦草对不同浓度氮净化效果及其形态转化规律. 环境科学, 29(4): 890-895

王圣瑞, 金相灿, 赵海超, 等. 2006. 沉水植物黑藻对上覆水中各形态磷浓度的影响. 地球化学, 35(2): 179-186

吴振斌, 邱东茹, 贺锋, 等. 2003. 沉水植物重建对富营养水体氮磷营养水平的影响. 应用生态学报, 14(8): 1351-1353

熊秉红, 李伟. 2000. 我国苦草属 (*Vallisneria* L.) 植物的生态学研究. 武汉植物学研究, 18(16): 500-508

徐红灯, 席北斗, 翟丽华. 2007. 沟渠沉积物对农田排水中氨氮的截留效应研究. 环境科学研究学, 26(5): 1924-1928

周俊丽, 吴莹, 张经, 等. 2006. 长江口潮滩先锋植物藨草腐烂分解过程研究. 海洋科学进展, 24(1): 44-50

Battle JM, Mihuc TB. 2000. Decomposition dynamics of aquatic macrophytes, in the lower Atchafalaya, a large floodplain river. *Hydrobiologia*, 418: 123-136

Chimney MJ, Pietro KC. 2006. Decomposition of macrophyte litter in a subtropical constructed wetland in south Florida (USA). *Ecological Engineering*, 27(4): 301-321

Lee AA, Bukaveckas PA. 2002. Surface water nutrient concentrations and litter decomposition rates in wetlands impacted by agriculture and mining activities. *Aquatic Botany*, 74(4): 273-285

Rooney N, Kalff J. 2003. Submerged macrophyte-bed effects on water-column phosphorus, chlorophyll a and bacterial production. *Ecosystem*, 6(8): 797-807

Stephen RC, David ML. 1986. Effect of submersed macrophytes on ecosystem processes. *Aquatic Botany*, 26: 341-370

Szabó S, Braun M, Nagy P, *et al*. 2000. Decomposition of duckweed (*Lemna gibba*) under axenic and microbial conditions: flux of nutrients between litter water and sediment the impact of leaching and microbial degradation. *Hydrobiologia*, 434(1-3): 201-210

Villar CA, de Cabo L, Vaithiyanathan P, *et al*. 2001. Litter decomposition of emergent macrophytes in a floodplain marsh of Lower Paraná River. *Aquatic Botany*, 70: 105-116

第十四章 苦草对水体中磷形态赋存影响的研究

磷常被认为是水体富营养化的制约性因子（Dahl *et al.*，1993）。水生植物通过吸收和沉积作用，促进颗粒物沉降、叶片和根系泌氧改变沉积物理化状态（李文朝，1997；黄文成，1994；宋福等，1997；Jin *et al.*，2005），抑制底泥中磷的释放，对水体的营养平衡调节起着重要作用（Gessner and Sehwoerbel，1989），使水体和底泥中的磷维持在低水平（Correll，1998）。苦草是生态沟渠中的优势沉水植物，利用苦草对富营养化水体进行生态修复具有很好的效果（Benson *et al.*，2008；包先明，2011）。本研究通过户外水泥池培养苦草，模拟自然条件下苦草的生长，探讨苦草从定植到生长末期对沉积物中的磷形态的转化迁移，为渔场生态沟渠净水植物选择和富营养的养殖尾水修复提供科学基础。

第一节 苦草对上覆水和间隙水中磷形态赋存的影响

室外水泥池中摆放 20 个玻璃缸（50cm×30cm×50cm）作为苦草培育容器。每缸平铺 15cm 厚底泥。然后向水泥池中注水至深 60cm，静置 2d 后进行试验。供试苦草在同样环境下预培养 7d，苦草长度约为 15cm，每缸苦草净量（41.5±0.5）g，对照组不移植苦草。移植完毕后分别加灌沟渠水至 1.2m。每次采样后放空池水并重新灌入沟渠水。沟渠水的 TN 为 0.8～1.5mg/L，NH_4^+-N 为 0.01～0.025mg/L，TP 为 0.02～0.06mg/L，DO 为 8.52～10.54mg/L，pH 为 8.37～8.96。当苦草生长 1 个月，苦草生长茂盛时，用柱状采泥器采集靠近苦草根部的沉积物，每缸采集 3 柱，取上层 5cm 作为样品，充分混匀。一部分用于离心获得间隙水，一部分 80℃烘干测定含水率后，在 550℃下灼烧 5h 测定烧失率，剩下样品自然风干后用研磨机磨碎，过 100 目筛保存，用于磷形态测定。每次采集 3 个苦草缸作为平行。参考相关文献（劳家圣，1988；朱广伟和秦伯强，2003）测定相关指标。

一、苦草对上覆水中磷形态的影响

如图 14-1A 所示，种植苦草一个月后，苦草组上覆水中 TP 显著降低（$P<0.05$），并稳定在 0.033～0.053mg/L，随着试验的延续，对照组 TP 缓慢降低至 0.038～0.11mg/L。在本试验无外来磷源输入条件下，苦草生长所需的磷来自沉积物。试验末期，苦草组上覆水中 TP 与对照组无显著差异（$P>0.05$）。

苦草组上覆水中总溶解磷（TDP）、溶解态无机磷（DIP）、颗粒态有机磷（DOP）的变化如图 14-1C～E 所示，苦草组后期 TDP 浓度较稳定，变化范围为 0.020～0.027mg/L。前 30d 对照组 TDP 变化不明显，浓度为 0.055mg/L 左右，可能是由气温较高且稳定，大量的生物活动导致，后期则呈逐渐下降趋势，变化范围为 0.024～0.039mg/L，且显著高

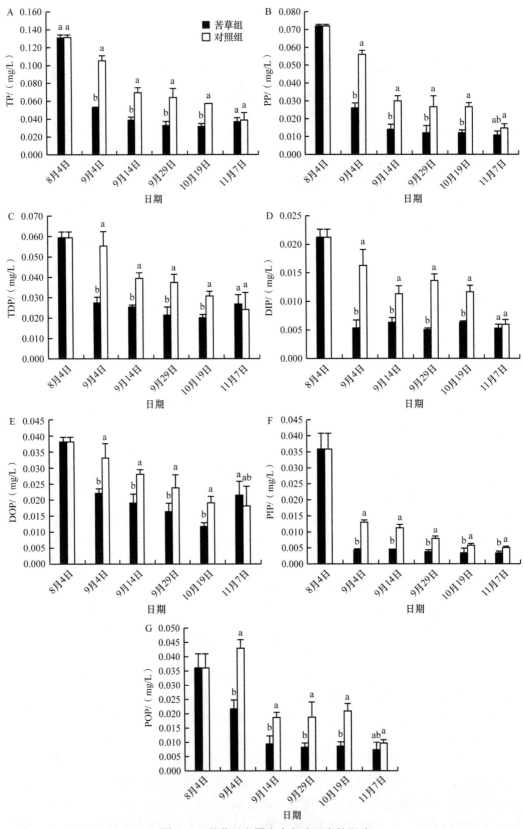

图 14-1　苦草对上覆水中各磷形态的影响

上标字母不同表示差异显著（$P < 0.05$）

于苦草组（$P<0.05$），说明苦草有利于 TDP 的迅速降低。

DOP 反映水体潜在活性磷的量，随着试验进程，对照组和试验组均呈降低趋势，但苦草组的降低趋势更加明显，且浓度均低于对照组，苦草促进了潜在活性磷向活性磷的转化（图 14-1E）。后期苦草组 TDP（图 14-1C）与 DOP 反而升高，这与苦草的逐渐衰败吻合，说明苦草的分解向水体释放了一定量的有机态磷。苦草对上覆水中活性磷有明显的吸收作用，使水体 DIP 一直稳定处于较低水平，变化范围为 0.005~0.006mg/L；对照组 DIP 变化范围为 0.006~0.016mg/L（图 14-1D），为苦草组的 2~3 倍，变化趋势与 TDP 类似。试验结束时对照组和苦草组 DIP 无显著差异，说明后期苦草已经停止对活性磷的吸收，而对照组在水体自净效果下也达到较低水平。

颗粒态总磷（PP）如图 14-1B 所示，苦草短时间内显著降低 PP 浓度，变化范围为 0.011~0.026mg/L。颗粒态无机磷（PIP）变化范围为 0.003~0.004mg/L（图 14-1F），颗粒态有机磷（POP）为 0.007~0.021mg/L（图 14-1G）；其中 PP 和 PIP 变化趋势相同，都是短时间迅速降低至稳定浓度，呈显著相关（$P<0.05$），而 POP 降低至稳定浓度的时间有约 15 天的延迟，这与 POP 作为水体的潜在活性磷有关。与对照组相比，苦草组各颗粒形态磷均显著低于对照组，PP 从起始的 0.77mg/L 降低到 0.01mg/L 所花的时间只有对照组的 1/20，甚至更少。不同于苦草组的变化趋势，对照组 POP 浓度在 9 月 4 日明显升高，这可能与当时的高温有关。

二、苦草对间隙水中磷形态的影响

苦草对间隙水中各磷形态浓度的影响见图 14-2，从图中可看出，苦草显著降低间隙水中各磷形态的浓度（$P<0.05$）；苦草组 TP、TIP 和 TOP 均呈下降趋势，到试验结束时，浓度分别为 0.13mg/L、0.09mg/L 和 0.04mg/L，较对照组分别下降了 70.10%、72.61% 和 62.92%；对照组 TP 和 TOP 也呈下降趋势，TIP 却呈缓慢上升趋势，从试验开始时的 0.20mg/L 升高至 0.33mg/L。这一结果说明苦草的生长对间隙水中磷的去除率很高，主要通过吸收利用无机形态磷来降低沉积物间隙水中磷浓度。试验初始时苦草组间隙水总磷浓度为 0.33mg/L，对照组为 0.80mg/L，后期变化幅度均不明显，说明间隙水磷浓度降低最快的时期为苦草高速生长阶段。

沉水植物的根、茎、叶从水环境中吸收营养盐（Agami and Waisel 1986；Best and Mantai，1978；Ozimek et al.，1993），并转化为自身的结构组成物质，水体中的可溶性正

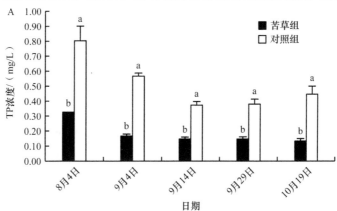

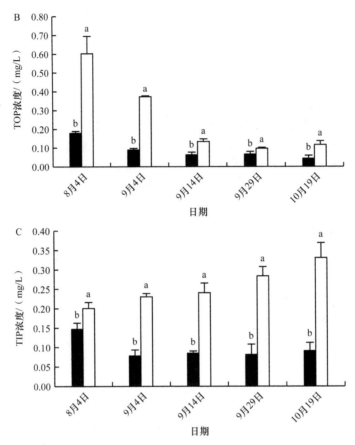

图 14-2　苦草对间隙水中各磷形态浓度的影响

上标字母不同表示差异显著（$P < 0.05$）

磷酸盐是可直接利用的磷源，其他形式的磷一般较少被利用（徐敏等，2001），故有沉水植物存在的水体，正磷酸盐的变化非常快（高效江等，2002）。本试验结果与上述结论吻合。除正磷酸盐外的其他溶解态磷能逐渐以正磷酸盐的形式被释放（吴重华等，1997），颗粒磷能被细胞分泌物及酶降解释放出正磷酸根（Berman and Moses，1972；Leveine and Schindler，1980），进而被植物吸收利用。沉水植物通过吸收水中的磷，以及促进各磷形态之间的转化使上覆水中的磷维持低水平（王圣瑞等，2006）。另外沉水植物通过抑制水体中碱性磷酸酶活性（APA）也是其净化水质的机理之一（周易勇等，2002），高 APA促进其他形态磷向正磷酸盐转化（张龙翔，1987），当正磷酸盐缺乏时，碱性磷酸酶促进有机磷转化成正磷酸盐，解释了本试验中有机磷变化趋势不同于无机磷，呈平滑下降的原因。沉水植物的吸收能使湖泊中的活性磷保持低水平（Kufel and Ozimek，1994），本试验结果显示种植苦草后，各磷形态迅速降低并维持低水平，这也是利用沉水植物净化水质的作用之一。

苦草能通过根部吸收间隙水中的活性磷（Granéli and Solander，1988），使间隙水中各形态磷均低于对照组，陈秋敏等（2010）研究发现苦草处理组间隙水中的 TDP 与 DIP浓度与上覆水中的浓度呈显著正相关（$R^2 = 0.75$），间隙水中的磷浓度变化直接影响上覆水中的磷浓度，苦草通过叶片和根系的共同吸收，降低了水体中磷的含量。

第二节　苦草对沉积物中磷赋存形态的影响

一、苦草生长与沉积物含水率变化

（一）苦草生长

试验期间，苦草生物量的变化见图 14-3。8～9 月为苦草高速生长时期，最大生物量出现在 9 月中上旬，期间由于苦草的无性繁殖，呈快速增长，生物量由试验开始时的（41.30±0.82）kg/m² 增加到（420.33±7.76）kg/m²；9 月中旬以后，随着温度的下降与苦草的有性生殖，苦草叶片开始停止生长并逐渐衰亡。

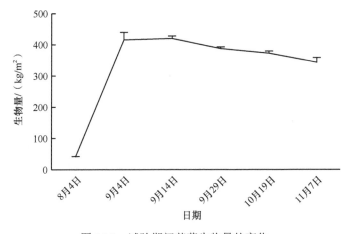

图 14-3　试验期间苦草生物量的变化

苦草叶片含水量极高，幼苗期时为（92.8±0.5）%，最大生物量时升高到（99.3±0.1）%，到苦草衰败时含水率为（99.2±0.2）%。

（二）沉积物中含水率变化

含水率指示沉积物的孔隙度，烧失率反映沉积物中有机质的含量。沉积物含水率和烧失率的变化见图 14-4。种植苦草后，沉积物含水率显著降低（$P<0.05$），苦草组变化范围为 45.6%～48.1%，对照组为 49.9%～52.0%；对照组沉积物表观较稀，流性大，9 月 29 日之前含水率增加，之后缓慢减小；苦草组沉积物因为苦草根系的遍布，呈微板结

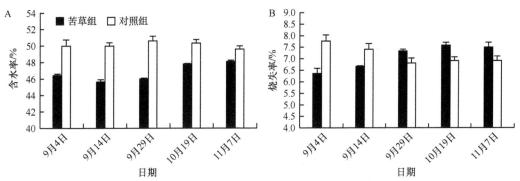

图 14-4　苦草对沉积物含水量和烧失率的影响

状，后期含水率略有上升，与后期苦草停止生长有关。

烧失率是将沉积物于550℃烘烧5h后损失的质量比。比较9月4日的烧失率，苦草的生长明显导致烧失率降低，苦草的生长促进了沉积物中有机质的分解。后期苦草组烧失率升高的主要原因是根系在沉积物中的大量生长，后期沉积物烧失率变化应是根系质量和沉积物中有机质分解两因素的共同作用，亦不排除苦草促进有机质的沉降这一因素；对照组沉积物中有机质的分解，导致烧失率降低。

二、沉积物中磷形态的变化

试验期间沉积物中各磷形态含量变化见图14-5。从沉积物中TP的变化可看出，苦草从沉积物中吸收了大量的磷，消耗量为78.79mg/kg，占初始量的8.44%（图14-5A）；苦草组磷吸收量为8.47~13.62mg/kg，占TP的0.8%~1.6%，对照组磷吸收量为8.27~

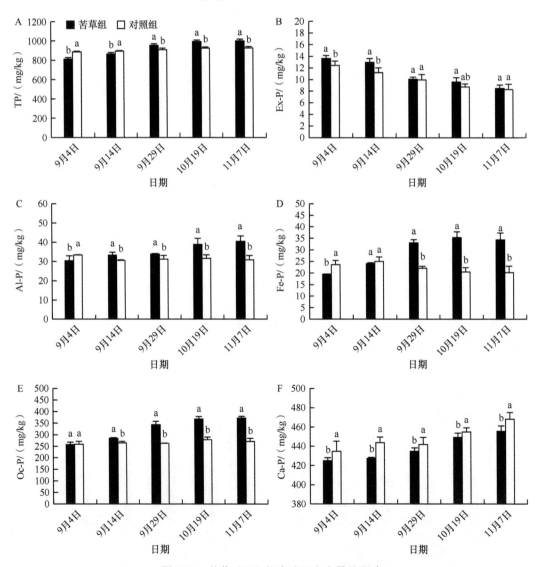

图14-5　苦草对沉积物中磷形态含量的影响

上标字母不同表示差异显著（$P < 0.05$）

12.42mg/kg，占 TP 的 0.9%～1.4%，苦草组和对照组磷吸收量均随试验的进展而降低。试验结束时 Ex-P 含量最低，苦草高速生长阶段（8 月 4 日至 9 月 14 日），Ex-P 含量高于对照组（图 14-5B），后期与对照组无显著差异（$P > 0.05$），可见苦草的生长反而减弱了对弱吸附态磷的吸收。

　　Al-P 和 Fe-P 的变化趋势基本相同（图 14-5C、D），Al-P 含量略高于 Fe-P。苦草组含量呈上升趋势，而对照组呈缓慢下降趋势。9 月 4 日苦草组 Al-P 和 Fe-P 含量均显著低于对照组，说明苦草生长利用了部分 Al-P 和 Fe-P。由于对照组变化缓慢，可以近似认为 9 月 4 日含量为沉积物初始值，由此计算苦草组 Al-P 和 Fe-P 含量分别减少了 2.99mg/kg 和 4.10mg/kg，分别降低了 8.99% 和 17.37%。当苦草生物量不再积累后，苦草能明显增加两者含量，到试验结束时，两者分别增加了 9.55mg/kg 和 14.06mg/kg，分别上升了 30.92% 和 69.38%，而对照组 Al-P 和 Fe-P 的降低量分别为 2.46mg/kg 和 3.45mg/kg，占初始量的 7.39% 和 14.19%，因此苦草的存在能促进 Al-P 和 Fe-P 的转化。

　　Oc-P 占 TP 比例较大，含量仅次于 Ca-P，从图 14-5E 看出苦草在生长阶段对 Oc-P 不产生显著影响（$P > 0.05$），而后期苦草能明显促进 Oc-P 的转化，上升速度最快的阶段为 9～10 月上旬，到试验结束时 Oc-P 增加了 101.53mg/kg，增加量为 37.59%。图 14-5F 是试验期间 Ca-P 的变化，苦草组和对照组均呈缓慢上升趋势，而苦草的生长促进了少量 Ca-P 的转化，减少量为 9.57mg/kg，占初始值的 2.20%，后期苦草组始终显著低于对照组（$P < 0.05$）。

　　本试验中，苦草在试验期间经历了两个生长阶段，即 8～9 月的快速生长阶段和 10～11 月的慢速生长阶段（熊秉红和李伟，2000）。植物生长期释放出的各种有机物质，如有机酸、糖类、酚类和酶类等，改变了根部区域的 pH 和 Eh（Sun et al.，2009），苦草组沉积物 Eh 明显高于对照组，而 pH 低于对照组（王立志等 2011）。通常认为沉积物中容易发生还原作用的铁和铝氧化物结合态磷以及与氢氧化物结合的磷较易释放，可被生物所利用（Gao et al.，2009；Wang et al.，2006），当 Eh＜200mV 时，有助于 Fe^{3+} 向 Fe^{2+} 的转化，胶体状的 $Fe(OH)_3$ 转化为可溶性的 $Fe(OH)_2$，Fe-P 溶解释放出活性磷，使 PO_4^{3-} 脱离沉积物进入间隙水（旷远文等 2003），从而被苦草吸收利用。有研究表明黑藻对沉积物中的磷起到活化作用，增加了沉积物中潜在的可交换性磷，解释了前期苦草组的弱吸附态磷为什么高于对照组（周小宁等，2006）。

　　苦草快速生长期需要从沉积物中吸收大量的磷，从而降低了沉积物中的磷含量（胡俊等，2006）。沉积物中有机磷大都以磷酸酯（包括肌醇六磷酸）、磷脂、磷蛋白、磷酸糖类和核酸，以及一些未知的化合物等形态存在（Zhang et al.，2008）；肌醇六磷酸需氧降解矿化成无机磷（Horppila and Nurminen，2003），氧化还原条件决定其矿化程度和速率（Benitez-Nelson et al.，2007）。有研究发现湖泊沉积物磷形态中的有机磷 50%～60% 可被降解或水解，成为生物可利用的磷形态，是重要的"磷蓄积库"（Rydin，2000；Hantke et al.，1996）。陈淑珠等（1997）认为沉积物中的有机磷可经细菌生化作用转化为无机磷，细菌的新陈代谢能使截留在根际的有机胶体或悬浮物被加速矿化分解，成为沉积物中磷溶出的主要来源；而沉水植物的根系分泌物能促进嗜磷细菌生长（Gonsiorczyk et al.，1998），并通过其根部放氧影响根际氧化还原状态，故对有机磷到无机磷的转化具有重要作用（Palomo et al.，2004）。Anschutz 等（2007）认为有机磷矿化后向上覆水和间隙水释放磷酸盐，其中释放到间隙水中的磷酸根易被沉积物颗粒吸附，而沉积物的还原状态利于吸附磷的解析，矿化释放出的磷酸盐最终被苦草根系和叶片吸收利用（Krom and Berber，1981）。包先明（2011）发现 5 种沉水植物生长期对沉积物各形态磷中有机磷的降低最明显，本试验中，9 月 4 日苦草组沉积物有机磷显著低于对照组（图 14-6），烧失率结果亦与之吻合（图 14-4）。研究表明，黑藻的生长促进钙结合态磷的释放，在酸性条件下底质有机物生物降解产生的 CO_2，会使其溶解度增加，导致磷的释放量增大（赵海超等，2008），由此可以看出苦草快速生长期对沉积物磷的释放有促进作用，主要通过根系分泌物改变根际理化环境和根际细菌对有机磷矿化的分解作用，另外根系分泌碱性磷酸酶是重要方面（周易勇等，2002）。

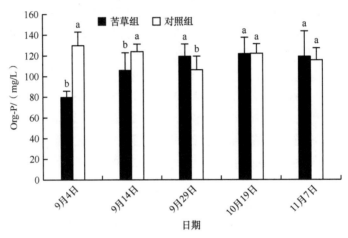

图 14-6　苦草对沉积物有机磷含量的影响

上标字母不同表示差异显著（$P < 0.05$）

　　缓慢生长期苦草生物量不再增加，并且维持较长时间的正常形态。大型水生植物可通过自身输导组织将氧气通过根部呼吸作用释放到沉积物（彭青林等，2004），在溶氧充足情况下，表层底泥氧化还原电位较高，利于 Fe^{2+} 转化为 Fe^{3+}，Fe^{3+} 与磷酸盐结合成难溶的磷酸铁（Frankowski et al.，2002），Holland 和 Ahrens（1997）研究表明苦草根部释氧致使底泥中的 Fe 和 Mn 氧化，随后增加了底泥对磷的吸收，解释了本试验苦草组缓慢生长期铁结合态磷含量快速上升且高于对照组的原因。

　　植物通过延长滞水时间，明显促进了有机质的沉积（Schulz et al.，2003），丰富的沉水植物使有机质大量蓄积至沉积物中（López-Piñeiro and Navarro，1997），在本试验中得到印证（图 14-4B）。有机质及其与铁的结合使得沉积物对磷的吸附能力显著提高，但有机质或许不是吸附位点的主要提供者，其与具磷固定能力的三价铁的结合更为重要。普遍认为，腐殖质结合铁和铝形成有机无机复合体（Gerke and Hermann，1992），为无机磷吸附提供了重要的位点，从而增强了磷的吸附，而闭蓄态磷的实质是被 Fe_2O_3 和胶膜包被的还原可溶性磷酸铁和磷酸铝（蒋柏藩和沈仁芳，1990），这一效应导致了闭蓄态磷的大量增加。有研究指出给水过程中，西班牙池塘沉积物中闭蓄态磷含量显著增加（Diaz-Espejo et al.，1999），本试验中闭蓄态磷和沉积物有机物含量极显著相关（$P < 0.01$），与上面结果吻合。刘兵钦等（2004）在调查野外菹草对沉积物磷吸附能力时，发现有机质及其与铁的相互作用能部分解释铁结合态磷的增加。本试验中 Fe-P 和 Oc-P 的极显著关

系（$P<0.01$）也能证明这一机制的存在。水生植物通过促进含磷物质的沉降以及防止表层沉积物再悬浮，起到了促进磷沉积的作用（李文朝，1997），另外水生植物可储存营养物质并将其转移至沉积物中（潘慧云等，2008）。有学者发现黑藻提高了沉积物吸附磷的速度和强度，指出沉水植物影响沉积物中有机质和铁铝氧化物的含量是增强沉积物吸附磷强度和速度的重要机理，而这一作用使上覆水中磷浓度维持在较低水平（王圣瑞等，2006；Wang et al.，2007）。

　　本试验通过定期排灌上覆水的设计，模仿了自然条件下的水体交换，试验周期包括苦草快速生长阶段和缓慢生长阶段。在苦草快速生长阶段，苦草通过转化吸收沉积物中活性较高的有机磷和铁铝磷，固定到短期难以向水体释放的植物体内，减缓了磷循环速度；而在缓慢生长阶段，苦草通过根系分泌物和改变根际理化环境，以及促进有机物沉降的方式，增强了沉积物对磷的吸附能力，使水体中的磷以不易分解的闭蓄态被固定到沉积物中。虽然关于沉水植物的研究很多，但是试验条件各异，分析手段不尽相同，导致了有些结果的差异，且自然条件下水体状况也有很大区别，所以仍需大量试验数据来全面解释不同水体中沉水植物对沉积物磷迁移转化的影响。

第三节　苦草不同生长期对磷的吸附试验

　　将苦草分为幼苗期、高速成长期（生长期）和衰败期进行试验。在 4L 的柱状玻璃瓶中加入 1/10N Hoagland 培养液。设计磷浓度为：0.00mg/L（对照组）、0.02mg/L、0.05mg/L、0.10mg/L，每个浓度 3 个平行。通过添加磷酸二氢钾溶液，使磷浓度达到设计浓度。将暂养后的苦草植株吸干表面水分，分别放入玻璃瓶中。定时取水样，并测定培养液的磷浓度。

一、苦草不同生长期的生长性状

　　幼苗期苦草叶片细嫩，呈翠绿色，从表 14-1 中看出幼苗期苦草根数有很大个体差异，根冠比接近 5，地面和地下部分都比较发达，含水率在 90% 以上。生长期较幼苗期相比，苦草叶片和根系都有很大生长，叶片生物量增长 3～4 倍，根系增长 2 倍，含水率升高，叶宽和叶片数也有较大升高，根重显著增大（$P<0.05$）。衰败期苦草根系腐烂成絮状，不能互相区分，叶片有一定程度的萎缩，含水率上升。

表 14-1　各生长时期苦草生长数据

性状	幼苗期	生长期	衰败期
叶长/cm	14.21±3.60	39.80±4.10	31.42±2.21
叶片数	6.37±1.74	10.50±1.60	6.00±0.88
叶重/g	0.98±0.29	3.75±1.20	2.99±0.78
叶宽/mm	5.10±0.60	8.00±0.60	7.87±0.65
叶片含水率/%	92.80±0.90	99.3±0.10	99.5±0.00
根数	74.00±20.00	53.75±10.00	—
根长/cm	9.39±2.12	8.95±1.20	—
根重/g	0.18±0.05	0.36±0.08	0.17±0.06
根系含水率/%	91.40±0.20	93.00±0.10	88.92±0.15

续表

性状	幼苗期	生长期	衰败期
根冠比（鲜重）	5.06±0.40	10.50±2.60	17.90±4.57
根冠比（干重）	4.86±0.42	10.00±2.80	18.90±8.82
芽孢数		0.41	

对幼苗期生长数据进行相关分析得出，根数和叶长、叶宽呈显著正相关，与叶片数呈极显著正相关；叶长和叶片数呈显著相关，与叶宽呈极显著相关，提示苦草叶片越多，根系越发达；根系长度与其他指标无显著相关关系，说明苦草根长与生长旺盛程度无关，可能与底质等生长环境相关。而生长期苦草个体之间差异性较大，相关分析只发现根数和叶长存在显著正相关（表14-2）。

表 14-2　苦草幼苗期和生长期生长数据相关分析

性状	叶长	根长	根长	根数	叶宽
幼苗期					
叶长	1	0.371	0.520*	0.564*	0.743**
根长	0.371	1	−0.012	0.057	0.468
叶片数	0.520*	−0.012	1	0.810**	0.409
根数	0.564*	0.057	.810**	1	0.474*
叶宽	0.743**	0.468	0.409	0.474*	1
生长期					
叶长	1	0.166	0.039	0.629*	0.198
根长	0.166	1	0.265	0.258	−0.297
叶片数	0.039	0.265	1	0.371	−0.062
根数	0.629.	0.258	0.371	1	−0.237
叶宽	0.198	−0.297	−0.062	−0.237	1

*$P<0.05$，**$P<0.01$

二、苦草不同生长期对磷的吸附能力

苦草不同生长期在不同磷浓度环境中对磷的吸附能力见图14-7，吸附能力与磷浓度的相关性见表14-3。

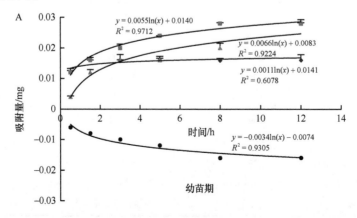

$y = 0.0055\ln(x) + 0.0140$
$R^2 = 0.9712$

$y = 0.0066\ln(x) + 0.0083$
$R^2 = 0.9224$

$y = 0.0011\ln(x) + 0.0141$
$R^2 = 0.6078$

$y = -0.0034\ln(x) - 0.0074$
$R^2 = 0.9305$

幼苗期

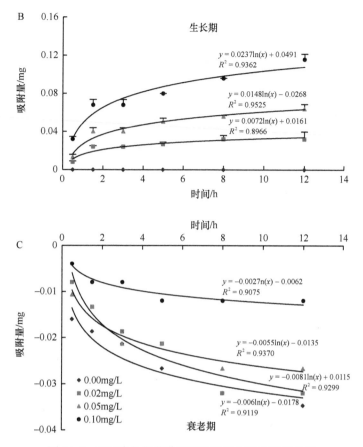

图 14-7　不同生长期苦草对磷的吸附与磷浓度的关系

表 14-3　不同生长期苦草对磷的吸附与磷浓度的关系

试验组	幼苗期	生长期	衰败期
0.00mg/L	$y=-0.0034\ln(x)-0.0074$ $R^2=0.9305$		$y=-0.0061\ln(x)-0.0178$ $R^2=0.9119$
0.02mg/L	$y=0.0011\ln(x)+0.0141$ $R^2=0.6078$	$y=0.0072\ln(x)+0.0161$ $R^2=0.8966$	$y=-0.0081\ln(x)+0.0115$ $R^2=0.9299$
0.05mg/L	$y=0.0055\ln(x)+0.0140$ $R^2=0.9712$	$y=0.0148\ln(x)-0.0268$ $R^2=0.9525$	$y=-0.0055\ln(x)-0.0135$ $R^2=0.9370$
0.10mg/L	$y=0.0066\ln(x)+0.0083$ $R^2=0.9224$	$y=0.0237\ln(x)+0.0491$ $R^2=0.9362$	$y=-0.0027\ln(x)-0.0062$ $R^2=0.9075$

　　幼苗期苦草对磷的吸附与磷浓度的关系如图 14-7A 所示，幼苗期苦草在磷浓度为 0.00mg/L 时，不吸附反而向水体释放磷，0.5h 内存在快速释放，最大速度为 6μg/(L·h)，后期释放速度减慢，原因可能是幼苗期苦草细胞壁薄，高渗透压下导致细胞破裂，磷元素释放。0.02mg/L 和 0.05mg/L 浓度组在 0.5h 内有剧烈吸附，速度分别为 12.0μg/(L·h) 和 18.7μg/(L·h)，随后吸收缓慢。0.02mg/L 浓度组在 3h 达到平衡，0.05 浓度组在 8h 达到平衡。而 0.10mg/L 浓度组在 0.5h 内吸收速度较前两组吸收速度缓慢，但是 0.5～1.5h 内剧烈吸收，速度为 10.6μg/(L·h)，并且在 12h 时达到平衡。平衡时间的差距存在说明幼

苗期苦草对水体的磷吸收存在一个阈值，低于此浓度苦草不能吸收，这一阈值在幼苗期为 0.013mg/L。

值得注意的是，高浓度 0.10mg/L 处理组吸附量反而没有 0.05mg/L 处理组高，表明幼苗期苦草对于磷浓度有最适范围，过高浓度的磷反而不能促进磷的吸附。

苦草生长期对不同磷浓度的吸收存在显著差异，表现出浓度越高吸收越强烈的趋势（图 14-7B）。0～1.5h 阶段，除对照组外的各处理组均表现出剧烈的吸附，吸附速度分别为 16.0μg/(L·h)、26.6μg/(L·h) 和 64.0μg/(L·h)，这可能是经过"饥饿"处理后的补偿吸收；而 1.5～3h 内没有显著吸附，可以解释为前 1.5h 的吸收满足了苦草需要。3～12h 仍存在持续吸附，但吸附速率明显减少，这阶段的吸附速率最接近自然状态。

比较不同处理组苦草 3h 后的吸附量发现 0.10mg/L 和 0.05mg/L 组呈线性上升，而 0.02mg/L 组 8h 趋于稳定；由于 8h 时，0.02mg/L 组的培养液中磷浓度已降至 0.01mg/L，推测此值趋近苦草的吸收阈值；而 0.05mg/L 和 0.10mg/L 组培养液的磷含量分别是 0.04mg/L 和 0.08mg/L。

生长期苦草吸附速度与磷浓度成正相关（图 14-7B），吸附速率显著提高，提示生长期苦草对磷元素需求和固磷能力都较幼苗期有很大提高，主动吸收能力变强，吸收阈值从幼苗期的 0.013mg/L 降至 0.01mg/L。

衰败期苦草对磷的吸附特点如图 14-7C 所示。与幼苗期和生长期相比，衰败期苦草停止磷的吸附，反而向水体释放磷，释放速率和释放量与培养液中磷浓度成反比，推测此阶段苦草细胞开始凋亡，细胞脆弱，在高磷浓度渗透压下易向外释放。0.10mg/L 组最快达到平衡，培养液平衡浓度为 0.12mg/L。

三、不同生长期苦草对 DO、pH、EH 的影响

从图 14-8 看出，苦草幼苗期在不同浓度磷溶液培养下，0.10mg/L 磷浓度组溶氧增加量最大，其他处理组依次减少，且组间存在差距；对照组基本不升高，5h 后 DO 均开始降低，而对照组 DO 下降速度显著高于磷处理组。溶解氧是苦草光合代谢释放的，其值间接表示苦草的代谢强度，结果显示磷浓度越高，苦草生长越旺盛，光合作用需要持续吸收水体中的磷，当水中磷浓度为 0.00mg/L 时，则基本停止光合代谢。幼苗期苦草培养时 pH 和 Eh 均呈显著负相关，幼苗期培养时各组最后的 pH 存在显著差异，值得注意的是除幼苗期 0.1mg/L 处理组外的其他 3 组，DO 和 pH 呈极显著正相关，而 0.10mg/L 组结果

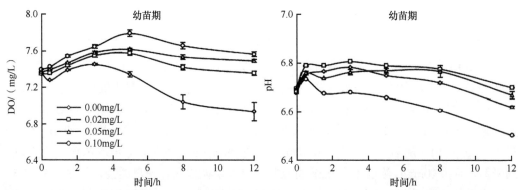

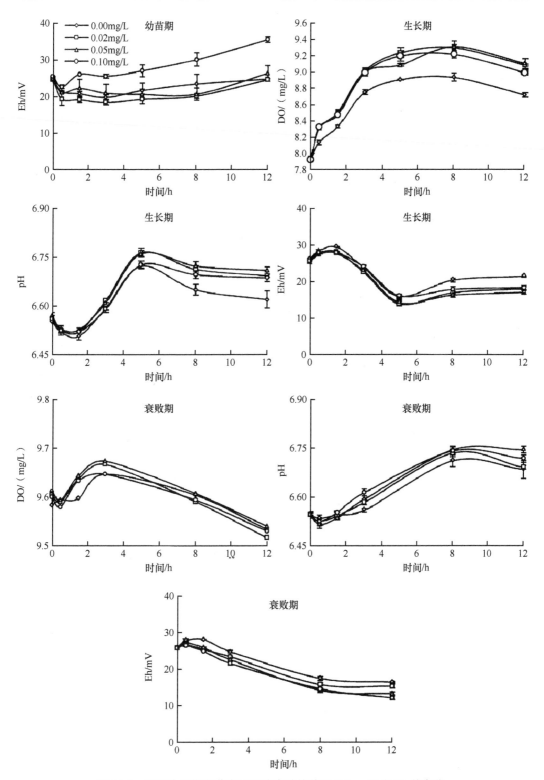

图 14-8　不同生长期苦草在不同浓度磷培养下 DO、pH 和 Eh 的变化

却不存在相关，提示苦草在高浓度磷环境中吸收磷元素时伴随着氢离子的释放，推测苦草对磷元素存在高亲和力和低亲和力作用两种吸收模式，浓度低时，高亲和力 $Na^+:PO_4^{3-}$ 离子泵吸收起主要作用，低亲和力时 $H^+:PO_4^{3-}$ 离子泵起主要作用。虽未有苦草吸收磷元素细胞水平文献的报道，但从试验结果推测，低浓度 $0.00\sim0.05mg/L$ 时，苦草为高亲和力吸收，而 $0.1mg/L$ 时为低亲和力吸收，这时苦草吸附磷元素时伴随着氢离子的释放，这也解释了高浓度磷处理组 pH 反而下降的现象。

苦草生长期产氧能力明显高于幼苗期（图 14-8），试验前 5h，DO 上升较快，后趋于稳定，不同于幼苗期，低磷对照组苦草能产氧，但是产氧量显著低于磷处理组，磷处理组之间无显著差异（$P>0.05$），表明生长期苦草植株内储存了一定量的磷，但不能满足苦草的正常光合代谢需求。从光合作用强度来看，各磷处理组无显著差异，而磷的吸附量存在差异，可以推测 $0.02mg/L$ 的磷浓度已然能满足光合代谢的需求，多余的吸附磷可能被储存或者吸附于叶片上，以保证后期有足够的磷源，苦草净化水质能力表现的高峰期可能就集中在这个阶段。pH 和 Eh 呈极显著负相关（$P<0.01$），pH 和 DO 的变化趋势基本相同；光合代谢和氧气的释放使得培养液 pH 升高。

从图 14-8 看出，衰败期苦草的光合作用基本停止，仅在前 3h 有微弱 DO 释放，后期呈线性下降，各组间无差异；pH 变化趋势为前 8h 上升，后至稳定，Eh 与 pH 变化趋势相反。数据表明，衰败期苦草暴露在 $0\sim0.10mg/L$ 的 4 种磷溶液中，其发生的反应无组间区别，此时苦草自身的变化起主导作用，衰败的苦草导致培养液 pH 上升。

有研究表明植物对磷的吸收与氢离子或钠离子的共运输跨膜蓄能过程有关（Schachtman et al., 1998），这 2 种不同的磷转运系统为低亲和磷转运系统与高亲和磷转运系统（Smith et al., 1997, 2000），其中以 H^+/Pi 共运输为主要方式，而大多数高亲和力载体存在于表皮和根毛细胞中（Daram et al., 1998），当外界磷浓度过低时才开始运转。幼苗阶段 $0.10mg/L$ 组出现了溶氧越高 pH 越低的现象，与其他 3 组结果相反，假设此时苦草对磷的吸收机制为低亲和力转运，则磷不再与氢离子共同进入细胞，虽然细胞吸收了磷，但是更多的氢离子被留在培养液中，使得溶液 pH 降低，这一现象得以解释，在 $0.05\sim0.10mg/L$ 存在某一阈值，在该阈值苦草发生高亲和力和低亲和力磷转运系统的变化。

随着水体营养水平的升高，苦草组织内的磷含量也随之升高（雷泽湘等，2008），适宜的氮、磷浓度促进沉水植物生长，但过高则会严重抑制生长，甚至导致死亡（Ozimek and Komalezewski, 1984），植物幼苗期，低磷浓度反而表现出高的叶片叶绿素含量，因为磷浓度过高抑制了植株对铁的吸收，而铁与植物光合作用密切相关。本试验中，在 $0.10mg/L$ 磷浓度下的苦草表现出低亲和力转运，导致溶液的 pH 降低，而过低的 pH 会降低 H^+-ATP 酶活性，抑制了跨膜释放能力（Yan et al., 1991），所以以高浓度磷长期暴露会导致植物生长抑制，苦草在中营养（$TP=0.08mg/L$）条件下生长情况最佳（李佩等，2012）。

从表 14-4 可看出，生长期苦草吸收强度高出幼苗期 $2\sim10$ 倍，目前关于不同生长阶段水生植物对磷需求的研究尚未见报道，本试验结果显示生长期苦草表现出最强的磷吸附能力，此时正是其净水能力的高峰期。苦草在不同生长期对磷的需求特点，与沟渠水体磷含量季节变化特点相吻合，有利于沟渠水体中磷的去除。

表 14-4　苦草不同磷浓度处理下的吸附动力学模型拟合参数

磷浓度	生长期			幼苗期		
	a	b	R^2	a	b	R^2
对照组	—	—	—	−0.0074	−0.0034	0.9305
0.02mg/L	0.0268	0.0148	0.8966	0.0135	0.0013	0.8245
0.05mg/L	0.0161	0.0072	0.9525	0.0201	0.0027	0.9681
0.10mg/L	0.0491	0.0237	0.9362	0.011	0.0053	0.9228

注：a、b 表示动力学模型参数；R^2 表示模型拟合优度

小　结

1）苦草对上覆水和间隙水中磷形态影响的试验表明，苦草显著降低上覆水和间隙水中各形态磷浓度（$P<0.05$）。苦草能短时间内净化水质，维持磷低水平浓度。

2）苦草生长期显著降低沉积物含水率，烧失率在实验早期低于对照组，后期高于对照组。种植苦草一个月后，苦草组上覆水 TP、DIP、TDP、DOP 浓度缓慢下降，显著低于对照组；苦草缓慢生长期无显著差异。种植苦草有利于降低上覆水中不同形态磷的浓度；苦草组间隙水 TP、TIP 和 TOP 均呈下降趋势，试验结束时，较对照组分别下降 70.10%、72.61% 和 62.92%，苦草显著降低间隙水中各形态磷的浓度（$P<0.05$）。

3）苦草快速生长期主要通过促进 Org-P 矿化向水柱和间隙水释放磷显著降低沉积物中的 TP 含量，贡献率为 62.67%。其次苦草可促进 Ca-P 的分解，Ca-P 较对照组减少 2.20%；苦草自沉积物吸收的 Fe-P 和 Al-P 分别为 2.99mg/kg 和 4.10mg/kg，对闭蓄态磷（Oc-P）含量没有显著影响（$P>0.05$）。在缓慢生长阶段，苦草促进有机物沉降以及 Fe-P 和 Oc-P 的形成，两者含量分别增加 14.82mg/kg 和 101.53mg/kg，Al-P 的含量仅升高 7.39%，表明在快速生长期苦草转化吸收高活性磷固定到植株体内，缓慢生长阶段则促进水体中的磷转化成沉积物中难分解态磷，对磷的沉降表现出积极促进作用。

4）不同磷浓度的吸附试验表明，苦草幼苗期，对照组苦草向水体释放磷，0.02mg/L 和 0.05mg/L 浓度下，0.5h 内强烈吸附 [12.0μg/(L·h) 和 18.7μg/(L·h)]；0.10mg/L 浓度下，0.5h 内吸收速度慢。0.5～1.5h 以 10.6μg/(L·h) 速度强烈吸收；磷浓度 0.013mg/L 可能为吸收阈值。根据吸附速率和溶氧（DO）、pH 和 Eh 结果，推测磷浓度 0.05～0.10mg/L 存在高亲和力和低亲和力吸收的转换点。生长期：吸附速度显著提高，与磷浓度成正相关，吸收阈值降至 0.01mg/L。衰败期：停止磷的吸附，并向水体释放磷元素，释放速率和总量与培养液中磷浓度成反比。

参 考 文 献

包先明. 2011. 水生植被原位恢复对底泥磷释放的影响. 水土保持通报, 31(2): 68-72

陈秋敏, 王国祥, 葛绪广, 等. 2010. 沉水植物苦草对上覆水各形态磷浓度的影响. 水资源保护, 26(4): 49-56

陈淑珠, 钱红, 张经. 1997. 沉积物对磷酸盐的吸附与释放. 青岛海洋大学学报, 27(3): 413-418

高效江, 张念礼, 陈振楼, 等. 2002. 上海滨岸潮滩水沉积物中无机氮的季节性变化. 地理学报, 57(4): 407-412

胡俊, 丰民义, 吴永红, 等. 2006. 沉水植物对沉积物中磷赋存形态影响的初步研究. 环境化学, 25(1): 28-31

黄文成. 1994. 沉水植物在治理滇池草海污染中的作用. 植物资源与环境, 3(4): 29-33

蒋柏藩, 沈仁芳. 1990. 土壤无机磷分级的研究. 土壤学进展, 18(1): 1-8

旷远文, 温达志, 钟传文, 等. 2003. 根系分泌物及其在植物修复中的作用. 植物生态学报, 27(5): 709-717

劳家柽. 1988. 土壤农化分析手册. 北京: 中国农业出版社

雷泽湘, 徐德兰, 谢贻发, 等. 2008. 太湖水生植物氮磷与湖水和沉积物氮磷含量的关系. 植物生态学报, 32(2): 402-407

李佩, 谢从新, 何绪刚, 等. 2012. 水体营养水平及附着藻类对苦草生长的影响, 渔业现代化, 39(1): 11-17

李文朝. 1997. 东太湖水生植物的促淤效应与磷的沉积. 环境科学, 18(3): 9-13

刘兵钦, 王万贤, 宋春雷, 等. 2004. 菹草对湖泊沉积物磷状态的影响. 武汉植物学研究, 22(5): 394-399

潘慧云, 徐小花, 高士祥. 2008. 沉水植物衰亡过程中营养盐的释放过程及规律. 环境科学研究, 21(1): 63-68

彭青林, 敖洁, 曾经. 2004. 水生植物塘中的溶解氧变化及对污水处理研究. 长沙电力学学报 (自然科学版), 19(1): 79-81

宋福, 陈艳卿, 乔建荣, 等. 1997. 常见沉水植物对草海水体 (含底泥) 总氮去除速率的研究. 环境科学研究, 10(4): 47-50

王立志, 王国祥, 俞振飞, 等. 2011. 苦草 (*Vallisneria natans*) 生长期对沉积物磷形态及迁移的影响. 湖泊科学, 23(5): 753-760

王圣瑞, 金相灿, 赵海超, 等. 2006. 沉水植物黑藻对上覆水中各形态磷浓度的影响. 地球化学, 35(2): 179-186

吴重华, 王晓蓉, 孙昊. 1997. 羊角月牙藻的生长与湖水中几种磷形态关系的建立. 环境化学, 16(4): 341-346

熊秉红, 李伟. 2000. 我国苦草属 (*Vallisneria* L.) 植物的生态学研究. 武汉植物学研究, 18(6): 500-508

徐敏, 程凯, 孟博, 等. 2001. 环境因子对衣藻水华消长影响的初步研究. 华中师范大学学报, 35(3): 322-325

张龙翔. 1987. 生化实验方法和技术. 北京: 高等教育出版社

赵海超, 赵海香, 王圣瑞, 等. 2008. 沉水植物对沉积物及土壤垂向各形态无机磷的影响. 生态环境, 17(1): 74-80

周小宁, 王圣瑞, 金相灿. 2006. 沉水植物黑藻对沉积物有机、无机磷形态及潜在可交换性磷的影响. 环境科学, 27(12): 2421-2425

周易勇, 李建秋, 张敏. 2002. 湿地中碱性磷酸酶的动力学特征与水生植物的关系. 湖泊科学, 14(2): 134-138

朱广伟, 秦伯强. 2003. 沉积物中磷形态的化学连续提取法应用研究. 农业环境科学学报, 22(3): 349-352

Agami M, Waisel Y. 1986. The ecophysiology of roots of submerged vascular plants. *Physiology Vegetale*, 24(5): 607-624

Anschutz P, Chaillou G, Lecroart P. 2007. Phosphorus diagenesis in sediment of the Thau Lagoon. *Estuarine Coastal and Shelf Sciences*, 72(3): 447-456

Benitez-Nelson CR, O'Neill ML, Styles RM, *et al*. 2007. Inorganic and organic sinking particulate phosphorus fluxes across the oxic / anoxic water column of Cariaco Basin, Venezuela. *Marine Chemistry*, 105(1-2): 90-100

Benson ER, O'Neil JM, Dennison WC, *et al*. 2008. Using the aquatic macrophyte Vallisneria Americana (wild celery) as a nutrient bioindicator. *Hydrobiologia*, 596: 187-196

Berman T, Moses G. 1972. Phosphorus availability and alkaline phosphatase activities in two Israeli fishponds. *Hydrobiologia*, 40: 487-498

Best MD, Mantai KE. 1978. Growth of *Myriophyllum*: sediment or lake water as the source of nitrogen and phosphorus. *Ecology*, 59(5): 1075-108

Correll DL. 1998. The role of phosphorus in the eutrophication of receiving waters: A review. *Journal of Environmental Quality*, 27(2): 261-266

Dahl M, Dunning CP, Green T. 1993. Convective-transport of chemicals across a sediment-water interface. *Water Science and Technology*, 28(8-9): 209-213

Daram P, Brunner S, Persson BL, *et al*. 1998. Functional analysis and cell-specific expression of a phosphate transporter form tomato. *Planta*, 206(2): 225-233

Diaz-Espejo A, Serrano L, Toja J. 1999. Changes in sediment phosphate composition of seasonal ponds during filling. *Hydrobiologia*, 392(1): 21-28

Frankowski L, Bolalek J, Szostck A. 2002. Phosphorus in bottom sediments of pomeranian bay (Southern Baltic-Poland). *Estuarine Coastal and Shelf Sciences*, 54(6): 1027-1038

Gao JQ, Xiong ZT, Zhang JD, *et al*. 2009. Phosphorus removal from water of eutrophic Lake Donghu by five submerged macrophytes. *Desalination*, 242(1-3): 193-204

Gerke J, Hermann R. 1992. Adsorption of orthophosphate to humic-Fe-complexes and to amorphous Fe-oxide. *Journal of Plant Nutrition Soil Science*, 155(3): 233-236

Gessner MO, Sehwoerbel J. 1989. Leaching kinetics of fresh leaf-litter with implications for the current concept of leaf-processing in streams. *Archiv fur Hydrobiologie*, 115(1): 81-89

Gonsiorczyk T, Casper P, Koschel R. 1998. Phosphorus-binding forms in the sediment of an oligotrophic and an eutrophic hardwater lake of the Baltic Lake district (Germany). *Water Science and Technology*, 37(3): 51-58

Granéli W, Solander D. 1988. Influence of aquatic macrophytes on phosphorus cycling in lakes. *Hydrobiologia*, 170(1): 245-266

Hantke B, Fleischer P, Domany L, *et al*. 1996. P-release from DOP by phosphatase activity in comparison to P excretion by zooplankton. Studies in hardwater lakes of different trophic level. *Hydrobiologia*, 317: 151-162

Holland KG, Ahrens TJ. 1997. Melting of $(Mg,Fe)_2SiO_4$ at the core-mantle boundary of the earth. *Science*, 275(6): 1623-1625

Horppila J, Nurminen L. 2003. Effects of submerged macrophytes on sediment resuspension and internal phosphorus loading in Lake Hiidenvesi (southern Finland). *Water Research*, 37(18): 4468-4474

Jin XC, Wang SR, Pang Y. 2005. The adsorption of phosphate on different trophic lake sediments. *Colloids and Surfaces A Physicochemical and Engineering Aspects*, 254(1-3): 241-248

Krom MD, Berber RA. 1981. The diagenesis of phosphorus in a nearshore marine sediment. *Geochimica et Cosmochimica Acta*, 45: 207-216

Kufel L, Ozimek T. 1994. Can chara control phosphorus cycling in Lake Łuknajno (Poland). *Hydrobiologia*, 94: 277-283

Levine SN, Schindler DW. 1980. Radiochemical analysis of orthophosphate concentrations and seasonal changes in the flux of orthophosphate to seston in two Canadian shield Lakes. *Canadian Journal of Fisheries and aquatic sciences*, 37(3): 479-487

López-Piñeiro A, Navarro AG. 1997. Phosphate sorption in Vertisols of southwestern Spain. *Soil Science*, 162(1): 69-77

Ozimek T, Komalezewski A. 1984. Long-term changes of the submerged macrophytes in eutrophic lake Mikołajskie (North poland). *Aquatic Botany*, 19(1): 1-11

Ozimek T, Van DE, Gulati RD. 1993. Growth and nutrient uptake by two species of *Elodea* in experimental conditions and their role in nutrient accumulation in a macrophyte-dominated lake. *Hydrobiologia*, 251(1-3): 13-18

Palomo L, Clavero V, Izquierdo JJ, *et al*. 2004. Influence of macrophytes on sediment phosphorus accumulation in a eutrophic estuary (Palmones river, Southern Spain). *Aquatic Botany*, 80(2): 103-113

Rydin E. 2000. Potentially mobile phosphorus in Lake Erken sediment. *Water Research*, 34(7): 2037-2042

Schachtman DP, Reid RJ, Ayling SM. 1998. Phosphorus uptake by plants: from soil to cell. *Plant Physiology*, 116(2): 447-453

Schulz M, Kozerski HP, Pluntke T, *et al*. 2003. The influence of macrophytes on sedimentation and nutrient retention in the lower River Spree (Germany). *Water Research*, 37(3): 569-578

Smith FA, Jakobsen I, Smith SE. 2000. Spatial differences in acquisition of soil phosphate between two arbuscular mycorrhizal fungi in symbiosis with Medicago truncatula. *New Phytologist*, 147(2): 357-366

Smith FW, Ealing PM, Dong B, *et al*. 1997. The cloning of two *Arabidopsis* genes belonging to a phosphate transporter family. *Plant Journal*, 11(1): 83-92

Sun SJ, Huang SL, Sun XM, *et al*. 2009. Phosphorus fractions and its release in the sediments of Haihe River, China. *Journal of Environmental Quality*, 21(3): 291-295

Wang SR, Jin XC, Zhao HC, *et al*. 2006. Phosphorus fractions and its release in the sediments from the shallow lakes in the middle and lower reaches of Yangtze River area in China. *Colloids and Surfaces A: Physicochemical and Engineering Aspects*, 273(1-3): 109-116

Wang SR, Jin XC, Zhao HC, *et al*. 2007. Effects of *Hydrilla verticillata* on phosphorus retention and release in sediments. *Water Air and Soil Pollution*, 181(1-4): 329-339

Yan F, Schubert S, Mengel K. 1991. Effect of low root medium pH on net proton release, root respiration, and root growth of corn (*Zea mays* L.) and broad bean (*Vicia faba* L.). *Plant Physiology*, 99(2): 415-421

Zhang RY, Wu FC, Liu CQ, *et al*. 2008. Characteristics of organic phosphorus fractions in different trophic sediments of lakes from the middle and lower reaches of Yangtze River region and Southwestern Plateau, China. *Environmental Pollution*, 152(2): 366-372

第十五章 池塘底泥–水界面氮、磷变化特征研究

内陆池塘养殖所采用的"高投入、高产出"养殖模式，大量投入饲料、肥料，导致池塘水体营养盐积累和水质恶化，鱼类疾病频繁发生，从而直接影响养殖生物健康和水产品质量安全，养殖尾水的排放对周围水环境也造成了一定污染，影响了水产养殖业的可持续发展。饲料和肥料是池塘氮、磷输入的主要形式（Lorenzen et al.，1997；齐振雄和张曼平，1998）。在草鱼混养池塘中饲料氮、磷分别占总输入的 85.54%～93.38% 和 82.60%～84.26%（孙云飞，2013）。被鱼类利用的饲料氮、磷，在主养草鱼池塘分别为 35.4%～37.9% 和 18.9%～20.2%（高攀等，2009）；罗非鱼（*Oreochromis* sp.）在半精养池塘仅分别为 18%～21% 和 16%～18%（Green and Boyd，1995）。饲料中的氮、磷大量沉积在底泥中（陈建武，2012；孙云飞，2013）。由此可见，池塘底泥是氮、磷营养盐的重要蓄积库，既能净化池塘水质，又能不断向池塘水体释放氮、磷营养盐。底泥–水界面的氮循环、磷循环对池塘水质变化起着重要的调节作用，对底泥–水界面氮、磷的时空分布和底泥氮、磷释放影响因素的研究，可更好地了解底泥–水界面氮循环、磷循环。本章对残饵、底泥厚度和温度对底泥氮、磷释放影响进行模拟研究，明确养殖池塘底泥–水界面氮、磷营养盐的分布特征。

第一节 底泥–水界面氮、磷营养盐的分布特征

3 口试验塘条件与鱼类养殖情况同第二章。每个试验塘沿对角线设置 3 个采样点，利用柱状采泥器采集底泥，每次每个采样点采集 3 份样品。底泥采集后尽量避免扰动，虹吸收集 30cm 的上覆水后，将底泥分割为 3 层，每层 3cm，装入封口袋，立即离心（4000r/min，20min）获得间隙水，测定氮、磷营养盐浓度。上覆水样品放入冰箱 2℃ 低温保存，经 0.45μm 孔径微孔滤膜过滤，测定水样氮、磷营养盐浓度。剩余表层底泥（0～3cm）用烘箱 80℃烘干，研磨，过 100 目筛后，测定底泥 TN、TP、有机质（OM）、总碳（TC）含量。

一、上覆水中氮、磷营养盐的分布变化

上覆水中 NH_4^+-N 含量变化如图 15-1A 所示，上覆水中 NH_4^+-N 含量，A 塘为 1.21mg/L（0.50～1.87mg/L），B 塘为 1.34mg/L（0.55～2.50mg/L），C 塘为 1.15mg/L（0.43～2.47mg/L）。5～7 月 3 口池塘 NH_4^+-N 变化幅度较小，池塘间无显著差异（$P > 0.05$），7～8 月，3 口塘 NH_4^+-N 均显著上升（$P < 0.05$），8～10 月，3 口池塘 NH_4^+-N 变化较为剧烈；9 月，B 塘 NH_4^+-N 显著高于 A 塘和 C 塘（$P < 0.05$）。

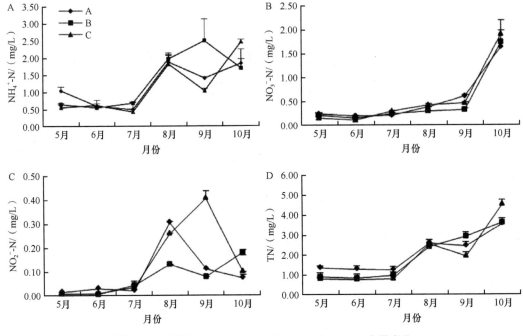

图 15-1　上覆水中 NH_4^+-N、NO_3^--N、NO_2^--N、TN 含量变化

　　上覆水 NO_3^--N 含量变化如图 15-1B 所示，上覆水中 NO_3^--N 含量，A 塘为 0.55mg/L（0.20～1.63mg/L），B 塘为 0.50mg/L（0.17～1.74mg/L），C 塘为 0.57mg/L（0.12～1.91mg/L）。3 口池塘上覆水中 NO_3^--N 呈现出逐渐上升趋势。5～9 月，3 口池塘上覆水中 NO_3^--N 变化幅度较小，而 9～10 月均显著升高（$P<0.05$），且都在 10 月达到最大值。试验期间 3 口池塘间的上覆水 NO_3^--N 均无显著差异（$P>0.05$）。

　　上覆水 NO_2^--N 含量变化如图 15-1C 所示，上覆水中 NO_2^--N 含量，A 塘为 0.091mg/L（0.013～0.30mg/L），B 塘为 0.073mg/L（0.0065～0.18mg/L），C 塘为 0.13mg/L（0.0059～0.40mg/L）。5～7 月 3 口池塘 NO_2^--N 无明显变化，7～8 月 3 口池塘 NO_2^--N 显著上升（$P<0.05$）。7 月以后 3 口池塘的 NO_2^--N 变化幅度较大。

　　上覆水中 TN 含量变化如图 15-1D 所示，A 塘为 2.07mg/L（1.22～3.55mg/L），均值为；B 塘为 1.94mg/L（0.83～3.61mg/L），C 塘为 1.88mg/L（0.75～4.51mg/L）。3 口池塘 TN 都呈现逐渐上升的趋势，5～8 月 A 塘 TN 始终大于 B 塘和 C 塘，10 月 C 塘 TN 显著高于 A 塘和 B 塘（$P<0.05$），A 塘和 B 塘间无显著差异（$P>0.05$）。

　　上覆水中可溶性活性磷（SRP）含量变化如图 15-2A 所示，上覆水中 SRP 含量，A 塘为 0.041mg/L（0.036～0.063mg/L），B 塘为 0.058mg/L（0.047～0.067mg/L），C 塘为 0.053mg/L（0.040～0.062mg/L）。3 口池塘上覆水 SRP 总体变化较为平稳，最大值均出现在 8 月。

　　上覆水中 TP 含量变化如图 15-2B 所示，上覆水中 TP 含量，A 塘为 0.32mg/L（0.19～0.47mg/L），B 塘为 0.29mg/L（0.22～0.37mg/L），C 塘为 0.33mg/L（0.15～0.47mg/L）。3 口池塘的 TP 均呈现缓慢上升趋势。10 月，3 口池塘上覆水中 TP 均显著高于 5 月（$P<0.05$），池塘间无显著差异（$P>0.05$）。

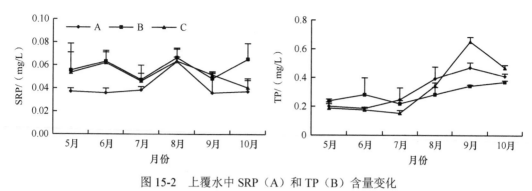

图 15-2 上覆水中 SRP（A）和 TP（B）含量变化

二、表层底泥间隙水中氮、磷营养盐的分布变化

表层底泥间隙水中 NH_4^+-N 含量见图 15-3A，A 塘为 9.12mg/L（5.26～10.62mg/L），B 塘为 5.72mg/L（1.98～9.77mg/L），C 塘为 8.46mg/L（4.89～11.89mg/L）。A、C 塘底泥间隙水中 NH_4^+-N 先升高后趋于稳定，试验结束时两口池塘表层间隙水中 NH_4^+-N 均显著高于初始值（$P<0.05$）。B 塘表层间隙水 NH_4^+-N 波动幅度较大，7 月和 8 月显著低于 A 塘和 C 塘（$P<0.05$）。

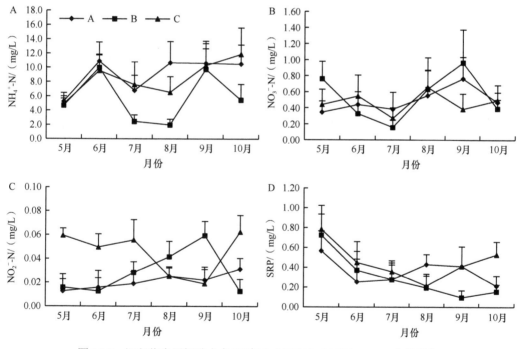

图 15-3 沉积物表层间隙水中 NH_4^+-N、NO_3^--N、NO_2^--N、SRP 含量变化

表层底泥间隙水中 NO_3^--N 含量见图 15-3B。A 塘为 0.49mg/L（0.35～0.76mg/L），B 塘为 0.54mg/L（0.16～0.97mg/L），C 塘为 0.47mg/L（0.27～0.66mg/L）。A 塘表层间隙水中 NO_3^--N 呈现逐渐上升，9 月达到最大值；B 塘 5～7 月逐渐降低，此后上升明显；C 塘波动幅度较大。9 月 3 口池塘表层间隙水中 NO_3^--N 差异显著（$P<0.05$）。

表层底泥间隙水 NO_2^--N 含量变化见图 15-3C，A 塘为 0.021mg/L（0.013～0.031mg/L），

B 塘为 0.028mg/L（0.013～0.059mg/L），C 塘为 0.045mg/L（0.019～0.063mg/L）。5～7 月 C 塘表层间隙水 NO_2^--N 显著高于 A 塘和 B 塘（$P<0.05$），而 A 塘和 B 塘间无显著差异（$P>0.05$）。

表层底泥间隙水中 SRP 含量变化如图 15-3D 所示，A 塘为 0.37mg/L（0.21～0.57mg/L），B 塘为 0.30mg/L（0.096～0.72mg/L），C 塘为 0.46mg/L（0.21～0.78mg/L）。3 口池塘表层间隙水中 SRP 在 5～6 月均显著下降（$P<0.05$），10 月 C 塘显著高于 A、B 塘（$P<0.05$），3 口池塘试验结束时的 SRP 均显著低于初始值（$P<0.05$）。

试验期间，3 口池塘表层间隙水中 NH_4^+-N 始终高于上覆水，A、B、C 塘表层间隙水中 NH_4^+-N 分别是上覆水的 5～18 倍、1～18 倍、5～18 倍。表层间隙水中 SRP 始终高于上覆水。A、B、C 塘表层间隙水 SRP 分别是上覆水的 5～15 倍、2～13 倍、3～13 倍。

三、底泥间隙水中氮、磷营养盐的垂直分布变化

池塘底泥间隙水中 NO_3^--N 含量的垂直分布如图 15-4 所示，A、B、C 塘间隙水中 NO_3^--N 浓度分别为 0.10～0.80mg/L、0.11～0.97mg/L 和 0.16～0.88mg/L。A 塘间隙水中 NO_3^--N 的最大值出现在 6～9cm 层，B 塘间隙水中 NO_3^--N 的最大值出现在 0～3cm 层，C 塘间隙水中 NO_3^--N 的最大值出现在 6～9cm 处。

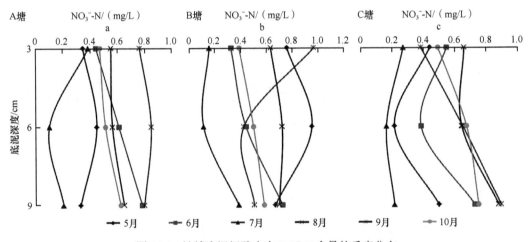

图 15-4　池塘底泥间隙水中 NO_3^--N 含量的垂直分布

NH_4^+-N 含量的垂直分布见图 15-5，A、B、C 塘中 NH_4^+-N 含量分别为 1.71～13.64mg/L、1.98～10.67mg/L 和 1.45～11.89mg/L。A 塘 NH_4^+-N 随底泥深度的增加逐渐降低，最大值出现在 0～3cm 层，0～3cm 层底泥间隙水 NH_4^+-N 显著高于 6～9cm 层（$P<0.05$）。B 塘除 8 月外，NH_4^+-N 均随底泥深度增加而递减。C 塘 NH_4^+-N 也随底泥深度增加而递减，0～3cm 层底泥间隙水 NH_4^+-N 显著高于 6～9cm 层（$P<0.05$）。

间隙水中 NO_2^--N 含量的垂直分布如图 15-6 所示，A、B、C 塘间隙水 NO_2^--N 含量分别为 0.013～0.12mg/L、0.013～0.071mg/L 和 0.016～0.084mg/L。A 塘间隙水 NO_2^--N 均随底泥深度而递增，最大值出现在 6～9cm 层。B 塘和 C 塘间隙水 NO_2^--N 的垂直分布无明显规律，最大值分别出现在 3～6cm 层和 6～9cm 层。

间隙水 SRP 含量的垂直分布如图 15-7 所示，A、B、C 塘间隙水中 SRP 含量分别为

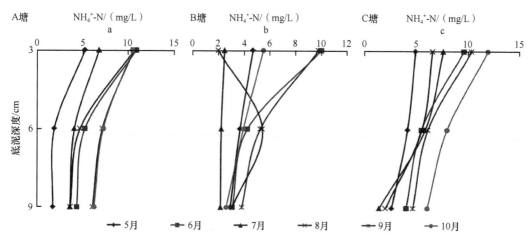

图 15-5 池塘底泥间隙水中 NH_4^+-N 的垂直分布

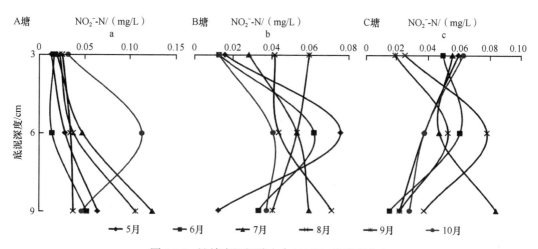

图 15-6 池塘底泥间隙水中 NO_2^--N 的垂直分布

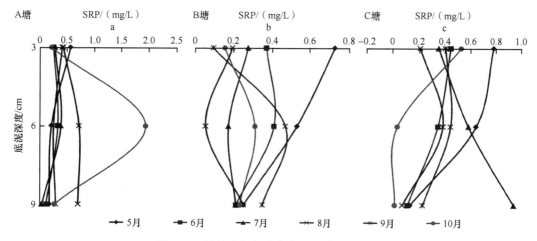

图 15-7 池塘底泥间隙水中 SRP 的垂直分布

0.12～1.94mg/L、0.057～0.72mg/L 和 0.018～0.94mg/L，最大值分别出现在 3～6cm 层、0～3cm 层和 6～9cm 层。A 塘除 10 月外，SRP 随深度的增加而递减。B 塘 SRP 的垂直分布无明显规律。C 塘除 7 月外，SRP 随深度的增加而递减。

四、池塘表层底泥 OM、TC、TN、TP 含量的变化

池塘表层（0～3cm）底泥 OM 含量变化如图 15-8A 所示，池塘表层底泥 OM 含量，A 塘为 4.02%（3.13%～4.97%），B 塘为 4.57%（3.23%～5.76%），C 塘为 3.80%（3.01%～4.75%）。5～6 月，3 口池塘间表层底泥 OM 无显著差异（$P>0.05$）；7～10 月，B 塘与 A、C 塘均有显著差异（$P<0.05$），A 塘与 C 塘间无显著差异（$P>0.05$）。A、B、C 塘表层底泥 OM 的最大值分别出现在 10 月、9 月、10 月。

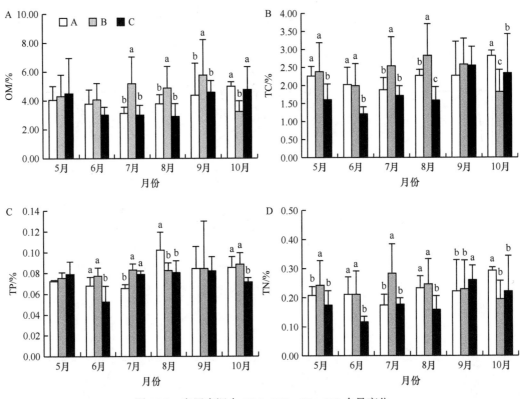

图 15-8　表层底泥中 OM、TC、TP、TN 含量变化

池塘表层底泥 TC 含量变化如图 15-8B 所示，池塘表层（0～3cm）底泥 TC 含量，A 塘为 2.25%（1.87%～2.81%），B 塘为 2.35%（1.82%～2.83%），C 塘为 1.83%（1.21%～2.55%）。5～8 月，C 塘表层底泥 TC 低于 A 塘和 B 塘，此后上升明显。

池塘表层底泥 TP 含量变化如图 15-8C 所示，池塘表层（0～3cm）底泥 TP 含量，A 塘为 0.079%（0.065%～0.10%），B 塘为 0.082%（0.075%～0.088%），C 塘为 0.074%（0.071%～0.082%）。

池塘表层底泥 TN 含量变化如图 15-8D 所示，池塘表层（0～3cm）底泥 TN 含量，A 塘为 0.22%（0.17%～0.29%），B 塘为 0.23%（0.20%～0.28%），C 塘为 0.18%（0.12%～0.26%）。5～9 月，A 塘表层底泥 TN 无明显变化，10 月升高明显。A、B、C 塘表层底

泥 TN 最大值分别出现在 10 月、7 月和 9 月。

A 塘表层底泥 OM 与 TC 呈极显著正相关，B 塘表层底泥 OM 与底泥 TC 呈显著正相关，C 塘表层底泥 OM 与底泥 TC 无相关关系。A 塘表层底泥 OM 与底泥 TN 呈显著正相关，而 B、C 塘表层底泥 OM 与底泥 TN 无相关关系。A、B、C 塘的表层底泥 OM 与底泥 TP 均无显著相关关系（表 15-1）。

表 15-1　表层底泥 OM 与 TC、TN、TP 含量的相关分析

池塘	TC		TN		TP	
	r	P	r	P	r	P
A 塘 OM	0.932	0.007	0.897	0.015	0.393	0.441
B 塘 OM	0.829	0.041	0.654	0.159	-0.032	0.951
C 塘 OM	0.665	0.149	0.694	0.126	0.297	0.568

注：r 为 Pearson 系数；$P < 0.05$，表示差异显著；$P < 0.01$，表示差异极显著

池塘上覆水中氮、磷营养盐变动与底泥的吸附、释放密不可分（Hargreaves，1998）。在本试验中，3 口池塘上覆水的 TN、TP 含量均逐月升高，这与高攀等（2009）和赵蕾等（2011）对草鱼混养池塘水质变化的研究结果一致，这说明随着养殖时间延长，投饵和施肥的进行增加了池塘水体氮、磷负荷，试验后期的 TN、TP 上升明显，池塘水质有恶化趋势。5～7 月，3 口塘的 NH_4^+-N 含量较低（<1mg/L），此后明显升高，说明池塘底泥 OM 矿化产生的 NH_4^+-N 增加。同时上覆水中 NH_4^+-N 还受到养殖鱼类排泄物的影响，在鱼类排泄物中 NH_4^+-N 含量较高（周玲，2010），残饵分解会产生大量 NH_4^+-N（石广福，2009），一部分进入上覆水，另一部分则扩散进入间隙水。本试验从 8 月开始，3 口池塘上覆水中 NO_2^--N 含量快速上升，NO_3^--N 含量也随之升高，说明此时池塘水体硝化作用明显，NH_4^+-N 开始逐渐向 NO_2^--N 和 NO_3^--N 转化。9～10 月，3 口池塘上覆水中 NO_2^--N 含量均下降，而 NO_3^--N 含量有明显升高，说明 NO_2^--N 转化为 NO_3^--N。本试验的研究结果与赵蕾等（2011）的研究结果相似，与杨逸萍等（1999）报道池塘中 NO_3^--N 是有效氮的主要形式的结论不同。本试验中，NH_4^+-N 高于 NO_3^--N 和 NO_2^--N 的原因，一是池塘底层 DO 较低，阻碍硝化作用的进行，使 NH_4^+-N 大量积累；二是放养的底层鱼类对表层底泥的扰动会加速间隙水中高浓度 NH_4^+-N 向上覆水扩散（Rhoads，1974；张志南等，2000；林建伟等，2005；刘峰等，2011）。

本试验中，表层间隙水 NH_4^+-N 和 SRP 含量远高于上覆水，说明间隙水中蓄积了大量的 NH_4^+-N 和 SRP。10 月，表层间隙水 NH_4^+-N 含量高于 5 月，说明养殖活动促进了 NH_4^+-N 在间隙水中的积累，底泥-水界面 OM 矿化分解明显。表层间隙水中 SRP 的变化趋势与 NH_4^+-N 截然相反，表层间隙水中 SRP 随着养殖时间的推移而下降，而上覆水中 SRP 则呈现上升趋势，说明间隙水中 SRP 顺浓度梯度扩散进入上覆水。5～9 月，表层间隙水 NO_3^--N 含量高于上覆水，说明表层间隙水中硝化作用强于上覆水。

NH_4^+-N 和 SRP 都表现出随着底泥深度逐渐递减的趋势，这与赵蕾等（2011）研究结果相一致，表明表层底泥的微生物活性更强，有利于 OM 的分解，同时 OM 分解耗氧导致表层更容易形成还原环境，反硝化作用和氨化作用较为明显，有利于 NH_4^+-N 的积累（范成新等，2002）。然而也有研究发现，随着底泥深度的增加 NH_4^+-N 和 NO_3^--N 呈现

递增的趋势（范成新和杨龙元，2000；马红波和宋金明，2002；罗玉兰等，2007），与本试验的结果相反，其原因可能是这些研究都是基于自然湖泊、河流或者海水养殖下的底泥氮、磷营养盐的分层变化与淡水池塘养殖环境差异较大，这可能造成了氮、磷营养盐随底泥深度的增加产生完全不同的变化，至于引起此种差异的具体原因有待进一步研究。本试验 3 口池塘，不同深度底泥间隙水中 NO_3^--N 和 NO_2^--N 含量变化较大，且无明显规律。分析其原因，一是不同底泥深度的 DO 变化差异较大（吴群河等，2005），参与硝化作用的微生物均是需氧型，所以不同底泥深度间隙水中 NO_3^--N 和 NO_2^--N 含量波动幅度较大；二是厌氧条件下反硝化细菌较为活跃，NO_3^--N 会被转化为 N_2 而流失；三是 NO_2^--N 作为硝化反应的过渡产物，受到环境因素变化的影响更为明显，故垂直分布上无明显规律。

第二节　残饵、底泥和温度对底泥氮、磷释放的影响

实验装置为柱状玻璃容器（$r=6cm$，$h=60cm$）。根据不同试验内容的要求分组，每组 3 个重复。试验饲料为人工配合饲料。试验用水和底泥采自池塘。底泥除去杂质，充分混匀备用，同时测定间隙水氮、磷营养盐浓度和底泥理化性质；池塘水经过 0.45μm 孔径的微孔滤膜过滤后，测定其氮、磷营养盐浓度，4℃保存备用。饲料中 TC、TN、TP 含量分别为 0.93%、5.08% 和 1.56%。底泥初始 TC、TN、TP、OM 含量分别为 2.44%、0.29%、0.13%、4.78%，含水率为 63.36%。用 50mL 注射器抽取 150mL 水样后，添加备用的过滤池塘水至原水位处，尽量避免扰动底泥。试验结束时采集 A、B 两组的表层 2cm 底泥，80℃烘干后待测。

一、残饵对底泥氮、磷释放的影响

设 A 和 B 两组，底泥厚度均为 6cm，加水至 26cm 刻度线。A 组不添加饲料，B 组添加 3g 配合饲料。试验周期 18d。上覆水和底泥间隙水氮、磷营养盐初始浓度见表 15-2。

表 15-2　上覆水和底泥间隙水氮、磷营养盐初始浓度（mg/L）

项目	初始上覆水				初始底泥间隙水			
	NH_4^+-N	NO_3^--N	NO_2^--N	SRP	NH_4^+-N	NO_3^--N	NO_2^--N	SRP
参数	3.51	2.73	0.048	0.018	9.72	0.46	0.028	0.38

（一）上覆水 DO、pH 变化

上覆水中 DO 变化如图 15-9A 所示，试验开始后，A 组 DO 逐渐下降后稳定在 4.82～6.23mg/L。B 组添加饲料后，DO 迅速下降，第 4 天后稳定在 0.20～0.57mg/L。自第 2 天开始，B 组 DO 显著低于 A 组（$P<0.05$）。

上覆水中 pH 变化如图 15-9B 所示，试验期间 A 组 pH 稳定在 7.27～7.66。B 组添加饲料后，pH 从 7.71 下降至 6.56，此后缓慢上升至 7.13。

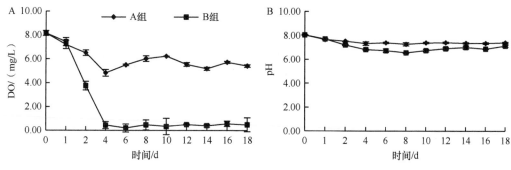

图 15-9　上覆水中 DO（A）、pH（B）变化

（二）上覆水氮浓度的变化

添加饲料前，A、B 两组上覆水中 NH_4^+-N、NO_3^--N、NO_2^--N、TN 浓度无显著差异（$P > 0.05$）。添加饲料后，A、B 两组氮的释放规律呈现出明显不同。

NH_4^+-N 浓度变化如图 15-10A 所示。A 组 NH_4^+-N 持续上升，第 4 天达到最大值 9.99mg/L，此后呈下降趋势。B 组在添加饲料后，NH_4^+-N 逐渐下降，第 12 天降至最低值（1.47mg/L），此后开始上升，第 18 天达到最大值（12.86mg/L）。试验 4～14d，B 组 NH_4^+-N 显著低于 A 组（$P < 0.05$）。

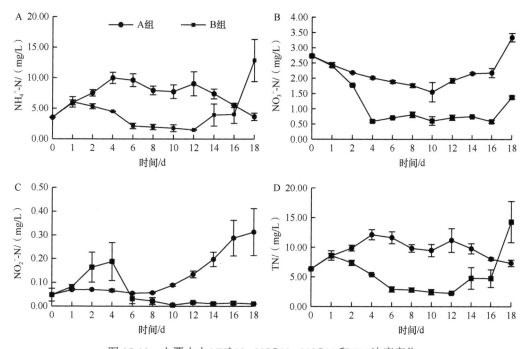

图 15-10　上覆水中 NH_4^+-N、NO_3^--N、NO_2^--N 和 TN 浓度变化

NO_3^--N 浓度变化如图 15-10B 所示，A 组 NO_3^--N 先下降后上升。添加饲料后，B 组 NO_3^--N 逐渐下降，第 4 天下降至最低值（0.59mg/L），此后趋于稳定。试验第 4 天开始 B 组 NO_3^--N 显著低于 A 组（$P < 0.05$）。A 组 NO_3^--N 与 NH_4^+-N 呈极显著负相关（$r = -0.874$，$P = 0.000$），而 B 组 NO_3^--N 与 NNH_4^+-N 无相关关系（$r = 0.343$，$P = 0.302$）。

NO_2^--N 浓度变化如图 15-10C 所示，A 组 NO_2^--N 在前 8d 相对稳定，此后显著上升（$P<0.05$），试验结束时上升到 0.31mg/L，是初始浓度的 7 倍。添加饲料后，B 组 NO_2^--N 快速上升，第 4 天达到最大值（0.19mg/L），在第 6 天降低后趋于稳定。

TN 浓度变化如图 15-10D 所示，A 组在第 4 天达到最大值（12.12mg/L），此后缓慢下降到 7.33mg/L。添加饲料后，B 组 TN 逐渐下降，在第 14 天开始上升。试验结束时 B 组 TN 为 14.28mg/L，显著高于 A 组（$P<0.05$）。

试验初期，A 组氮释放形态以 NH_4^+-N 为主，NH_4^+-N 最高时占 83.08%。试验后期 A 组以 NO_3^--N 为主，比例为 16.43%～46.13%。试验期间 B 组氮释放形态主要是 NH_4^+-N，比例为 66.84%～89.61%，NO_3^--N 为 9.69%～43.75%，且比例逐渐降低。添加饲料后，B 组 NH_4^+-N 比例高于 A 组，B 组 NO_3^--N 比例高于 A 组，说明 A 组硝化作用强于 B 组。

上覆水中 NH_4^+-N、NO_3^--N 与 DO、pH 的相关分析见表 15-3，A 组 NH_4^+-N 与 DO 和 pH 均为显著负相关（$P<0.05$），而 B 组 NH_4^+-N 与 DO 和 pH 均无相关关系（$P<0.05$）。A 组 NO_3^--N 与 DO 无相关关系（$P<0.05$），与 pH 为显著正相关（$P<0.05$）。B 组 NO_3^--N 与 DO 和 pH 均为极显著正相关（$P<0.01$）。

表 15-3　上覆水中 NH_4^+-N、NO_3^--N 浓度与 DO、pH 的相关分析

项目 参数	DO		pH	
	r	P	r	P
A 组 NH_4^+-N	−0.569	0.034	−0.588	0.029
B 组 NH_4^+-N	0.112	0.743	0.298	0.374
A 组 NO_3^--N	0.385	0.243	0.571	0.033
B 组 NO_3^--N	0.956	0.000	0.941	0.000

注：r 为 Pearson 系数；$P<0.05$，表示差异显著；$P<0.01$，表示差异极显著

（三）上覆水磷浓度的变化

上覆水中 SRP 浓度变化如图 15-11A 所示，A 组 SRP 波动较小，基本处于稳定状态，此后缓慢下降并趋于稳定。添加饲料后，B 组 SRP 快速上升，第 8 天达到峰值（1.83mg/L），第 12 天以后趋于稳定。添加饲料后，B 组 SRP 显著高于 A 组（$P<0.05$）。

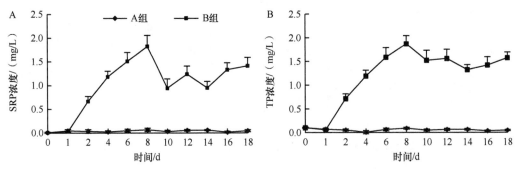

图 15-11　上覆水中 SRP（A）和 TP（B）浓度变化

TP 浓度变化如图 15-11B 所示，TP 的变化趋势与活性磷相似，同时试验期间 SRP 是 TP 释放的主要形态。A、B 两组 TP 整体上都表现为先上升后下降，试验后期趋于稳定。添加饲料后，B 组 TP 显著高于 A 组（$P<0.05$）。

上覆水中，A 组 SRP 与 NO$_3^-$-N、DO 和 pH 均无相关关系（$P>0.05$），B 组 SRP 与 NO$_3^-$-N、DO 和 pH 均为极显著负相关（$P<0.01$）（表 15-4）。

表 15-4　上覆水中 SRP 浓度与 DO、pH、NO$_3^-$-N 浓度的相关分析

项目 参数	DO		pH		NO$_3^-$-N	
	r	P	r	P	r	P
A 组 SRP	−0.377	0.253	−0.504	0.114	−0.34	0.306
B 组 SRP	−0.879	0.000	−0.896	0.000	−0.871	0.002

r 为 Pearson 系数；$P<0.05$，表示差异显著；$P<0.01$，表示差异极显著

（四）上覆水氮释放通量的变化

上覆水中 NH$_4^+$-N 释放通量如图 15-12A 所示，A 组在第 1 天达到最大值［489.86mg/(m^2·d)］，此后逐渐下降，试验后期多为负值。添加饲料前 B 组为 507.53mg/(m^2·d)，添加饲料后迅速变为负值，一直持续到第 12 天，第 18 天激增到 884.83mg/(m^2·d)。

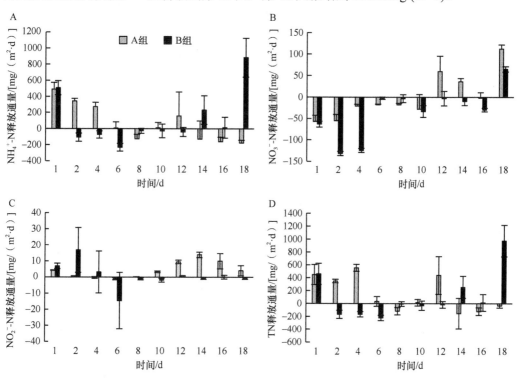

图 15-12　上覆水中 NH$_4^+$-N、NO$_3^-$-N、NO$_2^-$-N、TN 释放通量的变化

NO$_3^-$-N 释放通量如图 15-12B 所示，A、B 两组变化相似，前 10d 均为负值，此后逐渐上升，最大值都出现在第 18 天，分别为 112.70mg/(m^2·d)和 65.19mg/(m^2·d)。

NO$_2^-$-N 释放通量如图 15-12C 所示，A 组前 8d 处在一个较低水平上，此后逐渐上升。B 组前 4d 均为正值，释放明显，第 6 天变为负值，表现为吸收。第 10 天后 A 组 NO$_2^-$-N 释放通量高于 B 组。

TN 释放通量如图 15-12D 所示，A 组前 4d 的平均值为 450.66mg/(m^2·d)，释放明显，

第 14～18 天为负值，表现为吸收。B 组添加饲料后一直为负值，第 14 天开始变为正值并逐渐上升，第 18 天达到最大值 [974.36mg/(m²·d)]。

（五）上覆水磷释放通量的变化

上覆水中 SRP 释放通量如图 15-13A 所示，A 组在静置 1d 后达到最大值 [1.52mg/(m²·d)]，此后多为负值，表现为底泥对 SRP 的吸收。B 组在添加饲料后 1d 达到最大值 [127.88mg/(m²·d)]，然后缓慢下降。

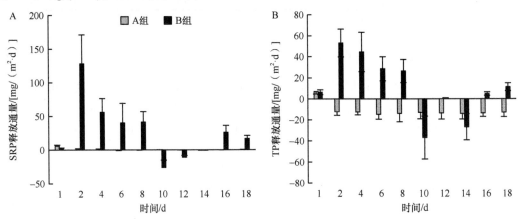

图 15-13　上覆水中 SRP（A）和 TP（B）释放通量的变化

TP 释放通量如图 15-13B 所示，A、B 两组 TP 释放通量相差较大。A 组总磷释放通量除第 1 天外，其余均为负值。B 组 TP 释放通量在投饵后 1d 达到最大值 [53.00mg/(m²·d)]，随后逐渐下降。

（六）试验前后底泥组分的变化

如图 15-14 所示，试验前后 A、B 两组底泥中的 TC、TN、TP 和 OM 均无明显差异（$P > 0.05$），同时试验结束时 A 组和 B 组之间也无明显差异（$P > 0.05$）。这说明在 18d 的试验中，添加饲料对底泥组分无明显影响。

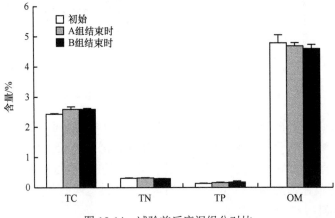

图 15-14　试验前后底泥组分对比

试验开始后，A 组上覆水处于有氧状态（DO＞5.0mg/L），B 组上覆水处于厌氧状态（0.0mg/L＜DO＜1mg/L），饲料的分解消耗了更多的溶解氧，导致底泥–水界面形成厌氧环境。有机物的厌氧分解分为两个阶段。第一阶段有机物分解产生大量有机酸，pH 随之降低；第二阶段随着甲烷细菌繁殖，有机酸被分解，pH 逐渐增大（汪晋三等，1990）。添加饲料后，B 组 pH 先降后升，这与上述研究结果一致。

底泥表层有机物经氨化作用生成 NH_4^+-N，积存于间隙水中，然后通过浓度差扩散进入上覆水（雷衍之，2004）。试验初期，间隙水初始 NH_4^+-N 浓度高于上覆水（表 15-2），NH_4^+-N 向上覆水扩散，A 组上覆水 NH_4^+-N 浓度升高。间隙水 NO_3^--N 浓度低于上覆水，NO_3^--N 向底泥扩散。A 组上覆水 NO_3^--N 浓度降低。A 组 NH_4^+-N 与 DO、pH 均为显著负相关，这与前人的研究结果一致（付春平等，2004；吴群河等，2005；梁淑轩等，2010）。试验后期 A 组 NH_4^+-N 下降、NO_3^--N 上升，同时 A 组 NH_4^+-N 与 NO_3^--N 呈现显著负相关，说明后期 A 组硝化作用明显，NH_4^+-N 向 NO_3^--N 转化。试验中期，B 组 NO_3^--N 下降后趋于稳定。研究发现，当上覆水中 DO＜0.5mg/L 时，微生物会利用 NO_3^--N 中的氧进行反硝化作用，NO_3^--N 浓度降低并趋于稳定（李文红等，2003；蒋小欣等，2007）。上覆水中 DO 向底泥的渗透能力是调节硝化作用的关键因子（Rysgaard et al.，1994），B 组 NO_3^--N 始终低于 A 组，说明 B 组硝化作用受到低 DO 的抑制。

添加饲料后，B 组 NH_4^+-N 下降明显，分析其原因：① OM 影响 NH_4^+-N 在沉积物上的吸附，沉积物在去除 OM 后对 NH_4^+-N 的吸收能力明显降低（王而力等，2012）；② B 组 NO_2^--N 上升，说明亚硝化细菌将部分 NH_4^+-N 转化为 NO_2^--N（Hargreaves，1998）。研究表明，在 20℃、25℃、30℃ 条件下，未铺底泥水族箱加入饲料后，NH_4^+-N 先降后升，且温度越高升高越快（石广福，2009）。这与本研究添加饲料后，B 组 NH_4^+-N 变化相似，不同的是本试验中 NH_4^+-N 下降时间较长，分析其原因：本试验上覆水平均温度为（10.5±1.42）℃，低温影响微生物活性，降低饲料矿化分解速率；另外，本试验架设了 6cm 的池塘底泥，底泥起到缓冲和维持水体氮营养盐浓度的作用（郁桐炳和沈丽红，2006），延长了 NH_4^+-N 下降时间。有研究发现，厌氧条件有利于底泥向上覆水释放 NH_4^+-N（林建伟等，2005），同时厌氧环境在一定程度上减少了硝化作用对 NH_4^+-N 的消耗（周劲风等，2006a），B 组后期 NH_4^+-N 上升明显，说明在饲料分解的情况下（0.0mg/L＜DO＜0.5mg/L），上覆水易积累 NH_4^+-N，引起水质恶化。

底泥–水界面的磷浓度差决定磷的扩散方向（罗玉红等，2011）。由表 15-2 可知，初始底泥间隙水 SRP 浓度比上覆水高，扩散作用导致 A 组在试验初期上覆水中 SRP 上升，此后逐渐降低至初始浓度水平，分析其下降的原因：①初期浓度差导致 SRP 释放后，进一步释放需要依靠底泥–水界面有机质的分解（Moore et al.，1992；周劲风等，2006b；罗玉红等，2011），A 组缺少外源有机物；② A 组 DO 较高（＞5.0mg/L），且 pH 始终大于 7。研究发现，上覆水 DO 较高时，Fe^{2+} 会被氧化为 Fe^{3+}，Fe^{3+} 可与 SRP 结合，中性或碱性条件下，Fe^{3+} 更容易形成胶体，从而吸附上覆水中的 SRP（李文红等，2003；付春平等，2004）。添加饲料后，B 组上覆水中 SRP 迅速上升，显著高于 A 组，这说明饲料分解会引起上覆水 SRP 升高，这与蒋艾青等（2006）研究残饵对水质的影响结果相似。研究表明，厌氧环境会促进底泥释放磷（范成新和相崎守弘，1997；Gomez et al.，1999；胡雪峰和高效江，2001）。B 组 SRP 达到峰值后下降明显，分析其原因：①当上覆水中

SRP 浓度达到 1~2mg/L 时，无论 DO 高低，底泥都会吸收磷（徐轶群等，2003）；②有机物分解产生的腐殖质能与铁、铝等形成复合体，增加了无机磷吸附位点，加强了对磷的吸附（Gerke and Hermann，1992）。与周劲风等（2006b）的研究结果一致，本实验中 B 组 SRP 与 NO_3^--N 呈负相关。有研究发现反硝化细菌与 SRP 呈负相关，SRP 升高会抑制池塘中的反硝化作用，导致氮营养盐过剩，产生污染（谢骏等，2002）。在本试验中，试验前后底泥各组分无显著差异（$P>0.05$），说明添加饲料对底泥组分无明显影响。Du 等（2009）的室内试验表明，养殖池塘底泥一般没有大量有机质的积累，养殖池塘底泥中有机物的含量不会随养殖周期的延长而积累。

二、底泥厚度对底泥氮、磷释放的影响

设 A、B、C 3 组，底泥厚度分别为 2cm、6cm 和 10cm。加水至底泥上方 20cm 处。试验周期 22d。试验期间 A、B、C 组的平均水温分别为（22.4±3.34）℃、（22.5±3.26）℃、（22.9±3.28）℃，底泥含水率为 66.41%，OM 含量为 4.42%。初始上覆水和初始底泥间隙水氮、磷浓度见表 15-5。

表 15-5　初始上覆水和初始底泥间隙水氮、磷浓度（mg/L）

项目	初始上覆水				初始底泥间隙水			
	NH_4^+-N	NO_3^--N	NO_2^--N	SRP	NH_4^+-N	NO_3^--N	NO_2^--N	SRP
参数	0.71	0.14	0.0046	0.029	25.51	0.15	0.14	1.06

（一）上覆水 DO、pH 的变化

上覆水 DO 变化如图 15-15A 所示，试验第 3 天，3 个组的 DO 均显著下降（$P<0.05$），3~7d 均较为稳定，此后 3 个组的 DO 都显著下降（$P<0.05$）。第 11 天时，A 组 DO 显著低于 B 组和 C 组。第 13 天以后都趋于稳定，且 3 个组之间无显著差异（$P>0.05$）。A 组、B 组、C 组在试验结束时的 DO 较初始值分别下降了 63.6%、76.3% 和 75.8%。

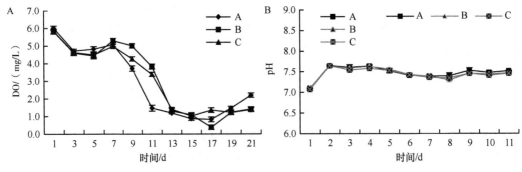

图 15-15　上覆水 DO（A）和 pH（B）变化

上覆水 pH 变化如图 15-15B 所示，A 组、B 组、C 组的 pH 分别为 7.10~7.65、7.10~7.64、7.07~7.65。试验期间 3 个组的 pH 无显著差异（$P>0.05$），且始终为中性。

试验开始后，3 个试验组 DO 均呈现逐渐下降的趋势，试验结束时均显著低于初始值（$P<0.05$），这说明底泥耗氧明显。3 个试验组上覆水 pH 较为稳定。

（二）上覆水氮浓度的变化

NO$_3^-$-N浓度变化如图15-16A所示，3个试验组NO$_3^-$-N都呈现逐渐上升后稳定的趋势。试验前9d，3个组硝态氮均无明显变化，且试验组间无显著差异（$P>0.05$），此后逐渐上升。A组在第15天达到最大值（1.61mg/L），B组在第19天达到最大值（1.57mg/L），C组在第17天达到最大值（1.55mg/L）。第13～15天，B组显著低于A组和C组（$P<0.05$）。试验结束时，A组、B组、C组NO$_3^-$-N浓度显著高于初始值（$P<0.05$）。

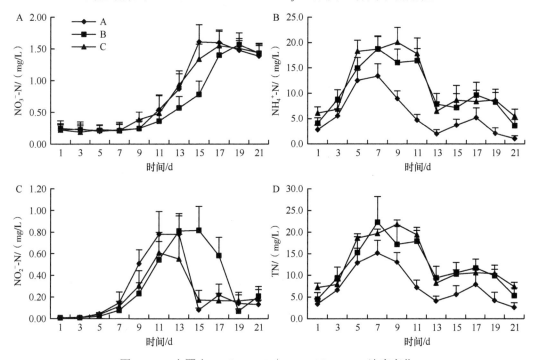

图15-16 上覆水NO$_3^-$-N、NH$_4^+$-N、NO$_2^-$-N、TN浓度变化

NH$_4^+$-N浓度变化如图15-16B所示，3个组的NH$_4^+$-N变化都呈现先升高后降低的趋势。试验开始后，3个组的NH$_4^+$-N均上升明显，但试验组间无显著差异（$P>0.05$）。A组NH$_4^+$-N的最大值出现在第7天（13.38mg/L），此后显著下降（$P<0.05$），试验结束时NH$_4^+$-N为1.05mg/L，显著低于初始值（$P<0.05$）。B组NH$_4^+$-N的最大值出现在第7天（18.77mg/L），第7～11天，NH$_4^+$-N浓度较为稳定，此后开始降低。C组NH$_4^+$-N的最大值出现在第9天（20.08mg/L），第13天开始下降。试验第5天开始，A组NH$_4^+$-N显著低于B组和C组（$P<0.05$），且B组、C组两组无显著差异（$P>0.05$）。

NO$_2^-$-N浓度变化如图15-16C所示，3个组的NO$_2^-$-N都呈现升高后降低的趋势。试验前7d，3个组NO$_2^-$-N无明显变化，第9～13天，A组NO$_2^-$-N显著高于B组（$P<0.05$），而试验13～17d，B组NO$_2^-$-N显著高于A组和C组（$P<0.05$），而A组和C组无显著差异（$P>0.05$）。试验结束时，3个组的NO$_2^-$-N均显著高于初始值（$P<0.05$）。

TN浓度变化如图15-16D所示，TN也呈现出先升高后降低的趋势。试验第5天后A组TN显著低于B组和C组（$P<0.05$），而B组和C组无显著差异（$P>0.05$）。试验结束时，3个组的TN与初始值相比均无显著差异（$P>0.05$）。

上覆水 NH_4^+-N、NO_3^--N 浓度与 DO、pH 的相关分析见表 15-6。A 组和 C 组 NH_4^+-N 与 DO 均呈显著正相关，B 组 NH_4^+-N 与 DO 呈极显著正相关。3 个组 NO_3^--N 与 DO 均无相关关系，NH_4^+-N 与 pH 均呈极显著正相关，NO_3^--N 与 pH 均呈极显著负相关。

表 15-6　上覆水 NH_4^+-N、NO_3^--N 浓度与 DO、pH 的相关分析

指标	DO		pH		指标	DO		pH	
	r	P	r	P		r	P	r	P
A 组 NH_4^+-N	0.500	0.018	0.602	0.003	A 组 NO_3^--N	−0.324	0.141	−0.831	0.000
B 组 NH_4^+-N	0.485	0.009	0.543	0.009	B 组 NO_3^--N	−0.345	0.116	−0.827	0.000
C 组 NH_4^+-N	0.429	0.046	0.613	0.002	C 组 NO_3^--N	−0.419	0.052	−0.915	0.000

注：r 为 Pearson 系数；$P < 0.05$，表示差异显著；$P < 0.01$，表示差异极显著

（三）上覆水磷浓度的变化

SRP 浓度变化如图 15-17A 所示，3 个组的 SRP 变化趋势都为缓慢上升后趋于稳定。试验在 13d 以前，3 个试验组间无显著差异（$P > 0.05$），从第 15 天开始，B 组 SRP 升高明显，此后均显著高于 A 组和 C 组（$P < 0.05$）。试验期间，A 组 SRP 均低于 B 组和 C 组。试验结束时，A 组 SRP 是初始值的 21 倍，B 组 SRP 是初始值的 38 倍，C 组 SRP 是初始值的 14 倍。TP 浓度变化如图 15-17B 所示。3 个组的 TP 变化趋势都为缓慢上升后趋于稳定。试验从第 15 天开始，B 组 TP 显著高于 A 组和 C 组（$P < 0.05$）。

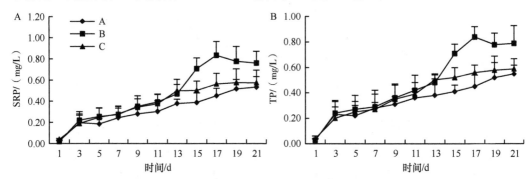

图 15-17　上覆水 SRP（A）和 TP（B）浓度变化

上覆水 SRP 与 DO、pH、NO_3^--N 的相关分析见表 15-7，3 个试验组 SRP 与 DO 均无显著相关关系，与 pH 呈极显著负相关，与 NO_3^--N 呈极显著正相关。

表 15-7　上覆水活性磷与 DO、pH、NO_3^--N 的相关分析

指标	DO		pH		NO_3^--N	
	r	P	r	P	r	P
A 组 SRP	−0.094	0.679	−0.644	0.001	0.762	0.000
B 组 SRP	−0.313	0.156	−0.878	0.000	0.802	0.000
C 组 SRP	−0.177	0.430	−0.799	0.000	0.796	0.000

注：r 为 Pearson 系数；$P < 0.05$，表示差异显著；$P < 0.01$，表示差异极显著

试验开始后，底泥 NH_4^+-N 释放能力，A 组低于 B 组和 C 组。C 组底泥上覆水

NH_4^+-N 达到最大值所用时间最长，表明底泥厚度的增加会增强底泥 NH_4^+-N 的持续释放能力。A 组 NH_4^+-N 达到最大值后迅速降低，其余两组达到最大值后均维持一段时间，底泥厚度较小时无法维持上覆水较高的 NH_4^+-N 浓度，当表层底泥向上覆水释放 NH_4^+-N 后，深层底泥的 NH_4^+-N 可以扩散进入表层底泥间隙水。郁桐炳和沈丽红（2006）报道，一定厚度的底泥有利于维持上覆水中 NH_4^+-N 浓度。从第 9 天开始，3 个组的 NO_3^--N 和 NO_2^--N 均明显升高，硝化作用明显，NH_4^+-N 逐渐向 NO_3^--N 和 NO_2^--N 转化，NH_4^+-N 开始逐渐下降。TN 的变化趋势与 NH_4^+-N 相似，同时 NH_4^+-N 占 TN 的比例最高，底泥静态释放以 NH_4^+-N 为主（Du *et al*.，2009；文威等 2008；周劲风等，2006a）。

3 个试验组 SRP 的变化表明，不同厚度底泥都能向上覆水持续释放大量 SRP，而各组 SRP 含量无显著差异（$P > 0.05$），说明底泥厚度的变化对 SRP 释放的影响较小。

三、温度对底泥氮、磷释放的影响

设 A、B 两组。底泥厚度 6cm，加入过滤池塘水至 26cm。A 组采用加热棒保持恒温[（33.9±0.94）℃]；B 组采用室温处理，试验期间水温为（22.5±1.27）℃，试验底泥含水率为 66.41%，底泥 OM 含量为 4.42%。初始上覆水和初始底泥间隙水氮、磷浓度见表 15-5。

（一）上覆水 DO、pH 的变化

上覆水 DO 变化如图 15-18A 所示，试验第 3 天，A 组和 B 组的 DO 均显著降低（$P < 0.05$），此后 A 组和 B 组的 DO 都略有上升。从第 9 天开始，A 组 DO 缓慢下降，而 B 组迅速下降，此后稳定在 0.38~1.09mg/L。试验第 11 天开始，B 组 DO 显著低于 A 组（$P < 0.05$）。试验结束时，A 组、B 组的 DO 分别降低了 37.71% 和 76.30%。

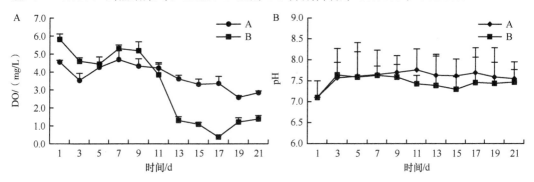

图 15-18　上覆水 DO（A）和 pH（B）变化

上覆水 pH 变化如图 15-18B 所示，试验期间 A 组 pH 与 B 组无显著差异（$P > 0.05$），试验期间 A 组和 B 组 pH 分别为 7.10~7.76 和 7.10~7.64，且始终为中性。

（二）上覆水氮浓度的变化

NO_3^--N 浓度变化见图 15-19A，A 组和 B 组的 NO_3^--N 均呈现逐渐升高后趋于稳定的趋势。试验前 11d 两组 NO_3^--N 均无明显变化（$P > 0.05$），此后缓慢上升，且 B 组 NO_3^--N 显著高于 A 组（$P < 0.05$），试验结束时，A 组和 B 组 NO_3^--N 显著高于初始值（$P < 0.05$）。

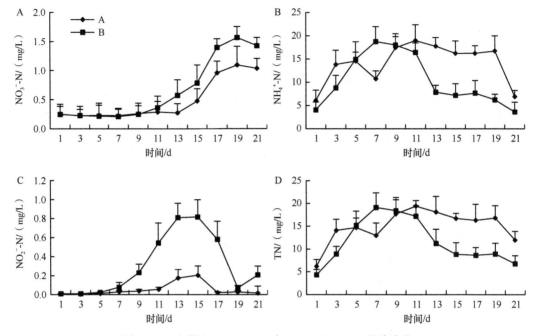

图 15-19　上覆水 NO_3^--N、NH_4^+-N、NO_2^--N、TN 浓度变化

NH_4^+-N 浓度变化见图 15-19B，试验初期，两组 NH_4^+-N 都明显上升，A 组 NH_4^+-N 在第 11 天达到最大值（18.99mg/L），此后较为稳定，第 21 天有明显下降。B 组 NH_4^+-N 在第 7 天达到最大值（18.77mg/L）后逐渐降低。试验 13～21d，A 组 NH_4^+-N 显著高于 B 组（$P < 0.05$）。两组结束时的 NH_4^+-N 与初始值相比无显著差异（$P > 0.05$）。

NO_2^--N 浓度变化见图 15-19C，A 组和 B 组 NO_2^--N 总体呈现先升高后降低的趋势。试验前 7d 两组 NO_2^--N 无显著差异，均处于较低浓度，此后均明显上升，在第 15 天达到最大值（0.20mg/L、0.82mg/L）。试验第 9～17 天，B 组 NO_2^--N 显著高于 A 组（$P < 0.05$）。试验结束时，A 组与初始值相比无显著差异（$P > 0.05$），B 组显著高于初始值（$P < 0.05$）。

TN 浓度变化见图 15-19D，两组 TN 都呈现出先上升后降低的趋势。A 组 TN 第 11 天达到最大值（19.4mg/L），此后较为稳定，第 21 天显著下降（$P < 0.05$）。B 组 TN 第 7 天达到最大值（19.1mg/L），此后逐渐降低。试验 13～21d，A 组 TN 显著高于 B 组（$P < 0.05$）。

上覆水 NH_4^+-N、NO_3^--N 与 DO、pH 的相关分析见表 15-8。

表 15-8　上覆水 NH_4^+-N、NO_3^--N 与 DO、pH 的相关分析

项目参数	DO		pH	
	r	P	r	P
A 组 NH_4^+-N	0.362	0.098	0.526	0.012
B 组 NH_4^+-N	0.546	0.009	0.495	0.019
A 组 NO_3^--N	−0.844	0.000	−0.118	0.602
B 组 NO_3^--N	−0.849	0.001	−0.350	0.110

注：r 为 Pearson 系数；$P < 0.05$，表示差异显著；$P < 0.01$，表示差异极显著

（三）上覆水磷浓度的变化

SRP 浓度变化如图 15-20A 所示，试验开始后两组 SRP 上升明显，A 组在第 19 天达到最大值（0.97mg/L），此后下降。B 组在第 17 天达到最大值（0.73mg/L），此后缓慢降低。第 5 天后 A 组 SRP 显著高于 B 组（$P<0.05$）。

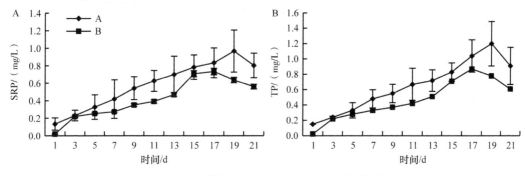

图 15-20 上覆水 SRP（A）和 TP（B）浓度变化

TP 浓度变化如图 15-20B 所示，两组 TP 总体呈现先上升后下降的趋势，试验第 7 天开始，A 组 TP 显著高于 B 组（$P<0.05$）。

上覆水 SRP 与 DO、pH、NO_3^--N 的相关分析见表 15-9。2 个试验组 SRP 与 DO 呈极显著负相关，与 pH 关系不显著，与 NO_3^--N 呈极显著正相关。

表 15-9 上覆水 SRP 与 DO、pH、NO_3^--N 的相关分析

项目	DO		pH		NO_3^--N	
参数	r	P	r	P	r	P
A 组 SRP	−0.628	0.002	0.207	0.355	0.711	0.000
B 组 SRP	−0.875	0.000	−0.315	0.153	0.802	0.000

注：r 为 Pearson 系数；$P<0.05$，表示差异显著；$P<0.01$，表示差异极显著

试验初期（1～5d），两组 NH_4^+-N 均显著升高（$P<0.05$），初期上覆水 NH_4^+-N 的升高主要来自底泥的释放。试验 1～3d，A 组 NH_4^+-N 高于 B 组，温度升高促进了底泥 NH_4^+-N 的释放，升高温度会加速 OM 的分解，NH_4^+-N 浓度也会随之升高（刘亚丽和段秀举，2006）。试验后期（11～21d），B 组 NH_4^+-N 下降明显，底泥对上覆水中 NH_4^+-N 的吸收更为明显，同时 B 组 NO_3^--N 和 NO_2^--N 上升，说明硝化作用明显，沉积物释放的 NH_4^+-N 部分转化为 NO_3^--N 和 NO_2^--N，从而使 NH_4^+-N 的释放量减小（刘培芳等，2002）。A 组 NH_4^+-N 达到最大之后，维持在较高浓度水平，而 B 组 NH_4^+-N 达到最大值后迅速下降，高温有助于上覆水维持较高的 NH_4^+-N 浓度，底泥持续释放 NH_4^+-N 的时间更长。试验 1～11d，两组 NO_3^--N 均处于较低浓度无明显波动，且各组间无显著差异（$P>0.05$），同时两组 NO_2^--N 也无明显波动，底泥–水界面硝化作用不明显。试验从第 13 天开始，两组 NO_3^--N 和 NO_2^--N 均有所升高，但 B 组 NO_3^--N 和 NO_2^--N 均大于 A 组（$P<0.05$），B 组硝化作用强于 A 组，高温对硝化作用产生了抑制效果。赵志梅等（2005）和郑忠明（2009）研究发现，温度会改变硝化细菌和反硝化细菌的活性，从而对底泥–水界面 NO_3^--N 和 NO_2^--N 的变动产生影响。刘素美等（1999）研究发现，较低的温度会抑制硝化细菌活性，

但是上覆水中的 NO_3^--N 降低并不明显。A 组和 B 组的 TN 变化规律显示，试验后期 A 组 TN 显著高于 B 组（$P < 0.05$），这与朱健等（2009）的研究结果相一致，上覆水 TN 浓度会随温度的升高而升高。

底泥磷的释放中，A 组 SRP 和 TP 始终高于 B 组，温度促进了底泥 SRP 的释放。尹大强等（1994）研究环境因子对湖泊沉积物的影响发现，温度升高有利于沉积物向上覆水释放磷。

小　结

1）养殖池塘底泥-水界面氮、磷营养盐的分布特征：①池塘底泥上覆水中 NH_4^+-N、NO_3^--N、NO_2^--N、TN 和 TP 自 8 月开始逐渐升高，试验结束时均显著高于初始值（$P < 0.05$），表明上覆水中氮、磷营养盐的含量会随养殖时间的推移而增加，水质有恶化的趋势。②底泥表层（0～3cm）间隙水中 NH_4^+-N 和 SRP 均显著高于上覆水（$P < 0.05$），表明表层底泥间隙水中 NH_4^+-N 和 SRP 会顺浓度梯度向上覆水扩散；底泥间隙水中 NH_4^+-N 和 SRP 均随底泥深度的增加而递减，表层（0～3cm）＞中层（3～6cm）＞底层（6～9cm），表明表层底泥（0～3cm）有利于 NH_4^+-N 和 SRP 的积累；底泥间隙水中 NH_4^+-N 含量高于 NO_3^--N 和 NO_2^--N，无机氮的积累以 NH_4^+-N 为主。③池塘表层底泥（0～3cm）OM、TC、TN、TP 含量的变化幅度较小，试验结束时与初始值相比均无显著差异（$P > 0.05$），池塘底泥各组分的积累不明显。

2）残饵对底泥氮、磷释放的影响：添加饲料后，饲料添加组的 NO_3^--N 低于静态释放组（$P < 0.05$），SRP 高于静态释放组（$P < 0.05$）；试验第 2～14 天，静态释放组 NH_4^+-N 高于饲料添加组（$P < 0.05$），试验结束时低于饲料添加组（$P < 0.05$），表明饲料添加组初期 NH_4^+-N 和 NO_3^--N 的释放受到抑制；静态释放组氮呈先升后降，饲料添加组先降后升，提示饲料分解向上覆水释放大量的磷，SRP 的变化呈先上升后下降趋势。

3）底泥厚度对底泥氮、磷释放的影响：底泥厚度分别为 A 组（2cm）、B 组（6cm）、C 组（10cm）。试验期间 3 个组的 NH_4^+-N 均呈先升高后降低的趋势，试验第 7～21 天，A 组 NH_4^+-N 含量显著低于 B 组和 C 组（$P < 0.05$）。A 组 NH_4^+-N 在第 9 天开始下降，B、C 两组则维持较高浓度到第 13 天开始下降，表明底泥 NH_4^+-N 的释放量会随厚度的增加而升高，同时底泥厚度的增加有助于上覆水 NH_4^+-N 维持较高浓度。

4）温度对底泥氮、磷释放的影响：上覆水温度分别为 A 组（33.9±0.94）℃、B 组（22.5±1.27）℃；试验第 9 天，B 组 NO_3^--N、NO_2^--N 升高，显著高于 A 组（$P < 0.05$）；试验 1～11 天，A、B 组 NH_4^+-N 都呈现逐渐上升趋势，此后 B 组明显下降，A 组 NH_4^+-N 较为稳定，且高于 B 组（$P < 0.05$）；A 组 SRP 始终高于 B 组，均呈现逐渐升高趋势，表明上覆水温度的升高会促进底泥 NH_4^+-N 和 SRP 释放，但会抑制硝化作用的进行。

参 考 文 献

陈建武. 2012. 匙吻鲟 (Polydon spathula) 混养塘的氮磷收支研究. 华中农业大学硕士学位论文
范成新, 相崎守弘. 1997. 好氧和厌氧条件对霞浦湖沉积物-水界面氮磷交换的影响. 湖泊科学, 9(4): 337-342

范成新, 杨龙元. 2000. 太湖底泥及其间隙水中氮磷垂直分布及相互关系分析. 湖泊科学, 12(4): 359-366

范成新, 张路, 杨龙元, 等. 2002. 湖泊沉积物氮磷内源负荷模拟. 海洋与湖沼, 33(4): 370-378

付春平, 钟成华, 邓春光. 2004. pH 与三峡库区底泥氮磷释放关系的试验. 重庆大学学报 (自然科学版), 27(10): 125-127

高攀, 蒋明, 赵宇江, 等. 2009. 主养草鱼池塘水质指标的变化规律和氮磷收支. 云南农业大学学报 (自然科学版), 24(1): 71-77

胡雪峰, 高效江. 2001. 上海市郊河流底泥氮磷释放规律的初步研究. 上海环境科学, (2): 66-70

蒋艾青, 郑陶生, 杨四秀. 2006. 池塘残饵分解对养殖水环境影响的研究. 水利渔业, 26(5): 81-85

蒋小欣, 阮晓红, 邢雅囡, 等. 2007. 城市重污染河道上覆水氮营养盐浓度及 DO 水平对底质氮释放的影响. 环境科学, 28(1): 87-91

雷衍之. 2004. 养殖水环境化学. 北京: 中国农业出版社

李文红, 陈英旭, 孙建平. 2003. 不同溶解氧水平对控制底泥向上覆水体释放污染物的影响研究. 农业环境科学学报, 22(2): 170-173

梁淑轩, 贾艳乐, 闫信, 等. 2010. pH 值对白洋淀沉积物氮磷释放的影响. 安徽农业科学, 38(36): 20859-20862

林建伟, 朱志良, 赵建夫. 2005. 曝气复氧对富营养化水体底泥氮磷释放的影响. 生态环境, 14(6): 812-815

刘峰, 高云芳, 王立欣, 等. 2011. 水域沉积物氮磷赋存形态和分布的研究进展. 水生态学杂志, 32(4): 137-144

刘培芳, 陈振楼, 刘杰, 等. 2002. 环境因子对长江口潮滩沉积物中 NH_4^+ 的释放影响. 环境科学研究, 15(5): 28-32

刘素美, 张经, 于志刚, 等. 1999. 渤海莱州湾沉积物–水界面溶解无机氮的扩散通量. 环境科学, 20(2): 12-16

刘亚丽, 段秀举. 2006. 双龙湖底泥氮释放强度影响因素正交试验研究. 水资源与水工程学报, 17(3): 9-12

罗玉红, 高婷, 苏青青, 等. 2011. 上覆水营养盐浓度对底泥氮磷释放的影响. 中国环境管理干部学院学报, 21(6): 71-74

罗玉兰, 徐颖, 曹忠. 2007. 秦淮河底泥及间隙水氮磷垂直分布及相关性分析. 农业环境科学学报, 26(4): 1245-1249

马红波, 宋金明. 2002. 渤海南部海域柱状沉积物中氮的形态与有机碳的分解. 海洋学报, 24(5): 64-70

齐振雄, 张曼平. 1998. 对虾养殖池塘氮磷收支的实验研究. 水产学报, 22(2): 124-128

石广福. 2009. 养殖斑点叉尾鮰残饵和粪便对水质的影响. 西南大学硕士学位论文

孙云飞. 2013. 草鱼 (Ctenopharyngodon idellus) 混养系统氮磷收支和池塘水质与底质的比较研究. 中国海洋大学硕士学位论文

汪晋三, 黄新华, 程国佩. 1990. 水化学与水污染. 广州: 中山大学出版社

王而力, 王嗣淇, 薛扬. 2012. 沉积物不同天然有机组分对氨氮吸附特征的影响. 生态与农村环境学报, 28(5): 544-549

文威, 孙学明, 孙淑娟, 等. 2008. 海河底泥氮磷营养物静态释放模拟研究. 农业环境科学学报, 27(1): 295-300

吴群河, 曾学云, 黄钥. 2005. 河流底泥中 DO 和有机质对三氮释放的影响. 环境科学研究, 18(5): 34-39

谢骏, 方秀珍, 郁桐炳. 2002. 池塘氮循环中各种细菌与理化因子的相关性研究. 水生生物学报, 26(2): 180-187

徐轶群, 熊慧欣, 赵秀兰. 2003. 底泥磷的吸附与释放研究进展. 重庆环境科学, 25(11): 147-149

杨逸萍, 王增焕, 孙建, 等. 1999. 精养虾池主要水化学因子变化规律和氮的收支. 海洋科学, (1): 15-17

尹大强, 覃秋荣, 阎航. 1994. 环境因子对五里湖沉积物磷释放的影响. 湖泊科学, 6(3): 240-244

郁桐炳, 沈丽红. 2006. 池塘淤泥对水中氮营养盐影响的初步研究. 海洋湖沼通报, (1): 82-85

张志南, 周宇, 韩洁, 等. 2000. 应用生物扰动实验系统 (Annular Flux System) 研究双壳类生物沉降作用. 青岛海洋大学学报 (自然科学版), 30(2): 270-276

赵蕾, 王芳, 孙东, 等. 2011. 草鱼复合养殖系统间隙水与上覆水中营养盐分布特征. 渔业科学进展, 32(2): 70-77

赵志梅, 张雷, 郑丙辉, 等. 2005. 渤海湾沉积物中氮、磷的空间分布特征研究. 西北农林科技大学学报 (自然科学版), 33(4): 107-111

郑忠明. 2009. 刺参养殖池塘沉积物−水界面营养盐通量的研究. 中国海洋大学博士学位论文

周劲风, 温琰茂, 李耀初. 2006a. 养殖池塘底泥−水界面营养盐扩散的室内模拟研究: I 氮的扩散. 农业环境科学学报, 25(3): 786-791

周劲风, 温琰茂, 李耀初. 2006b. 养殖池塘底泥−水界面营养盐扩散的室内模拟研究: II 磷的扩散. 农业环境科学学报, 25(3): 792-796

周玲. 2010. 两种罗非鱼精养模式的氮、磷收支研究. 广东海洋大学硕士学位论文

朱健, 李捍东, 王平. 2009. 环境因子对底泥释放 COD、TN 和 TP 的影响研究. 水处理技术, 35(8): 44-49

Du XT, Xie J, Wang GJ, *et al.* 2009. Indoor simulation study on nutrient release of fishponds sediment. *Agricultural Science & Technology*, 10(3): 127-130, 138

Gerke J, Hermann R. 1992. Adsorption of orthophosphate to humic-Fe-complexes and to amorphous Fe-oxide. *Journal of Plant Nutrition and Soil Science*, 155(3): 233-236

Gomez E, Durillon C, Rofes G, *et al.* 1999. Phosphate adsorption and release from sediments of brackish lagoons: pH, O_2 and loading influence. *Water Research*, 33(10): 2437-2447

Green BW, Boyd CE. 1995. Chemical budgets for organically fertilized fish ponds in the dry tropics. *Journal of the World Aquaculture Society*, 26(3): 284-296

Hargreaves JA. 1998. Nitrogen biogeochemistry of aquaculture ponds. *Aquaculture*, 166(3-4): 181-212

Lorenzen K, Struve J, Cowan VJ. 1997. Impact of farming intensity and water management on nitrogen dynamics in intensive pond culture: a mathematical model applied to Thai commercial shrimp farms. *Aquaculture Research*, 28(7): 493-507

Moore PA, Reddy KR, Graetz DA. 1992. Nutrient transformations in sediments as influenced by oxygen supply. *Journal of Environmental Quality*, 21(3): 387-393

Rhoads DC. 1974. Organism-sediment relations on the muddy sea floor. *Oceanography and Marine Biology-An Annual Review*, 12: 263-300

Rysgaard S, Risgaard-Petersen N, Sloth NP, *et al.* 1994. Oxygen regulation of nitrification and denitrification in sediments. *Limnology and Oceanography*, 39(7): 1643-1652

第十六章　养殖池塘氨氧化微生物组成与系统进化

养殖池塘过量投入饵料和肥料，导致水体营养物质，特别是氨氮的累积，造成养殖水体污染。硝化作用是氮循环过程中的一个关键环节，包括氨氧化（$NH_3 \rightarrow NO_2^-$）和亚硝酸盐氧化（$NO_2^- \rightarrow NO_3^-$）两个过程（Francis et al.，2007），分别由氨氧化菌和亚硝酸盐氧化菌两大类微生物驱动，其中，氨氧化过程是硝化过程中的关键步骤，也是限速步骤。因此，参与氨氧化过程的微生物受到广泛关注，成为生态学研究的热点。长久以来，氨氧化细菌（ammonia-oxidizing bacteria，AOB）一直被认为是水域环境中氨氧化过程的主要驱动者（Purkhold et al.，2000）。近年来，发现了另两类具有氨氧化能力的微生物：氨氧化古菌（ammonia-oxidizing archaea，AOA）和厌氧氨氧化菌（Anammox 菌），广泛分布于多种生态系统中，在氮循环中也起着非常重要的作用。然而，目前关于池塘氨氧化微生物的研究大多数局限于 AOB 的丰度（Devaraja et al.，2002；Ebeling et al.，2006）和多样性（Paungfoo et al.，2007）方面；对 AOA 和 Anammox 菌的研究主要集中在土壤、海洋、湖泊和污水处理厂等领域（马婷等，2011），关于淡水池塘养殖环境 AOA 和 Anammox 菌的研究报道则很少。本章研究养殖池塘 AOA、AOB 和 Anammox 菌的时空分布与系统进化，将有助于理解淡水养殖池塘环境中氮循环规律，为淡水养殖池塘水质调控提供依据。

第一节　养殖池塘氨氧化微生物组成与季节变化

一、池塘上层水中氨氧化微生物的组成和季节变化

在湖北省公安县崇湖渔场 A 区 10 口池塘，用水质分析仪原位检测池塘表层水体温度。采集表层水样（水面下约 30cm），低温运回实验室。取水样 50mL，用 0.22μm 混纤膜过滤，采用本试验室发明的 DNA 提取方法（Lu et al.，2015，2012）提取滤膜截留水样中的微生物总 DNA。通过荧光定量 PCR（qPCR）对 AOB、AOA amoA 基因及 Anammox 菌 16S rRNA 基因丰度进行检测，所用引物、反应条件见表 16-1。qPCR 后制作 qPCR 产物溶解曲线，利用琼脂糖凝胶电泳检测 qPCR 产物，以确定 qPCR 是否成功，具体过程见 Lu 等（2015）。用过滤后的水样，检测水体中 NH_4^+-N、NO_2^--N、NO_3^--N 浓度，检测结果如下。

表 16-1　氨氧化微生物定量引物和反应条件

基因	引物	序列（5'→3'）	聚合酶链反应程序	参考文献
AOA amoA	CrenamoA23f	ATGGTCTGGCTWAGACG	95℃变性 30s，53℃退火	Tourna et al.，2008
	CrenamoA616r	GCCATCCABCKRTANGTCCA	60s，72℃延伸 60s，上述	
			反应过程循环 35 次	

基因	引物	序列（5′→3′）	聚合酶链反应程序	参考文献
AOB *amoA*	amoA1F amoA2R	GGGGTTTCTACTGGTGGT CCCCTCKGSAAAGCCTTCTTC	95℃变性 30s、54℃退火 35s，72℃延伸 60s，上述 反应过程循环 35 次	Rotthauwe *et al.*, 1997
Anammox bac- teria 16S rRNA	Pla46F Amx368R	GGATTAGGCATGCAAGTC CCTTTCGGGCATTGCGAA	95℃变性 15min、55℃退 火 35s，72℃延伸 50s，上 述反应过程循环 35 次	Hao *et al.*, 2009； Neef *et al.*, 1998； Schmid *et al.*, 2003

检测的 10 口池塘上层水（水表下约30cm）NH_4^+-N、NO_2^--N、NO_3^--N 和 AOB *amoA* 基因平均丰度的季节变化见图 16-1，不能对水体中的 AOA *amoA* 丰度准确定量，检测不到 Anammox 菌存在。

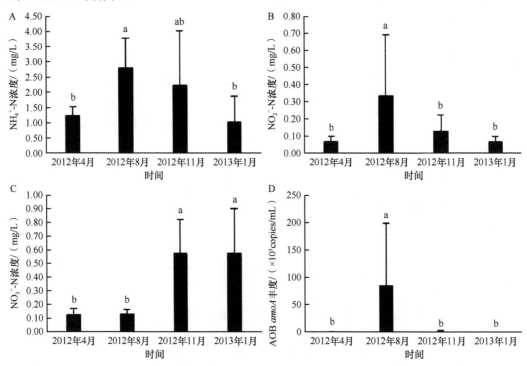

图 16-1　养殖池塘上层水 NH_4^+-N、NO_2^--N、NO_3^--N 浓度和 AOB *amoA* 基因平均丰度的季节变化

在春、夏、秋、冬季，水温分别为17.5℃、28.0℃、19.5℃和7.0℃。从图16-1可以看出，池塘上层水中 AOB *amoA* 基因丰度分别为（1.55±8.41）×10⁴copies/mL、（8.55±11.3）× 10⁶copies/mL、（1.04±2.28）×10⁵copies/mL 和（3.83±2.24）×10⁴copies/mL，夏季丰度显著高于其他 3 个季节。整个周年变化中，水体 AOB *amoA* 基因丰度和 WT 呈极显著正相关（$r=0.597$，$P<0.01$）。AOB *amoA* 基因丰度和 NH_4^+-N 浓度之间表现出弱相关性（$r=0.251$，$P<0.01$），而 AOB *amoA* 基因丰度和 NO_2^--N 浓度以及 AOB *amoA* 基因丰度和 NO_3^--N 浓度之间未表现出任何相关性。水体中 AOA *amoA* 丰度低于检测下限（20copies/mL）。如图 16-2 所示，在 qPCR 过程中，扩增出 AOA *amoA* 目的条带的同时会产生大量非特异性扩增产物，难以准确定量。养殖水体 NH_4^+-N 浓度似乎不是引起这一现象的关键因素。有文献表明，AOA 富集培养物能够在 0.22～70mg/L 的 NH_4^+-N 浓

度条件下很好地生存（French *et al.*，2012）。在本研究中，全年养殖水体 NH_4^+-N 浓度为（1.02±0.86）～（2.80±0.89）mg/L，处于上述浓度范围之内。

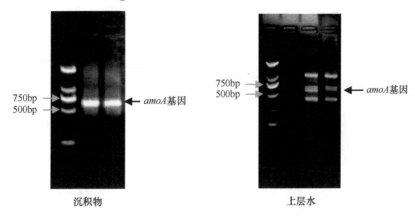

图 16-2　　积物和上层水中 AOA *amoA* 基因 qPCR 产物琼脂糖凝胶电泳图

上层水中 AOB *amoA* 基因的最高丰度出现在夏季，表明 WT 是影响 AOB 生长的主要生态因子，在人工生态湿地中也观察到类似的现象。Sims 等（2012）报道，一人工湿地水体中 AOB *amoA* 的丰度在夏季为（5.3±0.6）×10^4～（8.1±0.5）×10^6copies/mL，而冬季该湿地的出水口处根本就检测不到 AOB 的存在。

在全年中，养殖水体 NH_4^+-N 浓度和 AOB *amoA* 基因丰度表现出微弱的正相关关系（$r=0.251$，$P<0.01$），表明 NH_4^+-N 的去除，除可以通过 AOB 将 NH_4^+-N 氧化为 NO_2^--N 外，还存在其他的途径，如浮游植物的吸收作用、异养菌的同化作用等。未观察到 AOB *amoA* 基因丰度和 NO_3^--N、NO_2^--N 浓度之间存在任何相关性，这可能是因为 NO_3^--N 和 NO_2^--N 不仅和硝化细菌的数量和活性有关，更受反硝化和 Anammox 菌作用的影响。

在水体中 AOB 是主要的氨氧化微生物，这一现象可以通过光抑制（photoinhibition）来解释。AOA 对低强度光照较 AOB 更为敏感，研究表明，在 3333lx［60μmol photons/（m^2·s）］条件下受到的抑制程度大于其在 833lx［15μmol photons/（m^2·s）］条件下受到的抑制，然而在这个光照范围内 AOB 不受任何影响（Merbt *et al.*，2012）。1667lx［30μmol photons/（m^2·s）］的白光光照能够完全抑制 AOA 的生长，对 AOB 的生长却没有任何影响（French *et al.*，2012）。在海洋中，高丰度的 AOA *amoA* 基因位于光照强度比较弱的深水区（Church *et al.*，2010）。太湖是一个典型的富营养化湖泊，平均水深约 1.89m，在其水体深 50cm 处发现 AOB 是主要的氨氧化微生物，检测不到 AOA 的存在（Ye *et al.*，2009）。本试验渔场和太湖位于同一纬度上，水下 30cm 水层主要的氨氧化微生物亦为 AOB。因此，推测养殖池塘表层水体中的 AOA 可能会被光抑制，导致表层水体只有低丰度的 AOB 存在。

二、沉积物中氨氧化微生物的组成和季节变化

沉积物采集池塘同上述水样采集池塘，收集池塘中央表层沉积物（0～5cm）约 500g，低温保存运回实验室进行处理。沉积物间隙水的制取，取约 100g 沉积物，8000g 离心 10min，得到的间隙水用 0.22μm 混纤膜过滤后，再检测间隙水中 NH_4^+-N、NO_2^--N

和 NO_3^--N 浓度。DNA 提取和 3 种氨氧化微生物丰度的定量方法同上述水样微生物检测方法，检测结果如下。

表层沉积物间隙水中 AOB、AOA *amoA* 和 Anammox 菌 16S rRNA 基因丰度的季节变化见图 16-3。

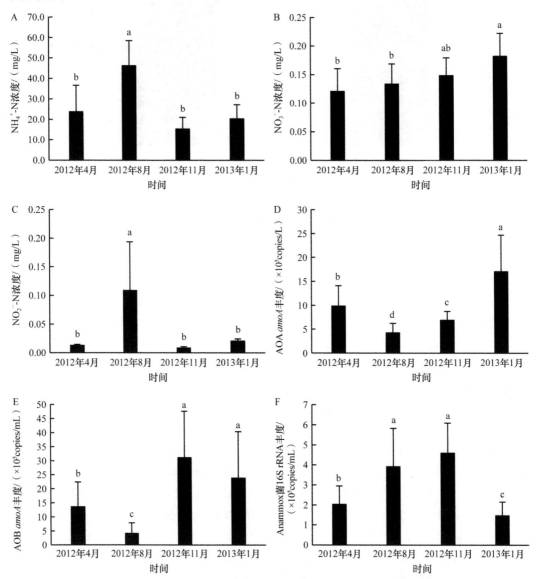

图 16-3 不同季节沉积物间隙水中 NH_4^+-N、NO_2^--N 和 NO_3^--N 浓度与沉积物中 AOB、AOA *amoA* 和 Anammox 16S rRNA 基因丰度

AOB *amoA* 基因丰度季节变化范围为（4.05±3.83）~（31.15±16.46）×10^5copies/mL，最大丰度出现在秋季，最低丰度则出现在夏季。

AOA *amoA* 基因最大丰度 [（1.71±0.76）×10^6copies/L] 出现在冬季，最低丰度 [（4.21±2.00）×10^5copies/L] 则出现在夏季。AOA *amoA* 基因丰度与 WT 呈极显著负相关 （r=−0.637，P<0.01）。

Anammox 菌 16S rRNA 在春、夏、秋、冬四季的丰度分别为（2.03±0.92）×10⁵copies/mL、（4.12±1.59）×10⁵copies/mL、（4.59±1.51）×10⁵copies/mL 和（1.46±0.69）×10⁵copy/mL，夏季和秋季显著高于冬季和春季，夏季和秋季之间无显著差异，冬季丰度最低。Anammox 菌丰度和 WT 之间呈极显著正相关（$r=0.576$，$P<0.01$）。

沉积物中 AOA、AOB $amoA$ 基因和 Anammox菌 16S rRNA 基因丰度的季节变化见图 16-4。不同池塘沉积物间隙水 NH_4^+-N、NO_2^--N 和 NO_3^--N 浓度的季节变化见表 16-2。相关分析表明，春季，AOB $amoA$ 基因与 NO_2^--N 之间表现出显著正相关（$r=0.378$，$P<0.05$）（表 16-3）。夏季，Anammox 菌 16S rRNA 基因与 AOA $amoA$ 基因、间隙水 NO_3^--N 浓度都表现出显著正相关性（$r=0.511$，$P<0.01$；$r=0.520$，$P<0.01$），Anammox 菌 16S rRNA 基因和 AOB $amoA$ 基因之间也表现出显著正相关（$r=0.448$，$P<0.05$）（表 16-3）。在秋季和冬季，Anammox 菌 16S rRNA 基因和 AOA $amoA$ 基因之间都呈显著正相关（$r=0.514$，$P<0.01$；$r=0.794$，$P<0.01$），而 Anammox 菌 16S rRNA 基因和 AOB $amoA$ 基因之间不具有相关性（表 16-3）。秋季，AOB $amoA$ 基因丰度和 NO_2^--N 浓度之间呈显著正相关性（$r=0.705$，$P<0.01$）（表 16-3）。

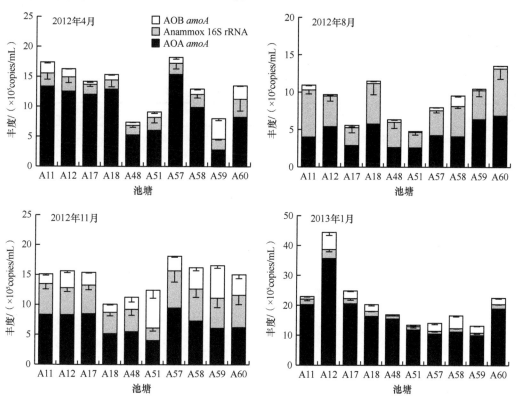

图 16-4　不同季节不同养殖池塘表层沉积物中 AOA、AOB $amoA$ 和 Anammox 菌 16S rRNA 基因丰度

表 16-2　不同池塘沉积物间隙水 NH_4^+-N、NO_2^--N 和 NO_3^--N 浓度的季节变化（mg/L）

时间	指标	池塘编号									
		A11	A12	A17	A18	A48	A51	A57	A58	A59	A60
2012 年 4 月	NH_4^+-N	13.63	22.35	11.83	18.86	51.73	12.09	19.71	28.85	18.97	39.21
	NO_2^--N	0.012	0.014	0.011	0.012	0.012	0.010	0.015	0.016	0.013	0.012
	NO_3^--N	0.177	0.066	0.100	0.070	0.171	0.116	0.160	0.112	0.097	0.139
2012 年 8 月	NH_4^+-N	31.34	35.67	46.35	69.07	35.88	39.69	42.91	62.36	55.33	43.54
	NO_2^--N	0.281	0.019	0.029	0.023	0.146	0.187	0.056	0.075	0.156	0.116
	NO_3^--N	0.185	0.108	0.112	0.212	0.181	0.110	0.102	0.120	0.125	0.131
2012 年 11 月	NH_4^+-N	7.817	13.74	14.05	14.11	9.033	12.89	18.65	28.11	15.22	18.60
	NO_2^--N	0.007	0.006	0.007	0.005	0.009	0.010	0.010	0.008	0.012	0.010
	NO_3^--N	0.145	0.118	0.181	0.125	0.179	0.127	0.152	0.118	0.208	0.133
2013 年 1 月	NH_4^+-N	11.41	9.61	24.52	30.01	24.47	28.69	21.82	18.44	18.97	14.05
	NO_2^--N	0.024	0.022	0.022	0.016	0.015	0.026	0.021	0.022	0.020	0.016
	NO_3^--N	0.122	0.175	0.162	0.196	0.183	0.223	0.156	0.173	0.269	0.166

表 16-3　不同季节池塘表层沉积物中 Anammox 16S rRNA、AOA *amoA*、AOB *amoA* 基因丰度及
NH_4^+-N、NO_2^--N 和 NO_3^--N 浓度之间的相关关系

时间	指标		Anammox 16S rRNA	AOA *amoA*	AOB *amoA*	NH_4^+-N	NO_2^--N	NO_3^--N
2012 年 4 月	Anammox-16S rRNA	*r*	1.000	0.004	0.244	0.082	0.173	0.000
		P		0.982	0.195	0.665	0.362	0.997
	AOA *amoA*	*r*	0.004	1.000	−0.179	−0.225	0.259	0.011
		P	0.982		0.345	0.233	0.167	0.952
	AOB *amoA*	*r*	0.244	−0.179	1.000	0.081	**0.378**	−0.119
		P	0.195	0.345		0.670	0.040	0.532
2012 年 8 月	Anammox-16S rRNA	*r*	1.000	**0.511**	**0.448**	0.013	0.034	**0.520**
		P		0.004	0.013	0.947	0.858	0.003
	AOA *amoA*	*r*	**0.511**	1.000	−0.064	0.309	−0.243	0.136
		P	0.004		0.736	0.097	0.195	0.473
	AOB *amoA*	*r*	**0.448**	−0.064	1.000	0.093	0.063	0.250
		P	0.013	0.736		0.624	0.741	0.182
2012 年 11 月	Anammox-16S rRNA	*r*	1.000	**0.514**	−0.142	0.341	0.041	0.148
		P		0.004	0.455	0.065	0.829	0.435
	AOA *amoA*	*r*	**0.514**	1.000	−0.297	0.160	−0.277	0.095
		P	0.004		0.111	0.398	0.139	0.616
	AOB *amoA*	*r*	−0.142	−0.297	1.000	0.311	**0.705**	−0.088
		P	0.455	0.111		0.094	0.000	0.643

续表

时间	指标		Anammox 16S rRNA	AOA *amoA*	AOB *amoA*	NH_4^+-N	NO_2^--N	NO_3^--N
	Anammox-16S rRNA	*r*	1.00	**0.794**	0.286	−0.254	0.176	−0.261
		P		0.000	0.126	0.175	0.353	0.164
2013 年 1 月	AOA *amoA*	*r*	**0.794**	1.000	0.091	−0.375	0.128	−0.372
		P	0.000		0.633	0.041	0.499	0.043
	AOB *amoA*	*r*	0.286	0.091	1.000	−0.345	0.088	−0.171
		P	0.126	0.633		0.062	0.645	0.366

注：加粗表示两组数据之间具有显著相关性

　　在池塘沉积物中，AOB *amoA* 基因丰度的变化趋势不同于池塘上层水，其最高丰度出现在秋季，最低丰度出现在夏季。在河口沉积物和鳗草（*Zostera marina*）生长区也观察到了类似的季节变化（Ando *et al.*，2009；Bernhard *et al.*，2007）。鳗草生长区 AOB *amoA* 基因丰度在夏季降低，可能是因为 NH_4^+-N 浓度下降（Ando *et al.*，2009），因为室内的培养试验表明，增加 NH_4^+-N 能够促进 AOB 生长和缩短 AOB 生长延迟期。然而，在河口沉积物（Bernhard *et al.*，2007）和本研究中（图 16-3A）都发现夏季沉积物中游离 NH_4^+-N 浓度有显著升高趋势。显然，NH_4^+-N 浓度不是影响沉积物中 AOB 生长的关键因子。沉积物中 AOB *amoA* 基因丰度在夏季降低可能是因为夏季沉积物中的低 DO。尽管晴朗天气池塘表层水体会经常处于超饱和状态，但池塘底部水体 DO 很少会超过 2mg/L（Chang and Ouyang，1988）。因此，可以推断池塘沉积物是一个极端厌氧的环境。

　　夏季表层沉积物中 AOB *amoA* 基因丰度和 NO_2^--N 浓度呈极显著正相关，秋季表层沉积物 AOB *amoA* 基因丰度和 NO_2^--N 浓度呈显著正相关（表 16-3），秋季 AOB *amoA* 基因丰度较夏季显著升高（图 16-3E），表明秋季池塘表层沉积物中 NH_4^+-N 的转化和 AOB 密切相关。此外，WT 和 DO 也可能影响 AOB *amoA* 基因丰度的季节变化。因为随着秋季 WT 的降低，表层沉积物中的异养菌代谢活性变弱，耗氧量降低，表层沉积物 DO 相对丰富，AOB 获得快速生长的机会。进入冬季后，池塘投饵停止，并且随着 WT 的降低，沉积物中异养菌代谢活性会进一步减弱，表层沉积物中 DO 变得更加丰富，但此时沉积物 WT 仅 10℃左右，低温能够显著降低 AOB 的硝化作用，不过，10℃左右的 WT 也不至于使其死亡（Tourna *et al.*，2008），所以，表层沉积物中的 AOB *amoA* 基因丰度在秋季和冬季无显著差异。

　　养殖池塘沉积物中 AOA *amoA* 基因丰度呈季节性变化，冬季和春季显著高于夏季和秋季。在鳗草生长区、河口沉积物和亚热带海滨红树林沉积物研究中也观察到了类似的季节变化（Ando *et al.*，2009；Caffrey *et al.*，2007；Hugoni *et al.*，2013；Wang *et al.*，2013），表明 WT 是影响池塘沉积物中 AOA 群落结构的主要因子。

　　养殖池塘表层沉积物中 AOA *amoA* 基因丰度比 AOB *amoA* 基因丰度几乎高一个数量级（图 16-3D，F）。Wu 等（2010）认为丰富的有机物质是太湖湖湾养鱼区 AOB 丰度显著高于 AOA 丰度的主要原因，太湖沉积物中 AOA *amoA* 丰度和 NH_4^+-N 浓度呈显著负相关，AOA 倾向于生活在寡营养和低 NH_4^+-N 浓度的环境中。在营养缺乏的人工湿地生态系统中 AOA 丰度亦显著高于 AOB（Hugoni *et al.*，2013；Sims *et al.*，2012）。而在有机物质丰富、NH_4^+-N 浓度比较高的淡水池塘沉积物中，AOA 是主要的氨氧化微生物，主要原因可能也要归于池塘表层沉积物中的低 DO，有研究表明，AOA 更能耐低 DO 的环境（Bouskill *et al.*，2012；Coolen *et al.*，2007；Molina *et al.*，2010）。

本研究结果表明不同季节 WT 与 Anammox 菌 16S rRNA 基因丰度（图 16-3F）呈显著正相关（$r=0.576$，$P<0.01$），提示 WT 是影响池塘沉积物中 Anammox 活性的主要生态因子。这与 Zhao 等（2013）在调查太湖区域的两条河流沉积物时得到的结论相一致。Li 等（2011）发现河口滩涂沉积物中，夏季 Anammox 菌的数量远高于冬季。Teixeira 等（2012）发现河口沉积物处 Anammox 活性的最适 WT 为 14～16℃，类似于海洋沉积物 Anammox 活性的最适 WT（15℃和 12℃）（Rysgaard *et al.*，2004；Thamdrup and Dalsgaard，2002）。Zhao 等（2013）发现淡水河流沉积物中潜在的 Anammox 活性最适 WT 为 23℃。本研究发现，在 19.5℃和 28℃时，池塘沉积物中 Anammox 菌 16S rRNA 基因丰度显著增高，表明淡水养殖池塘和淡水河流沉积物中的 Anammox 在对 WT 的敏感性方面存在一致性。

夏季池塘沉积物中 Anammox 菌 16S rRNA 基因丰度和间隙水 NO_3^--N 浓度之间呈显著正相关（$r=0.520$，$P<0.01$）（表 16-3）。类似的现象也在河流沉积物中发现，Zhao 等（2013）研究表明，河流沉积物中的 Anammox 速率与沉积物间隙水中 NO_3^--N 浓度呈正相关。Risgaard-Petersen 等（2005）证明当水体中的硝氮浓度从 7.2mg/L 降低到 0.06～0.12mg/L 时，沉积物中的 Anammox 速率会降低 85%。根据沉积物 Anammox 菌 16S rRNA 基因丰度的动态变化及其与夏季沉积物间隙水中 NO_3^--N 浓度的相关性方面提供的证据，可以推测，Anammox 在池塘沉积物氮循环过程中发挥着不可忽视的作用，其具体贡献还有待进一步研究。

夏季、秋季和冬季，沉积物中 Anammox 菌 16S rRNA 基因和 AOA *amoA* 基因之间都呈现出显著正相关（$r=0.511～0.794$，$P<0.01$）（表 16-3），表明在池塘沉积物中 Anammox 菌和 AOA 之间可能存在密切的协同作用，即 AOA 将 NH_4^+-N 氧化为 NO_2^--N，通过这一过程获取供自身新陈代谢的能量，代谢产物 NO_2^--N 为 Anammox 菌提供了底物，Anammox 菌利用 NO_2^--N，为 AOA 解除了负反馈抑制。Lam 等（2007）证实在黑海低 DO 区 AOA 负责主要的 NH_4^+-N 氧化，其产物 NO_x 通过扩散作用为亚缺氧区（suboxic zone）的 Anammox 提供约 50% 的反应底物，而位于亚缺氧区域的 AOB 则负责为 Anammox 提供剩余的反应底物，同时为其营造一个缺氧的环境。在本研究过程中，也发现在夏季 Anammox 菌 16S rRNA 和 AOB *amoA* 基因之间存在显著正相关关系（$r=0.448$，$P<0.05$）（表 16-3）。所以，在夏季，淡水沉积物中 AOA 和 Anammox 菌，以及 AOB 和 Anammox 菌之间都可能存在协同关系。

第二节　养殖池塘 AOA 和 AOB *amoA* 基因多样性和系统发育

一、覆盖率、多样性指数和克隆文库稀释曲线

从湖北省公安县崇湖渔场 2 个架设水蕹菜浮床的池塘（浮床塘Ⅰ和浮床塘Ⅱ）收

集沉积物、水体和水蕹菜根系样品，按前述方法进行 DNA 提取和 PCR 扩增，并构建克隆文库，挑取单克隆进行 DNA 测序。共获得 75 条 AOA *amoA* 和 126 条 AOB *amoA* 基因序列（表 16-4）。AOA 和 AOB *amoA* 基因序列在 NCBI 中的登录号分别为 KJ845732～KJ845781 和 KJ845782～KJ845876。根据 Dotur 软件分析得到的数据，利用 GraphPad Prism 6.0 软件制作克隆文库稀释曲线，并分析基因序列多样性覆盖率。对于 AOA，35 条来自水蕹菜根系，40 条来自池塘沉积物。根系和沉积物 AOA *amoA* 基因克隆文库覆盖率分别为 97.14% 和 97.50%。基于 Dotur 分析，在 98% 的相似水平上可以将根系和沉积物中的 AOA *amoA* 基因序列分为 4 个和 6 个运算分类单元（OTU）。对于 AOB，从水蕹菜根系、沉积物和水体分别获得 50 条、39 条、37 条 *amoA* 基因序列，在克隆文库中相对应的覆盖率分别为 96.00% 和 82.05%、89.19%。水蕹菜根系、沉积物和水体 AOB *amoA* 基因克隆文库分别有 6 个、13 个和 10 个 OTU。各种环境中的 AOA 和 AOB *amoA* 基因克隆文库稀释曲线如图 16-5 所示。AOA 和 AOB *amoA* 基因的 Shannon-Wiener 多样性指数和 S_{chao1} 指数（丰度指数）如表 16-4 所示。

表 16-4　池塘沉积物、水体和水蕹菜根系 AOA 和 AOB *amoA* 基因序列克隆数、OTU 数目、覆盖率及多样性指数

克隆文库		克隆数	OTU 数目	覆盖率/%	Shannon-Wiener 多样性指数	丰度指数
AOA	根系	35	4	97.14	0.9519	4
	沉积物	40	6	97.50	1.428	6
	水体	—	—	—	—	—
AOB	根系	50	6	96.00	1.342	6.5
	沉积物	39	13	82.05	2.118	20
	水体	37	10	89.19	1.901	12

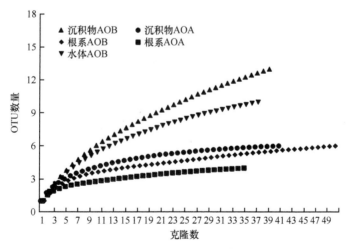

图 16-5　AOA 和 AOB *amoA* 基因克隆文库稀释曲线

水蕹菜根系上的 50 个 AOB *amoA* 基因序列可被划分为 6 个 OTU，覆盖率为 96.00%。且都聚集在 *Nitrosomonas europea* 谱系分支中（图 16-6C），表明水蕹菜根系上的 AOB 多样性水平比较低，可能是由根系表面特殊生态环境所致。水培水蕹菜须根系极为发达，对水体的悬浮物质能够起到很好的截留效果。根系表面不仅能够生长大量的氨氧化微生物，还能附着生长大量的异养细菌，这些异养菌能够快速分解截留下来的有机物质，在水蕹菜根系局部区域形成高浓度氨氮环境，选择性保留了 *Nitrosomonas europea* 谱系AOB。有研究表明，*Nitrosomonas* AOB 经常在诸如废水处理厂等高浓度氨氮环境中被检测到（Geets *et al.*，2006），高浓度的氨氮有利于 *Nitrosomonas* AOB 生长（Bollmann *et al.*，2002）。Wei 等（2011）对富营养化水库中的 3 种漂浮性水生植物根系氨氧化微生物的研究结果也表明 *Nitrosomonas europea* 谱系是主要的 AOB 类群。

表 16-4 显示，池塘沉积物和水体中的 AOB *amoA* 基因可分别被划分为 13 个和 10 个 OTU，相对于水蕹菜根系上的 AOB，Shannon-Wiener 多样性指数和 S_{Chao1} 较高，表明沉积物和水体中的 AOB 多样性比较丰富。聚类分析得到的结果也支持这一结论（图 16-6），沉积物和水体中的 AOB 在 *Nitrosomonas europea* 谱系、*Nitrosospira multiformis* 谱系和 *Nitrosomonas oligotropha* 谱系 3 个 AOB 类群中均有分布，可能与池塘沉积物和水体中复杂的环境密切相关。在沉积物和水体中，*Nitrosomonas* AOB 是主要类群，对稻田土壤进行研究也得到类似结果（Wang *et al.*，2009）。中国太湖沉水植物根系周围沉积物中的 AOB 也可以被划分为以上 3 个类群，但 *Nitrosomonas oligotropha* 谱系 AOB 是主要类群（Zhao *et al.*，2014）。

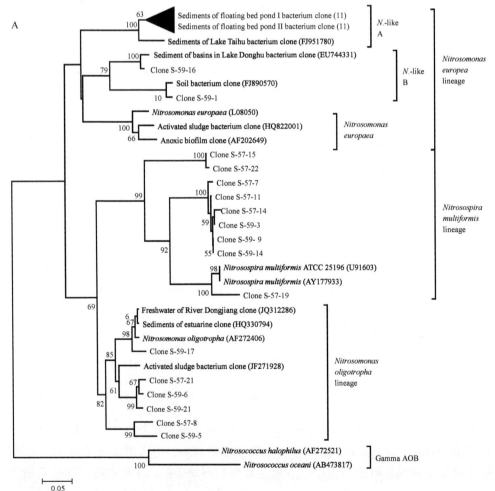

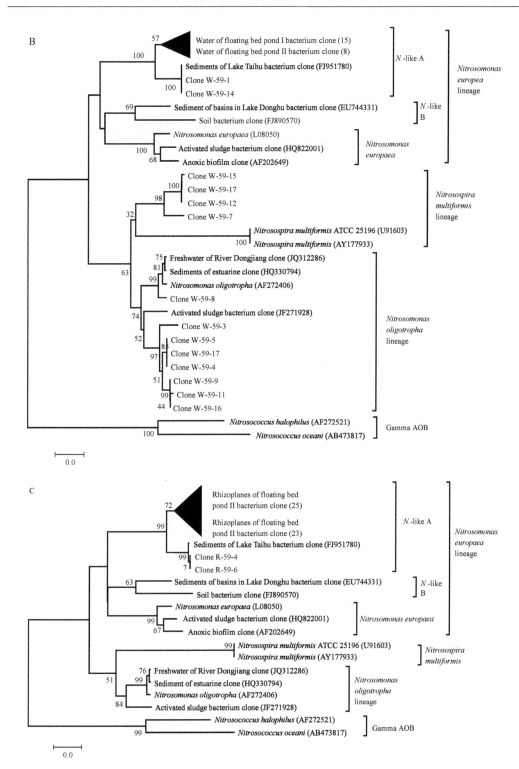

图 16-6　水蕹菜浮床塘沉积物（A）、水体（B）和水蕹菜根系（C）AOB *amoA* 基因序列系统发育树

1）图中仅显示了高于 50% 的自展（bootstrap）值。非黑体字括号中的数字表示所含有的 *amoA* 基因序列条数。2）图中 S-57-*N* 和 S-59-*N* 分别表示浮床塘Ⅰ和浮床塘Ⅱ沉积物中的 AOB *amoA* 基因序列，R-57-*N* 和 R-59-*N* 分别表示浮床塘Ⅰ和浮床塘Ⅱ水体中的 AOB *amoA* 基因序列

二、系统进化树构建

由本试验获得的 *amoA* 序列及 NCBI 中公布的序列通过比对软件 MEGA 5.0 利用邻接（neighbour-joining）方法构建 AOA *amoA* 和 AOB *amoA* 基因发育树（图 16-6，图 16-7）。池塘沉积物中的 AOA *amoA* 基因可被划分为 6 个簇，即 Cluster A～F，和来自 NCBI 中的其他序列一起又可被划分为 Group 1.1a 和 Group 1.1b 两个大的类群（Schleper *et al.*,2005）。其中，4 个簇（Cluster A～D）被聚在 Group 1.1b 中，占克隆总数的 80%；两个簇（Cluster E 和 Cluster F）被聚在 Group 1.1a 中，占总克隆数的 20%（图 16-7A）。水蕹菜根系上的 AOA *amoA* 基因明显有别于沉积物中的 AOA 类群，可被划分为 4 个簇（Cluster G～Cluster M），全部都聚集在 Group 1.1b 中（图 16-7B）。

池塘沉积物、水体和水蕹菜根系上的 AOB，依据本研究和 NCBI 中的 *amoA* 基因序列的聚类分析结果可被划分为 3 个系，即 *Nitrosomonas europea* 谱系、*Nitrosospira multiformis* 谱系和 *Nitrosomonas oligotropha* 谱系（图 16-6A～C）。

图 16-7 显示，80% 的沉积物 AOA *amoA* 基因和全部的水蕹菜根系 AOA 序列被聚在 Group 1.1b 类群，即在土壤/沉积物类群中，这可能和池塘高浓度氨氮环境密切相关。French 等（2012）通过对富集到的 3 个属于 Group 1.1a AOA 培养物进行研究，表明虽然 AOA 生长对氨氮的最大耐受浓度上限为 14～70mg/L，但当培养基氨氮浓度为 0.21mg/L 时，这 3 个 AOA 富集培养物都表现出最高氨氮浓度转化速率。这在一定程度上反映了

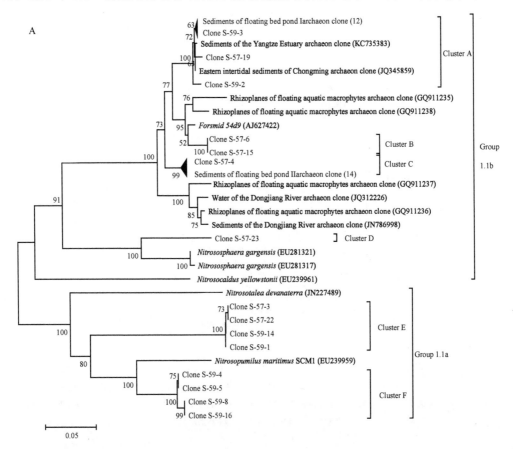

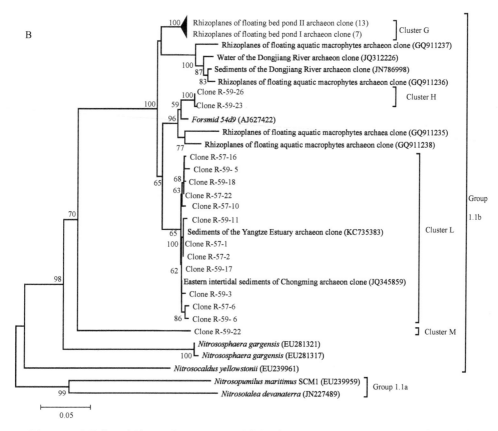

图 16-7　水蕹菜浮床塘沉积物（A）和水蕹菜根系（B）AOA *amoA* 基因序列系统发育树

1）图中仅显示了高于 50% 的 bootstrap 值。非黑体字括号中的数字表示所含有的 *amoA* 基因序列条数。2）图中 S-57-*N* 和 S-59-*N* 分别表示浮床塘Ⅰ和浮床塘Ⅱ沉积物中的 AOB *amoA* 基因序列，R-57-*N* 和 R-59-*N* 分别表示浮床塘Ⅰ和浮床塘Ⅱ水体中的 AOB *amoA* 基因序列

Group 1.1a 类群的 AOA 可能不适宜在高浓度氨氮环境中生长。池塘沉积物中的间隙水氨氮浓度全年为（15.22±5.70）～（46.20±12.32）mg/L，尽管没对水蕹菜根系附近局部环境的氨氮进行测定，但从上述 AOB 的群落结构可以推测，水蕹菜根系周围的局部氨氮浓度可能也非常高。所以，高浓度氨氮选择的结果是在沉积物中和水蕹菜根系表面的 AOA 主要为 Group 1.1b 类群。Sun 等（2013）的研究也表明，在东江高浓度总碳（＞13g/kg）和高氨氮（＞133mg/kg）沉积物中，AOA 主要为 Group 1.1b 类群，而在低总碳（＜4g/kg）和低氨氮（＜93mg/kg）沉积物中，AOA 则以 Group 1.1a 和 Group 1.1a-associated 类群为主。

如图 16-8 所示，水体 AOB 对应 *Nitrosomonas europea* 谱系、*Nitrosospira multiformis* 谱系和 *Nitrosomonas oligotropha* 谱系菌群比例分别为 61.54%、23.08% 和 15.38%，沉积物 AOB 对应比例分别为 67.57%、10.81% 和 21.62%。来自水蕹菜根系的 50 个 AOB *amoA* 基因序列全部被聚在 *Nitrosomonas europea* 谱系中。*Nitrosomonas europea* 谱系又可以被划分为 *N.*-like A，*N.*-like B 和 *N. europea* 3 个类群，有 22 条和 2 条沉积物 AOB *amoA* 基因序列分别被聚在类群 *N.*-like A 和 *N.*-like B 中（图 16-6A），水体（图 16-6B）和水蕹菜根系（图 16-6C）*Nitrosomonas europea* 谱系中的 *amoA* 基因序列全部分布在 *N.*-like A 中。

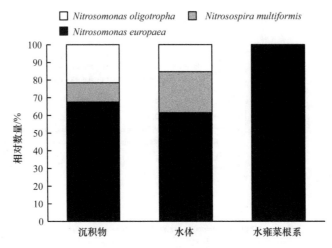

图 16-8　浮床塘沉积物、水体和水蕹菜根系不同类型 AOB *amoA* 基因克隆相对数量

三、水蕹菜浮床根系、水体 AOA 和 AOB *amoA* 基因丰度

利用 qPCR 定量方法，对水蕹菜根系上 AOA 和 AOB 进行了定量分析，从表 16-5 可以看出，水蕹菜根系上 AOA *amoA* 基因丰度为（5.41±0.25）×10³copies/g（鲜重）～（3.82±0.37）×10⁴copies/g（鲜重）；AOB *amoA* 基因丰度为（1.16±0.01）×10⁵copies/g（鲜重）～（2.33±0.24）×10⁶copies/g（鲜重）。水体中 AOB *amoA* 基因丰度为（1.57±0.92）×10¹～（2.53±0.98）×10³copies/mL。由于 AOA *amoA* 在水体中的浓度太低，未能获得准确数量。

表 16-5　水蕹菜根系和水体中的 *amoA* 基因丰度（copies/g；copies/mL）

池塘	AOA/AOB *amoA*	7 月	8 月	9 月	11 月
浮床塘 I	根系 AOB *amoA*	（6.07±1.60）×10⁵	（1.16±0.01）×10⁵	（7.39±0.71）×10⁵	（1.17±0.21）×10⁵
	根系 AOA *amoA*	（7.73±0.93）×10³	（1.09±0.28）×10⁴	（5.41±0.25）×10³	（2.45±0.30）×10⁴
	水体 AOB *amoA*	（3.44±1.54）×10¹	（2.53±0.98）×10³	（2.52±0.28）×10¹	（3.62±0.27）×10²
对照塘 I	水体 AOB *amoA*	（3.19±0.81）×10¹	（1.37±0.10）×10³	（4.54±1.59）×10¹	（4.05±1.37）×10¹
浮床塘 II	根系 AOB *amoA*	（2.23±0.81）×10⁵	（2.33±0.24）×10⁶	（3.05±0.14）×10⁵	（6.42±0.63）×10⁵
	根系 AOA *amoA*	（1.28±0.22）×10⁴	（3.82±0.37）×10⁴	（5.91±0.11）×10³	（7.17±0.21）×10³
	水体 AOB *amoA*	（1.67±0.96）×10¹	（2.47±0.17）×10²	（3.28±1.47）×10¹	（2.19±1.13）×10¹
对照塘 II	水体 AOB *amoA*	—	（1.42±0.32）×10²	（1.57±0.92）×10¹	（1.85±0.50）×10²

表 16-6 中的数据表明，每口浮床塘中，水蕹菜浮床根系上的 AOA 和 AOB *amoA* 基因总数量可分别达 10⁹～10¹⁰copies 和 10¹⁰～10¹¹copies。

表 16-6　水蕹菜浮床根系上的 AOA 和 AOB *amoA* 基因总数量（copies）

池塘	AOA *amoA*	AOB *amoA*
浮床塘 I	1.22×10¹⁰	5.82×10¹⁰
浮床塘 II	5.27×10⁹	4.72×10¹¹

如表 16-5 所示，水蕹菜根系上的 AOA 和 AOB *amoA* 基因丰度分别为 $10^3 \sim 10^4$ copies/g 和 $10^5 \sim 10^6$ copies/g。表明 AOB 是水蕹菜根系上主要的氨氧化微生物。这与 Wei 等（2011）在中国厦门杏林湾水库中调查 3 种漂浮性水生植物根系上微生物组成时得到的结果相一致。然而，本研究结果与 Herrmann 等（2008）和 Chen 等（2008）在调查土壤植物根系氨氧化微生物组成时得到的结论相矛盾。这可能是由 DO 所导致，生长在浮床上的水蕹菜与漂浮植物类似，根系漂浮在水层中，相对于土壤，水体 DO 含量较为丰富。高浓度的 DO 能促进 AOB 的生长，而 AOA 生长则几乎不受 DO 含量的影响（French *et al.*，2012），在水体中 AOB 在与 AOA 竞争过程中处于优势地位。而在土壤中，因为 DO 浓度非常低，AOB 生长受到抑制，所以 AOA 成为主要的氨氧化微生物类群。

第三节　人工基质富集氨氧化微生物净化水质效果研究

一、人工基质对水体中氨氧化微生物浓度的影响

人工基质为过滤棉片（PFC，规格 12cm×8cm×1cm）。试验塘为 3 口养殖池塘（P1、P2、P3），平均水深约 2.0m。每口池塘沿对角线均匀地设置 3 个试验点，每个试验点在上层（水面下 0.2m）、中层（水面下 1.0m）、下层（沉积物上 0.2m）布置 PFC。试验时间为 2013 年 9 月，每 3~4d 收集一次 PFC 和水样，每次剪下 1~2g PFC，用于检测 PFC 上 AOB 和 AOA 附着生长情况，剩余 PFC 继续挂在水体中进行孵育。同时在水面下约 30cm 处采集水样，2h 内测定相关水质指标。

如图 16-9 所示，悬挂在 3 个养殖池塘中 PFC 上的 AOB 都呈现出一致的增长规律，每个试验点处，悬挂在不同深度处 PFC 上的 AOB *amoA* 基因丰度无显著差异。悬挂 PFC

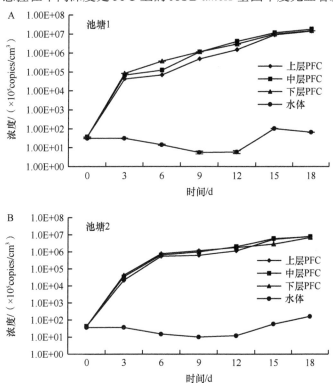

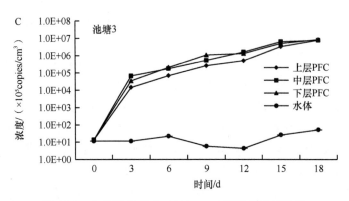

图 16-9　水体和 PFC 上 AOB *amoA* 基因的拷贝数量

的初始阶段，AOB 增长最快，三天内从 $10^1 \sim 10^2$copies/cm^3 增长到 $10^4 \sim 10^5$copies/cm^3，然后进入一个慢速增长阶段，约半个月，PFC 上的 AOB 达到稳定期，AOB 的功能基因 *amoA* 基因达到 10^7copies/cm^3 左右。整个试验期间，3 个养殖池塘水体中的 AOB *amoA* 基因丰度维持在 $10^1 \sim 10^2$copies/cm^3，虽有波动，但无显著增长趋势。

　　前已述及，养殖池塘水体中的 AOB *amoA* 基因拷贝数量非常低（$10^1 \sim 10^4$copies/cm^3）。养殖池塘水体中 PFC 上的 AOB *amoA* 基因丰度在半个月左右的时间内由 $10^1 \sim 10^2$copies/cm^3 增长到 10^7copies/cm^3 左右，表明养殖水体中有足够丰富的营养物质可供 AOB 生长，养殖水体中的营养元素不是限制 AOB 生长的主要生态因子。悬挂在池塘 3 个不同水层中 PFC 上的 AOB *amoA* 基因丰度无显著差异，表明 PFC 上 AOB 的生长不受池塘不同水层水体压强、光线的影响，提示在生产实践中，可以将作为生物附着基质的 PFC 悬挂在池塘中、下层水体，以免遮蔽阳光，影响藻类的生长。

　　整个试验期间，与前面池塘检测结果相似，水体中的 AOA *amoA* 基因丰度都在检测限以下。试验后期，部分池塘水体 PFC 样品上能够检测到少量的 AOA *amoA* 基因，其丰度在 10^3copies/cm^3 以下。试验过程中，未检测到 PFC 上有 Anammox 菌存在。

　　水体中的 AOA *amoA* 基因丰度大部分时间在检测限以下，仅试验后期在部分 PFC 上可以检测到 AOA 的存在。可能有以下两个原因：一是 AOB 的竞争。如图 16-9A〜C 所示，AOB 在 PFC 上，未观察到延迟期存在，很快进入对数增长期，在 15d 内其丰度就达到 10^7copies/cm^3 左右。而 AOA 延迟期需要 10〜15d（Könneke *et al.*，2005；Matsutani *et al.*，2011），AOA 和 AOB 同属于氨氧化微生物，高丰度的 AOB 占据了相应的生态位，AOA 生长受到抑制。二是养殖水体氨氮浓度比较高，不利于 AOA 生长。Sauder 等（2011）的研究结果表明，水族箱 PFC 上的 AOA *amoA* 基因丰度和水体氨氮浓度呈显著负相关关系，PFC 上 AOA 占主导地位的水族箱氨氮浓度大部分低于 0.1mg/L，低氨氮浓度促进了水族箱环境下 AOA 生长。本试验中，试验塘水体中氨氮浓度始终高于 0.4mg/L（图 16-10），抑制了 AOA 生长。有学者认为在氨氮极为有限的环境中，AOA 往往是主要的氨氧化微生物（Auguet *et al.*，2011；Beman *et al.*，2008；Mincer *et al.*，2007）。

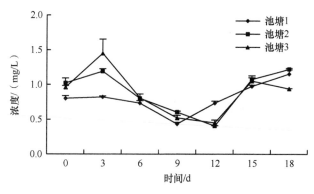

图 16-10　试验塘水体氨氮浓度变化

二、PFC 氨氮转化能力

试验组和对照组各 3 个圆桶，对照组每个圆桶放入一块没有富集氨氧化微生物新的 PFC，试验组每桶各放入一片富集氨氧化微生物后的 PFC。每个桶装 8000cm³ 池塘水，调节水体氨氮浓度至 2～3mg/L。置于人工气候培养箱中（HP1500GS）。水温设定在 28℃，DO 6.0～7.0mg/L，pH 7～8.5，光照强度 20 000lx。试验持续 12h，每 2h 取一次样，并测定相关水质指标。

如图 16-11 所示，试验组即加入富集氨氧化微生物后的 PFC 试验体系中（图 16-11A），在 12h 内，NH_4^+-N 浓度迅速下降，最后趋于稳定，第 12h 时 NH_4^+-N 浓度为（0.43±0.28）mg/L；在此期间，伴随 NO_3^--N 浓度升高，最后趋于平缓；相对于 NH_4^+-N 和 NO_3^--N，NO_2^--N 浓度始终处于一个非常低的水平。对照组即加入未富集 PFC 的试验体系中（图 16-11B），NH_4^+-N、NO_3^--N 和 NO_2^--N 浓度始终没有明显变化。以上结果表明，PFC 本身以及养殖水体中的微生物不具有快速转化 NH_4^+-N 的能力，试验体系中 NH_4^+-N 浓度的降低以及 NO_3^--N 浓度的显著升高是由 PFC 上的氨氧化微生物引起的。

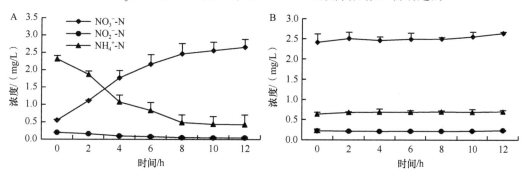

图 16-11　加入富集和未富集氨氧化微生物的 PFC 后，水体中 NH_4^+-N、NO_2^--N 与 NO_3^--N 浓度的变化

三、WT、pH、DO 对氨氮转化速率的影响

因为在试验反应体系中，不仅有硝化作用，还有氨化作用的存在，能源源不断地供应水体因硝化作用而消耗的 NH_4^+-N。本研究中以前 4h 内试验反应体系中亚硝氮和硝氮浓度之和的变化，反映各种不同试验条件下 PFC 上 AOB 的氨氮转化速率（Tourna et al.，2008）。

（一）WT 对氨氮转化速率的影响

WT 设置 4 个梯度，分别为 14℃、21℃、28℃和 35℃，pH 和 DO 分别为 7.0～8.5 和 6.0～7.0mg/L。自动控温仪控制水温。试验结果见图 16-12A。

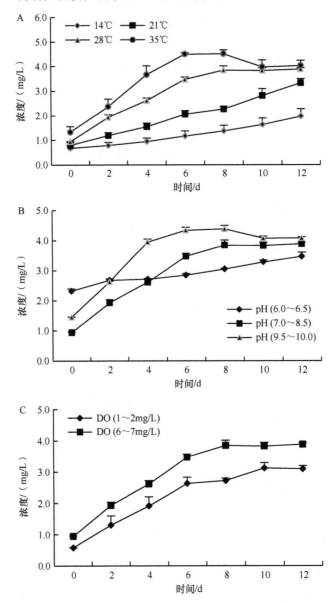

图 16-12　不同 WT、pH 和 DO 条件下 PFC 上 AOB 氨氮转化速率

如图 16-12A 所示，在 28℃和 35℃条件下，在初始阶段，反应体系内的 NO_2^--N 和 NO_3^--N 浓度之和一直呈上升趋势，约 6h 后，由于反应体系中 NH_4^+-N 的耗竭，NO_2^--N 和 NO_3^--N 浓度之和开始趋于稳定。14℃和 21℃条件下，试验期间（12h 内），NO_2^--N 和 NO_3^--N 浓度之和一直呈升高趋势。14℃、21℃、28℃和 35℃条件下，氨氮转化速率分别为：（0.006±0.001）mg N/(cm^3 PFC·h)、（0.016±0.001）mg N/(cm^3 PFC·h)、（0.035±0.003）mg N/(cm^3 PFC·h) 和（0.048±0.003）mg N/(cm^3 PFC·h)。统计结果显示，WT 和氨氮转化速

率之间呈极显著正相关（$P < 0.001$，非参数相关性检验）。这和前人的研究结果一致（Stark，1996；Tourna et al.，2008）。

（二）pH 对氨氮转化速率的影响

pH 设置 3 个梯度，分别为 9.5～10.0、7.0～8.5 和 6.0～6.5，WT 和 DO 分别控制在 28℃和 6.0～7.0mg/L。用 1mol/L NaOH 或 1mol/L HCl 调控 pH，试验结果见图 16-12B。

如图 16-12B 显示，在 pH 为 9.5～10.0、7.0～8.5 和 6.0～6.5 条件下，试验前 4h 内，氨氮转化速率分别为（0.052±0.002）mg N/(cm³ PFC·h)、（0.035±0.002）mg N/(cm³ PFC·h) 和（0.008±0.002）mg N/(cm³ PFC·h)。在 pH 为 6.0～6.5 条件下的氨氮转化速率，极显著低于其他 pH 条件下的氨氮转化速率（$P < 0.001$，one-way ANOVA）。

在试验 pH 范围（6.0～10.0）内，随 pH 降低，氨氮转化速率显著降低（图 16-12B）。在水体中，存在分子氨（NH_3）和离子氨（NH_4^+）两种不同形式的氨氮，pH 影响氨氧化微生物的活性，可能是通过调控水体中分子氨氮（NH_3）浓度来实现的（De Boer and Kowalchuk，2001）。随着 pH 的降低，分子氨（NH_3）会结合质子（H^+）生成离子氨（NH_4^+）（Emerson et al.，1975）。高浓度的分子氨浓度能够促进 AOB 的生长，缩短 AOB 生长的延迟期（French et al.，2012）。当水体中分子氨（NH_3）浓度太低时，AOB 的活性会降低甚至停止。事实上，在本研究中，也发现亚硝氮和硝氮浓度之和会随着时间逐渐增大，慢慢趋于稳定，但此时，水体中仍剩余约 0.5mg/L 的氨氮尚未被转化。这并不影响 PFC 作为生物悬浮载体在池塘养殖水体中的应用。0.5mg/L 的氨氮浓度低于《地表水环境质量标准》（GB 3838—2002）Ⅲ类水的氨氮浓度限量（1mg/L），满足外排水要求，且为了维持养殖水体中浮游植物的生长，养殖水体中需要维持一定浓度的氨氮。

（三）DO 对氨氮转化速率的影响

DO 影响试验：2 个梯度，分别为 1.0～2.0mg/L 和 6.0～7.0mg/L。WT 和 pH 分别设定在 28℃和 7.0～8.5。持续充 N_2 或空气维持水体 DO 水平。试验结果见图 16-12C。

如图 16-12C 所示，当 DO 为 6.0～7.0mg/L 和 1.0～2.0mg/L 时，氨氮转化速率分别为（0.035±0.002）mg N/(cm³ PFC·h) 和（0.028±0.006）mg N/(cm³ PFC·h)，两种 DO 条件下的氨氮转化速率并无显著差异（$P > 0.05$，one-way ANOVA）。

当 DO 浓度从 6.0～7.0mg/L 降为 1.0～2.0mg/L 时，PFC 上氨氧化微生物的氨氮转化速率并未显著降低，表明 PFC 上富集到的 AOB 能够适应一个比较宽泛的 DO 环境。目前，大部分研究认为，AOB 只有在低于 1mg/L 的条件下，其生长速率或氨氧化能力才会降低。例如，French 等（2012）的研究表明，在试验室条件下，在 0.2～0.8mg/L 的 DO 条件下，AOB 富集培养物生长速率会随着 DO 浓度的增大而增大。Arnaldos 等（2013）的研究表明，在极低浓度（0.1mg/L）DO 的污水反应器中，由 AOB 导致的氨氧化作用也能稳定进行，此条件下的速率与 DO 饱和条件下的速率相比仅降低 50% 左右。晴朗天气里，高密度养殖池塘中上层水体 DO 经常会处于一个比较高的水平，只有池塘底部才会低于 2mg/L（>1m 深度）（Chang and Ouyang，1988）。这意味着，从 DO 角度来讲，在高密度养殖池塘水体中有足够大的空间可以用来悬挂 PFC 悬浮载体以降低氨氮。

本研究表明，在 pH、DO、WT 分别为 7.0～8.5、6.0～7.0mg/L、28℃条件下，PFC

氨氮转化速率为（0.035±0.002）mg N/(cm³ PFC·h)（图 16-12）。若按照每亩池塘养殖草鱼 1000kg，投饵量为草鱼质量的 5%，草鱼饲料蛋白质含量 25%，蛋白质中平均含氮量为 16% 来算，每天通过饲料途径往每亩池塘里投放的氮素约为 2kg，每亩池塘所需富集载体的体积约为 2.38m³。如此计算，在不考虑水生动物、浮游动植物等对氮素吸收的情况下，每亩养殖池塘只需布置 2.38m³ 的 PFC 就能把每天所投饵料产生的氨氮全部转化，解决养殖水体氨氮浓度过高对水生动物产生胁迫的问题。当然，这只是一种依据部分野外试验和室内试验得到的初步结论。在生产实践中具体实施还要考虑很多问题，如池塘水体的流动速率，还有悬挂在水体中的 PFC 是摇蚊幼虫等小型动物良好的栖息地，因此，PFC 载体经常被一些肉食性鱼类撕扯。在本试验过程中，悬挂在水体中的 PFC 往往在不到 10d 的时间内就被鱼撕咬掉大部分。

小　　结

1）养殖池塘水体中氨氧化微生物以 AOB 为主，AOA 在检测限以下，未检测到 Anammox 菌的存在；夏季水体 AOB *amoA* 基因丰度最高；表层水体中 AOA、AOB 生长可能受光照抑制；沉积物中同时存在 AOA、AOB 和 Anammox 菌 3 种氨氧化微生物；夏季池塘沉积物中 AOA、AOB 和 Anammox 菌之间存在一定的协同作用；间隙水 NO_3^--N 是影响 Anammox 菌丰度的重要生态因子；秋季沉积物中 AOB 对于氨氮的氧化起主要作用。冬季池塘沉积物中 AOA 和 Anammox 菌之间可能存在协同作用。

2）浮床植物水蕹菜根系上的 AOB 全部归属于 *Nitrosomonas europea* 谱系类群，水体和沉积物中的 AOB 虽然也以 *Nitrosomonas europea* 谱系类群为主，但还包括另外两个类群：*Nitrosospira multiformis* 谱系和 *Nitrosomonas oligotropha* 谱系。水蕹菜根系上的 AOA 全部归属在 Group 1.1b 类群中，而沉积物中 80% 的 AOA 分布在 Group 1.1b 类群中，另外 20% 的 AOA 则属于 Group 1.1a 类群。

3）在池塘水体中通过悬挂滤棉（PFC）作为生物悬浮载体，15d 内 PFC 上的 AOB *amoA* 基因丰度就可达到 10^7copies/cm³ 左右，此时的 PFC 具有较高的氨氮氧化活性。室内试验表明，富集 AOB 后的 PFC 氨氮转化速率受 pH 和 WT 影响，而 DO 水平没有显著性影响。PFC 作为生物悬浮载体在池塘水质修复方面拥有良好的应用前景。

参 考 文 献

马婷, 赵大勇, 曾巾, 等. 2011. 氨氧化古菌生态学及其在湖泊生态系统中的研究进展. 化学与生物工程, 28(10): 1-6

Ando Y, Nakagawa T, Takahashi R, *et al.* 2009. Seasonal changes in abundance of ammonia-oxidizing archaea and ammonia-oxidizing bacteria and their nitrification in sand of an eelgrass zone. *Microbes and Environments*, 24(1): 21-27

Arnaldos M, Kunkel SA, Stark BC, *et al.* 2013. Enhanced heme protein expression by ammonia-oxidizing communities acclimated to low dissolved oxygen conditions. *Applied Microbiology and Biotechnology*, 97(23): 10211-10221

Auguet JC, Nomokonova N, Camarero L, *et al.* 2011. Seasonal changes of freshwater ammonia-oxidizing archaeal assemblages and nitrogen species in oligotrophic alpine lakes. *Applied and Environmental Microbiology*, 77(6): 1937-1945

Beman JM, Popp BN, Francis CA. 2008. Molecular and biogeochemical evidence for ammonia oxidation by marine Crenarchaeota in the Gulf of California. *ISME Journal*, 2(4): 429-441

Bernhard AE, Tucker J, Giblin AE, *et al.* 2007. Functionally distinct communities of ammonia-oxidizing bacteria along an estuarine salinity gradient. *Environmental Microbiology*, 9(6): 1439-1447

Bollmann A, Bar-Gilissen MJ, Laanbroek HJ. 2002. Growth at low ammonium concentrations and starvation response as potential factors involved in niche differentiation among ammonia-oxidizing bacteria. *Applied and Environmental Microbiology*, 68(10): 4751-4757

Bouskill NJ, Eveillard D, Chien D, *et al.* 2012. Environmental factors determining ammonia-oxidizing organism distribution and diversity in marine environments. *Environmental Microbiology*, 14(3): 714-729

Caffrey JM, Bano N, Kalanetra K, *et al.* 2007. Ammonia oxidation and ammonia-oxidizing bacteria and archaea from estuaries with differing histories of hypoxia. *ISME Journal*, 1(7): 660-662

Chang WYB, Ouyang H. 1988. Dynamics of dissolved oxygen and vertical circulation in Fish Ponds. *Aquaculture*, 74(3-4): 263-276

Chen XP, Zhu YG, Xia Y, *et al.* 2008. Ammonia-oxidizing archaea: important players in paddy rhizosphere soil? *Environmental Microbiology*, 10(8): 1978-1987

Church MJ, Wai B, Karl DM, *et al.* 2010. Abundances of crenarchaeal *amoA* genes and transcripts in the Pacific Ocean. *Environmental Microbiology*, 12(3): 679-688

Coolen MJL, Abbas B, van Bleijswijk J, *et al.* 2007. Putative ammonia-oxidizing Crenarchaeota in suboxic waters of the Black Sea: a basin-wide ecological study using 16S ribosomal and functional genes and membrane lipids. *Environmental Microbiology*, 9(4): 1001-1016

De Boer W, Kowalchuk GA. 2001. Nitrification in acid soils: micro-organisms and mechanisms. *Soil Biology and Biochemistry*, 33(7-8): 853-866

Devaraja TN, Yusoff FM, Shariff M. 2002. Changes in bacterial populations and shrimp production in ponds treated with commercial microbial products. *Aquaculture*, 206(3-4): 245-256

Ebeling JM, Timmons MB, Bisogni JJ. 2006. Engineering analysis of the stoichiometry of photoautotrophic, autotrophic, and heterotrophic removal of ammonia-nitrogen in aquaculture systems. *Aquaculture*, 257(1-4): 346-358

Emerson K, Russo RC, Lund RE, *et al.* 1975. Aqueous ammonia equilibrium calculations: effect of pH and temperature. *Journal of the Fisheries Research Board of Canada*, 32(2): 2379-2383

Francis CA, Beman JM, Kuypers MMM. 2007. New processes and players in the nitrogen cycle: the microbial ecology of anaerobic and archaeal ammonia oxidation. *ISME Journal*, 1(1): 19-27

French E, Kozlowski JA, Mukherjee M, *et al.* 2012. Ecophysiological characterization of ammonia-oxidizing archaea and bacteria from freshwater. *Applied and Environmental Microbiology*, 78(16): 5773-5780

Geets J, Boon N, Verstraete W. 2006. Strategies of aerobic ammonia-oxidizing bacteria for coping with nutrient and oxygen fluctuations. *FEMS Microbiology Ecology*, 58(1): 1-13

Hao C, Wang H, Liu QH, *et al.* 2009. Quantification of anaerobic ammonium-oxidizing bacteria in enrichment cultures by quantitative competitive PCR. *Journal of Environmental Sciences (China)*, 21: 1557-1561

Herrmann M, Saunders AM, Schramm A. 2008. Archaea dominate the ammonia-oxidizing community in the rhizosphere of the freshwater macrophyte *Littorella uniflora*. *Applied and Environmental Microbiology*, 74(10): 3279-3283

Hugoni M, Etien S, Bourges A, *et al.* 2013. Dynamics of ammonia-oxidizing archaea and bacteria in contrasted freshwater ecosystems. *Research in Microbiology*, 164(4): 360-370

Könneke M, Bernhard AE, de la Torre JR, *et al.* 2005. Isolation of an autotrophic ammonia-oxidizing marine archaeon. *Nature*, 437(7058): 543-546

Lam P, Jensen MM, Lavik G, *et al.* 2007. Linking crenarchaeal and bacterial nitrification to anammox in the

Black Sea. *Proceedings of the National Academy of Sciences of the United States of America*, 104(17): 7104-7109

Li M, Cao HL, Hong YG, *et al.* 2011. Seasonal dynamics of anammox bacteria in estuarial sediment of the Mai Po Nature Reserve revealed by analyzing the 16S rRNA and hydrazine oxidoreductase (*hzo*) genes. *Microbes and Environments*, 26(1): 15-22

Lu SM, Liao MJ, Xie CX, *et al.* 2015. Seasonal dynamics of ammonia-oxidizing microorganisms in freshwater aquaculture ponds. *Annals of Microbiology*, 65(2): 651-657

Lu SM, Liao MJ, Zhang M, *et al.* 2012. A rapid DNA extraction method for quantitative real-time PCR amplification from fresh water sediment. *Journal of Food Agriculture & Environment*, 10(3-4): 1252-1255

Matsutani N, Nakagawa T, Nakamura K, *et al.* 2011. Enrichment of a novel marine ammonia-oxidizing archaeon obtained from sand of an eelgrass zone. *Microbes and Environments*, 26(1): 23-29

Merbt SN, Stahl DA, Casamayor EO, *et al.* 2012. Differential photoinhibition of bacterial and archaeal ammonia oxidation. *FEMS Microbiology Letters*, 327(1): 41-46

Mincer TJ, Church MJ, Taylor LT, *et al.* 2007. Quantitative distribution of presumptive archaeal and bacterial nitrifiers in Monterey Bay and the North Pacific Subtropical Gyre. *Environmental Microbiology*, 9(5): 1162-1175

Molina V, Belmar L, Ulloa O. 2010. High diversity of ammonia-oxidizing archaea in permanent and seasonal oxygen-deficient waters of the eastern South Pacific. *Environmental Microbiology*, 12(9): 2450-2465

Neef A, Amann R, Schlesne H, *et al.* 1998. Monitoring a widespread bacterial group: *in situ* detection of planctomycetes with 16S rRNA-targeted probes. *Microbiology*, 144(12): 3257-3266

Paungfoo C, Prasertsan P, Burrell PC, *et al.* 2007. Nitrifying bacterial communities in an aquaculture wastewater treatment system using fluorescence in situ hybridization (FISH), 16S rRNA gene cloning, and phylogenetic analysis. *Biotechnology and Bioengineering*, 97(4): 985-990

Purkhold U, Pommerening-Roser A, Juretschko S, *et al.* 2000. Phylogeny of all recognized species of ammonia oxidizers based on comparative 16S rRNA and *amoA* sequence analysis: Implications for molecular diversity surveys. *Applied and Environmental Microbiology*, 66(12): 5368-5382

Risgaard-Petersen N, Meyer RL, Revsbech NP. 2005. Denitrification and anaerobic ammonium oxidation in sediments: effects of microphytobenthos and NO_3^-. *Aquatic Microbial Ecology*, 40(1): 67-76

Rotthauwe JH, Witzel KP, Liesack W. 1997. The ammonia monooxygenase structural gene *amoA* as a functional marker: Molecular fine-scale analysis of natural ammonia-oxidizing populations. *Applied and Environmental Microbiology*, 63(12): 4704-4712

Rysgaard S, Glud RN, Risgaard-Petersen N, *et al.* 2004. Denitrification and anammox activity in Arctic marine sediments. *Limnology and Oceanography*, 49(5): 1493-1502

Sauder LA, Engel K, Stearns JC, *et al.* 2011. Aquarium nitrification revisited: Thaumarchaeota are the dominant ammonia oxidizers in freshwater aquarium biofilters. *PLoS One*, 6(8): e23281

Schleper C, Jurgens G, Jonuscheit M. 2005. Genomic studies of uncultivated archaea. *Nature Reviews Microbiology*, 3(6): 479-488

Schmid M, Walsh K, Webb R, *et al.* 2003. *Candidatus* "Scalindua brodae", sp. nov., *Candidatus* "Scalindua wagneri", sp. nov., two new species of anaerobic ammonium oxidizing bacteria. *Systematic and Applied Microbiology*, 26(4): 529-538

Sims A, Gajaraj S, and Hu Z. 2012. Seasonal population changes of ammonia-oxidizing organisms and their relationship to water quality in a constructed wetland. *Ecological Engineering*, 40: 100-107

Stark JM. 1996. Modeling the temperature response of nitrification. *Biogeochemistry*, 35(3): 433-445

Sun W, Xia CY, Xu MY, *et al.* 2013. Distribution and abundance of archaeal and bacterial ammonia oxidizers in the sediments of the Dongjiang River, a drinking water supply for Hong Kong. *Microbes and Environments*, 28(4): 457-465

Teixeira C, Magalhaes C, Joye SB, *et al.* 2012. Potential rates and environmental controls of anaerobic ammonium oxidation in estuarine sediments. *Aquatic Microbial Ecology*, 66(1): 23-32

Thamdrup B, Dalsgaard T. 2002. Production of N_2 through anaerobic ammonium oxidation coupled to nitrate reduction in marine sediments. *Applied and Environmental Microbiology*, 68(3): 1312-1318

Tourna M, Freitag TE, Nicol GW, *et al.* 2008. Growth, activity and temperature responses of ammonia-oxidizing archaea and bacteria in soil microcosms. *Environmental Microbiology*, 10(5): 1357-1364

Wang YA, Ke XB, Wu LQ, *et al.* 2009. Community composition of ammonia-oxidizing bacteria and archaea in rice field soil as affected by nitrogen fertilization. *Systematic and Applied Microbiology*, 32(1): 27-36

Wang YF, Feng YY, Ma XJ, *et al.* 2013. Seasonal dynamics of ammonia/ammonium-oxidizing prokaryotes in oxic and anoxic wetland sediments of subtropical coastal mangrove. *Applied Microbiology and Biotechnology*, 97(17): 7919-7934

Wei B, Yu X, Zhang ST, *et al.* 2011. Comparison of the community structures of ammonia-oxidizing bacteria and archaea in rhizoplanes of floating aquatic macrophytes. *Microbiological Research*, 166(6): 468-474

Wu YC, Xiang Y, Wang JJ, *et al.* 2010. Heterogeneity of archaeal and bacterial ammonia-oxidizing communities in Lake Taihu, China. *Environmental Microbiology Reports*, 2(4): 569-576

Ye WJ, Liu XL, Lin SQ, *et al.* 2009. The vertical distribution of bacterial and archaeal communities in the water and sediment of Lake Taihu. *FEMS Microbiology Ecology*, 70(2): 107-120

Zhao DY, Luo J, Zeng J, *et al.* 2014. Effects of submerged macrophytes on the abundance and community composition of ammonia-oxidizing prokaryotes in a eutrophic lake. *Environmental Science and Pollution Research International*, 21(1): 389-398

Zhao YQ, Xia YQ, Kana TM, *et al.* 2013. Seasonal variation and controlling factors of anaerobic ammonium oxidation in freshwater river sediments in the Taihu Lake region of China. *Chemosphere*, 93(9): 2124-2131

附　　表

附表 1　养殖池塘浮游植物种类组成

藻类	5 月	6 月	7 月	8 月	9 月	10 月
蓝藻门 Cyanophyta						
点形平裂藻 *Merismopedia punctata*	+++	+++			++	+
银灰平裂藻 *Merismopedia glauca*		+				
微小平裂藻 *Merismopedia tenuissima*			+	+	+++	+
细小平裂藻 *Merismopedia minima*	+++	+++	++	+	+	+
优美平裂藻 *Merismopedia elegans*			+		+	+++
旋折平裂藻 *Merismopedia convoluta*		+	+++	+++	+++	+
微小隐球藻 *Aphanocapsa delicatissima*	++		++	+	+	
巴纳隐球藻 *Aphanocapsa banaresensis*	+	+				
细小隐球藻 *Aphanocapsa elachista*	+	+		+	+	+++
美丽隐球藻 *Aphanocapsa pulchra*				+		++
惠氏集胞藻 *Synechocystis willei*						+
极小集胞藻 *Synechocystis minuscula*		+				
水生集胞藻 *Synechocystis aquatilis*					+	
圆胞束球藻 *Gomphosphaeria aponina*	++	+++				
不定腔球藻 *Coelosphaerium dubium*	++		+		++	+
针状蓝纤维藻 *Dactylococcopsis acicularis*	++	+++	+++	+++	+++	+++
针晶蓝纤维藻 *Dactylococcopsis rhaphidioides*						+
微小色球藻 *Chroococcus minutus*	++	+	+++	+++	++	+++
小形色球藻 *Chroococcus minor*	+++	+++	+++	+	++	
膨胀色球藻 *Chroococcus turgidus*				+		
居氏粘球藻 *Gloeocapsa kützingiana*				+	+	
胶质粘球藻 *Gloeocapsa gelatinosa*		+				
点形粘球藻 *Gloeocapsa punctata*				+		
窗格隐杆藻 *Aphanothece clathrata*	++				+	
弯曲管孢藻 *Chamaesiphon curvatus*					++	
细长聚球藻 *Synechococcus elongatus*	+					
线形棒条藻 *Rhabdoderma lineare*					+	
史氏棒胶藻 *Rhabdogloea smithii*						+
小型念珠藻 *Nostoc minutum*			+		+	
球状念珠藻 *Nostoc sphaeroides*					+	++
圆柱鱼腥藻 *Anabaena cylindrica*				+	+	

续表

藻类	5 月	6 月	7 月	8 月	9 月	10 月
卷曲鱼腥藻 *Anabaena circinalis*				+	+	
螺旋鱼腥藻 *Anabaena spiroides*	+	++	+		+	
多变鱼腥藻 *Anabaena variabilis*				+	+	
中华小尖头藻 *Raphidiopsis sinensis*	+++	++	++	+++	+++	+++
弯形小尖头藻 *Raphidiopsis curvata*	++	+++	++	+	++	
尖头席藻 *Phormidium acutissimum*					+	
小席藻 *Phormidium tenue*	+	++	+++	++	+	
钝顶螺旋藻 *Spirulina platensis*					+	
为首螺旋藻 *Spirulina princeps*		+				
大螺旋藻 *Spirulina major*	+			+	++	
极大节旋藻 *Arthrospira maxima*	+	+	+		+	
近旋颤藻 *Oscillatoria subcontorta*					+	+
皮质颤藻 *Oscillatoria cortiana*					+	
绿藻门 Chlorophyta						
娇柔塔胞藻 *Pyramimonas delicatula*					++	
深叶四爿藻 *Tetraselmis incisa*						++
柯氏并联藻 *Quadrigula chodatii*						++
锥形胶囊藻 *Gloeocystis planctonica*				+	+	
小形卵囊藻 *Oocystis parva*	+	+			++	
单生卵囊藻 *Oocystis solitaria*		+			++	
湖生卵囊藻 *Oocystis lacustris*		+				
椭圆卵囊藻 *Oocystis elliptica*					+	
波吉卵囊藻 *Oocystis borgei*	++	++	+	++	+++	++
肾形藻 *Nephrocytium agardhianum*	+	++	+		+	+++
粗肾形藻 *Nephrocytium obesum*					+	
水溪绿球藻 *Chlorococcum infusionum*	++	+	+++	+	++	
土生绿球藻 *Chlorococcum humicola*				++	+++	++
四刺顶棘藻 *Chodatella quadriseta*	++			+		
十字顶棘藻 *Chodatella wratislaviensis*	+					
集球藻 *Palmellococcus miniatus*					++	
拟新月藻 *Closteriopsis longissima*					++	++
粗刺四棘藻 *Treubaria crassispina*					++	+
微小四角藻 *Tetraëdron minimum*	+				++	
三叶四角藻 *Tetraëdron trilobulatum*	++	+	+++	+	++	
三角四角藻 *Tetraëdron trigonum*	+	++	++	++	++	+
膨胀四角藻 *Tetraëdron tumidulum*				+		
三角四角藻小型变种 *Tetraëdron trigonum* var. *gracile*				+	+	++

藻类	5 月	6 月	7 月	8 月	9 月	10 月
具尾四角藻 *Tetraëdron caudatum*	+	++	++	+	+	+
肥壮蹄形藻 *Kirchneriella obesa*	++	+++	+++		+++	+
扭曲蹄形藻 *Kirchneriella contorta*				++	+	
螺旋纤维藻 *Ankistrodesmus spiralis*		+			++	
针形纤维藻 *Ankistrodesmus acicularis*				+	+++	
狭形纤维藻 *Ankistrodesmus angustus*	++	+++	+++	+++		+
卷曲纤维藻 *Ankistrodesmus convolutus*	++	+++	+++	+++	+++	+++
镰形纤维藻奇异变种 *Ankistrodesmus falcatus* var. *mirabilis*	+		++		+	++
镰形纤维藻 *Ankistrodesmus falcatus*	+++	+++	+++	+	++	+
小球藻 *Chlorella vulgaris*	++	+++	+++	+++	+++	+++
蛋白核小球藻 *Chlorella pyrenoidosa*	++	+++	+++	+++	+++	+++
椭圆小球藻 *Chlorella ellipsoidea*	+++	+++	+++	+++	+++	+++
端尖月牙藻 *Selenastrum westii*					+++	
小形月牙藻 *Selenastrum minutum*	+	++	+++	+	+++	++
螺旋弓形藻 *Schroederia spiralis*	++	++	+++	+++	+++	++
拟菱形弓形藻 *Schroederia nitzschioides*				+		
湖生小桩藻 *Characium limneticum*						+
小刺群星藻 *Sorastrum spinulosum*					+	
四球藻 *Tetrachlorella alternans*		++				
四月藻 *Tetrallantos lagerkeimii*		++	+	+++	+	+
双射盘星藻 *Pediastrum biradiatum*					+	
二角盘星藻 *Pediastrum duplex*	+	++				+
四角盘星藻 *Pediastrum tetras*	+	+	+	+	++	
短棘盘星藻 *Pediastrum boryanum*					++	
单角盘星藻具孔变种 *Pediastrum simplex* var. *duodenarium*					+	
四角盘星藻四齿变种 *Pediastrum tetras* var. *tetraodon*					+	
河生集星藻 *Actinastrum fluviatile*			++	+		
集星藻 *Actinastrum hantzschii*	+		+		+	
角锥胶网球藻 *Pectodictyon pyramidale*		+			+	
空星藻 *Coelastrum sphaericum*	++	+++	+++	+++	+++	+++
小空星藻 *Coelastrum microporum*	+	++	+++	++	+++	
立方体形空星藻 *Coelastrum cubicum*					+	
华美十字藻 *Crucigenia lauterbornii*					+	
四角十字藻 *Crucigenia quadrata*	++	++	+		+++	
顶锥十字藻 *Crucigenia apiculata*	++	++	++		++	+
直角十字藻 *Crucigenia rectangularis*	+	++	+		++	+++

藻类	5 月	6 月	7 月	8 月	9 月	10 月
四足十字藻 *Crucigenia tetrapedia*	+++	+++	+++	++	+++	+++
四链藻 *Tetradesmus wisconsinense*	+++	+++	++	+++	+	+
华丽四星藻 *Tetrastrum elegans*		+				
孔纹四星藻 *Tetrastrum punctatum*	+	+++	+			+
平滑四星藻 *Tetrastrum glabrum*	+++	+++	+++	++		
短刺四星藻 *Tetrastrum staurogeniaforme*	++	++	++	+++	++	++
单刺四星藻 *Tetrastrum hastiferum*					+	
线性拟韦斯藻 *Westellopsis linearis*				+	+	+
丛球韦斯藻 *Westella botryoides*						+
四尾栅藻 *Scenedesmus quadricauda*	+++	+++	+++	+++	+++	+++
二形栅藻 *Scenedesmus dimorphus*	++	+++	+++	+++	+++	+++
双对栅藻 *Scenedesmus bijugatus*				+	++	+
奥波莱栅藻 *Scenedesmus opoliensis*	+++	+++	+++	+++	++	+++
颗粒栅藻 *Scenedesmus granulatus*	+++	+++	+	+	+	
裂孔栅藻 *Scenedesmus perforatus*	+	++	+++	+++	+++	+++
厚顶栅藻 *Scenedesmus incrassatulus*	+++	++	++			++
斜生栅藻 *Scenedesmus obliquus*					+	++
丰富栅藻 *Scenedesmus abundans*	++	++	+++	++	++	
尖细栅藻 *Scenedesmus acuminatus*	+++	++	++	+		
凸头栅藻 *Scenedesmus producto-capitatus*		+++		++		
武汉栅藻 *Scenedesmus wuhanensis*	+	+++	+	+	+	++
被甲栅藻 *Scenedesmus armatus*			+	++	+	
扁盘栅藻 *Scenedesmus platydiscus*	++	+		+	+	++
龙骨栅藻 *Scenedesmus carinatus*						
齿牙栅藻 *Scenedesmus denticulatus*	+				+	
丰富栅藻 *Scenedesmus abundans*					+	++
锯齿栅藻 *Scenedesmus serratus*					+	+
椭圆栅藻 *Scenedesmus ovalternus*			+			
弯曲栅藻 *Scenedesmus arcuatus*				+		
椭圆双胞藻 *Geminella ellipsoidea*	+				+	
多形丝藻 *Ulothrix variabilis*					+	+
细链丝藻 *Hormidium subtile*					+	
杆裂丝藻 *Stichococcus bacillaris*					+	
长毛针丝藻 *Raphidonema longiseta*				+		
纺锤藻 *Elakatothrix gelatinosa*				+	+	
湖生四孢藻 *Tetraspora lacustris*					+	
粘四集藻 *Palmella mucosa*				++	+	

藻类	5 月	6 月	7 月	8 月	9 月	10 月
拟配藻 *Spermatozopsis exultans*	+++	++	++	+++	+++	+++
实球藻 *Pandorina morum*					++	
长绿梭藻 *Chlorogonium elongatum*	+	++	+		++	++
小朴罗藻 *Provasolialla parvula*		++				
未定衣藻 *Chlamydomonas incerta*	++	+++	+++	++	+++	+++
圆形衣藻 *Chlamydomonas orbicularis*					+	
突变衣藻 *Chlamydomonas mutabilis*	+		+			
不对称衣藻 *Chlamydomonas asymmetrica*					+	
星芒衣藻 *Chlamydomonas stellata*					+	
卵形衣藻 *Chlamydomonas ovalis*					+	
球衣藻 *Chlamydomonas globosa*					+	
极小葡串藻 *Pyrobotrys minima*				+	+	
卡辛葡串藻 *Pyrobotrys casinoensis*					+	+
多毛棒形鼓藻 *Gonatozygon pilosum*						+
短鼓藻 *Cosmarium abbreviatum*				+		+
小新月藻 *Closterium venus*					++	+.
硅藻门 Bacillariophyta						
具星小环藻 *Cyclotella stelligera*					+	
梅尼小环藻 *Cyclotella meneghiniana*						+
湖北小环藻 *Cyclotella hubeiana*	+	++	++	+	+++	+++
颗粒直链藻 *Melosira granulata*	+++	+++	+++	+++	+++	+++
变异直链藻 *Melosira varians*	+++	+++	+++	+++	+++	+++
颗粒直链藻极狭变种 *Melosira granulata* var. *angustissima*	+		+++	+++	+++	+++
颗粒直链藻极狭变种螺旋变型 *Melosira granulata* var. *angustissima* f. *spiralis*					+	
长刺根管藻 *Rhizosolenia longiseta*			+			
扎卡四棘藻 *Attheya zachariasi*				++		
谷皮菱形藻 *Nitzschia palea*	++	+	+++	+++	+++	
针形菱形藻 *Nitzschia acicularis*			+	++	+++	++
新月拟菱形藻 *Nitzschia closterium*	+++	+++	+	+	++	
尖针杆藻 *Synedra acus*	+	+	+++	++	++	+
美丽星杆藻 *Asterionella formosa*	+++	+		++	+	
施密斯胸隔藻双头变种 *Mastogloia smithii* var. *amphicephala*				+		
系带舟形藻 *Navicula cincta*	+	++	+		++	
长菱形藻弯端变种 *Nitzschia longissima* var. *reversa*	+++	+				
长菱形藻 *Nitzschia longissima*	+	+++	+++	++	++	++

藻类	5月	6月	7月	8月	9月	10月
环状扇形藻 *Meridion circulare*					+	
黄藻门 Xanthophyta						
小型黄管藻 *Ophiocytium parvulum*		+			++	
拟气球藻 *Botrydiopsis arhiza*	+				+	
短圆柱单肠藻 *Monallantus brevicylindrus*			+	+	+	
钝角绿藻 *Goniochloris mutica*		++	+	+	+++	+++
小刺角绿藻 *Goniochloris brevispinosa*	++		+	+	+	+
绿色黄丝藻 *Tribonema viride*					+	
近缘黄丝藻 *Tribonema affine*					+	
拟丝状黄丝藻 *Tribonema ulothrichoides*	+	+				
金藻门 Chrysophyta						
变形单鞭金藻 *Chromulina pascheri*						++
卵形棕鞭藻 *Ochromonas ovalis*				++	+	+
变形棕鞭藻 *Ochromonas mutabilis*					++	++
肾形双角藻 *Bitrichia phaseolus*			+			
具尾鱼鳞藻 *Mallomonas caudate*					+	
延长鱼鳞藻 *Mallomonas elongata*						+
群聚锥囊藻 *Dinobryon sociale*						
甲藻门 Dinophyta						
薄甲藻 *Glenodinium pulvisculus*	++	+++	++	+++	+++	+++
短裸甲藻 *Gymnodinium breve*					+	
裸甲藻 *Gymnodinium aeruginosum*			+	+	++	
真蓝裸甲藻 *Gymnodinium eucyaneum*					+	
坎宁顿拟多甲藻 *Peridiniopsis cunningtonii*					+	
伪沼泽沃氏甲藻 *Woloszynskia pseudopalustris*				+		+
隐藻门 Cryptophyta						
卵形隐藻 *Cryptomonas ovata*	+++	+++	+++	+++	+++	+++
啮蚀隐藻 *Cryptomonas erosa*	+++	+++	+++	+++	+++	+++
尖尾蓝隐藻 *Chroomonas acuta*	++	+	+++	+++	+++	+++
具尾蓝隐藻 *Chroomonas caudata*	++	+++	+++		++	
裸藻门 Euglenophyta						
血红裸藻 *Euglena sanguinea*	++	+++	+++	+++	+++	+++
多形裸藻 *Euglena polymorpha*				+		
鱼形裸藻 *Euglena pisciformis*					++	+
梭形裸藻 *Euglena acus*		++	+	+	++	++
尖尾裸藻 *Euglena oxyuris*	+	+++	+++		+	++
刺鱼状裸藻 *Euglena gasterosteus*					+	

续表

藻类	5月	6月	7月	8月	9月	10月
膝曲裸藻 *Euglena geniculata*		+			+++	+
近轴裸藻 *Euglena proxima*			+		+	
爪形扁裸藻 *Phacus onyx*					+	
敏捷扁裸藻 *Phacus agilis*					++	
尖尾扁裸藻 *Phacus acuminatus*	++	++	++	+	+	
梨形扁裸藻 *Phacus pyrum*		+				
粒形扁裸藻 *Phacus granum*		++	+		++	+
哑铃扁裸藻 *Phacus peteloti*					++	
宽扁裸藻 *Phacus pleuronectes*			+		+	+
钩状扁裸藻 *Phacus hamatus*					++	+
扁圆囊裸藻 *Trachelomonas curta*		+++	+	+	+++	++
棘刺囊裸藻 *Trachelomonas hispida*		+				
尾棘囊裸藻 *Trachelomonas armata*				+		
尾棘囊裸藻长刺变种 *Trachelomonas armata* var. *steinii*	+++	+++	+++	+		
糙纹囊裸藻 *Trachelomonas scabra*	+	+++	+	++	++	+++
颗粒囊裸藻 *Trachelomonas granulata*				+		
矩圆囊裸藻 *Trachelomonas oblonga*	+	++	+++	++	+	++
旋转囊裸藻 *Trachelomonas volvocina*	+	+++	++	+++	+	+++
暗绿囊裸藻 *Trachelomonas euchlora*			+			
圆柱囊裸藻 *Trachelomonas cylindrica*					+	
不定囊裸藻 *Trachelomonas incertissima*				+		
椭圆鳞孔藻 *Lepocinclis steinii*		+	+		+++	
具刺鳞孔藻 *Lepocinclis horrida*			++		++	+
伪编织鳞孔藻 *Lepocinclis pseudo-texta*		+		+	++	+
卵形鳞孔藻圆锥变种 *Lepocinclis ovum* var. *conica*					+	
剑尾陀螺藻 *Strombomonas ensifera*		+				
尾变胞藻 *Astasia klebsii*				+		
弯曲袋鞭藻 *Peranema deflexum*					+++	+
楔形袋鞭藻 *Peranema cuneatum*	+	+	++	++		+
广卵异鞭藻 *Anisonema prosgeobium*					++	+
瓣胞藻 *Petalomonas mediocanellata*						+
弦月藻 *Menoidium pellucidium*				+	+	

注："+++"表示优势种，"++"表示常见种，"+"表示稀有种，空白表示未出现

附表 2　试验期间浮床覆盖区和敞水区浮游植物种类组成

藻类	对照塘	浮床塘覆盖区	浮床塘敞水区
绿藻门 Chlorophyta			
淡绿肾爿藻 Nephroselmis olivacea	++	++	++
果状杜氏藻 Dunaliella carpatica			+
拟配藻 Spermatozopsis exultans	++	++	++
球衣藻 Chlamydomonas globosa	++	++	++
圆形衣藻 Chlamydomonas orbicularis	++	++	++
肾形衣藻 Chlamydomonas nephriodea	++	++	++
平纹衣藻 Chlamydomonas leiostraca	+		+
似月形衣藻 Chlamydomonas pseudolunata			+
聚衣藻 Chlamydomonas aggregata		++	+
突变衣藻 Chlamydomonas mutabilis	+		
沙角衣藻 Chlamydomonas sajao	+	++	+
多粒衣藻 Chlamydomonas multgranulis	++	++	++
中华拟衣藻 Chloromonas sinica	+	+	+
素衣藻 Polytoma uvella	++	++	++
钝素衣藻 Polytoma obtusum			+
心形素衣藻 Polytoma cordatum		++	+
华美绿梭藻 Chlorogonium elegans	++	++	++
长绿梭藻 Chlorogonium elongatum	++	++	++
胡氏四鞭藻 Carteria huberi	++	++	++
克莱四鞭藻 Carteria klebsii	++	++	++
八出绿辐藻 Chlorobrachis octcornis		+	
球粒藻 Coccomonas orbicularis		+	
尖角翼膜藻 Pteromonas aculeata	++	++	++
具角翼膜藻竹田变种 Pteromonas angulosa var. takedana	++	++	+
实球藻 Pandorina morum	+		++
空球藻 Eudorina elegans	+	+	+
红色四集藻 Palmella miniata	++	++	++
纺锤藻 Elakatothrix gelatinosa	++	++	++
土生绿球藻 Chlorococcum humicola	+++	+++	+++
水溪绿球藻 Chlorococcum infusionum	++	++	++
粗刺藻 Acanthosphaera zachariasii	++	++	+
微芒藻 Micractinium pusillum	+	+	+
多芒藻 Golenkinia radiata	++	++	++
拟菱形弓形藻 Schroederia nitzschioides	++	++	++
硬弓形藻 Schroederia robusta	++	++	++
弓形藻 Schroederia setigera	++	++	++

续表

藻类	对照塘	浮床塘覆盖区	浮床塘敞水区
螺旋弓形藻 *Schroederia spiralis*	++	++	++
椭圆小球藻 *Chlorella ellipsoidea*	++	++	++
小球藻 *Chlorella vulgaris*	+++	+++	+++
蛋白核小球藻 *Chlorella pyrenoidosa*	++	++	++
纤毛顶棘藻 *Chodatella ciliata*	++	++	++
四刺顶棘藻 *Chodatella quadriseta*			+
十字顶棘藻 *Chodatella wratislaviensis*	++	++	++
二叉四角藻 *Tetraëdron bifurcatum*	+	++	++
具尾四角藻 *Tetraëdron caudatum*	++	++	++
微小四角藻 *Tetraëdron minimum*	++	+++	++
整齐四角藻 *Tetraëdron regulare*	++	+	++
整齐四角藻砧形变种 *Tetraëdron regulare* var. *incus*	++	++	++
三角四角藻 *Tetraëdron trigonum*	++	++	++
三角四角藻小形变种 *Tetraëdron trigonum* var. *gracile*	++	++	++
三叶四角藻 *Tetraëdron trilobulatum*	++	++	++
膨胀四角藻 *Tetraëdron tumidulum*	+	++	+
拟新月藻 *Closteriopsis longissima*	+	+	+
针形纤维藻 *Ankistrodesmus acicularis*	++	++	++
狭形纤维藻 *Ankistrodesmus angustus*	++	++	++
卷曲纤维藻 *Ankistrodesmus convolutus*	++	++	+
镰形纤维藻 *Ankistrodesmus falcatus*		+	+
镰形纤维藻奇异变种 *Ankistrodesmus falcatus* var. *mirabilis*	++	++	++
螺旋纤维藻 *Ankistrodesmus spiralis*		+	
月牙藻 *Selenastrum bibraianum*	++	++	++
纤细月牙藻 *Selenastrum gracile*	+	+	+
小形月牙藻 *Selenastrum minutum*	++	++	++
端尖月牙藻 *Selenastrum westii*	+	++	+
扭曲蹄形藻 *Kirchneriella contorta*	++	++	++
蹄形藻 *Kirchneriella lunaris*	++	++	++
肥壮蹄形藻 *Kirchneriella obesa*	+	++	++
粗刺四棘藻 *Treubaria crassispina*	++	++	++
棘球藻 *Echinosphaerella limnetica*			+
浮球藻 *Planktosphaeria gelatinosa*	+	+	+
柯氏并联藻 *Quadrigula chodatii*	++	++	++
波吉卵囊藻 *Oocystis borgei*		++	+
湖生卵囊藻 *Oocystis lacustris*	++	++	++
小形卵囊藻 *Oocystis parva*	++	++	++

藻类	对照塘	浮床塘覆盖区	浮床塘敞水区
肾形藻 *Nephrocytium agardhianum*	++	+++	++
粗肾形藻 *Nephrocytium obesum*	+	++	++
胶星藻 *Gloeoactinium limneticum*	++	++	++
球囊藻 *Sphaerocystis schroeteri*	++	++	++
网球藻 *Dictyosphaerium ehrenbergianum*	+	++	++
美丽网球藻 *Dictyosphaerium pulchellum*	++	++	++
四月藻 *Tetrallantos lagerkeimii*			+
费氏拟双形藻 *Dimorphococcopsis fritschii*		+	
盘星藻 *Pediastrum biradiatum*	++	++	++
短棘盘星藻 *Pediastrum boryanum*		+	+
二角盘星藻 *Pediastrum duplex*	++	++	++
二角盘星藻大孔变种 *Pediastrum duplex* var. *clathratum*	++	+	++
单角盘星藻 *Pediastrum simplex*	++	++	++
四角盘星藻 *Pediastrum tetras*	++	+++	+++
四角盘星藻四齿变种 *Pediastrum tetras* var. *tetraodon*	++	++	++
丰富栅藻 *Scenedesmus abundans*	+	++	++
尖细栅藻 *Scenedesmus acuminatus*	+++	++	++
尖形栅藻 *Scenedesmus acutiformis*	++	++	++
弯曲栅藻 *Scenedesmus arcuatus*	+	++	++
被甲栅藻 *Scenedesmus armatus*	+	++	++
双对栅藻 *Scenedesmus bijuga*	+++	+++	+++
巴西栅藻 *Scenedesmus brasiliensis*	++	++	++
龙骨栅藻 *Scenedesmus carinatus*	++	+	+
齿牙栅藻 *Scenedesmus denticulatus*	++	++	++
二形栅藻 *Scenedesmus dimorphus*	++	+++	+++
颗粒栅藻 *Scenedesmus granulatus*	+	+	+
厚顶栅藻 *Scenedesmus incrassatulus*	+	+	+
斜生栅藻 *Scenedesmus obliquus*	++	++	++
奥波莱栅藻 *Scenedesmus opoliensis*	++	+++	++
裂孔栅藻 *Scenedesmus perforatus*	+++	+++	+++
凸头栅藻 *Scenedesmus productocapitatus*	++	++	++
四尾栅藻 *Scenedesmus quadricauda*	+++	+++	+++
锯齿栅藻 *Scenedesmus serratus*	++	+	++
多棘栅藻 *Scenedesmus spinosus*	++	++	++
丛球韦斯藻 *Westella botryoides*	++	++	++
华丽四星藻 *Tetrastrum elegans*		+	
平滑四星藻 *Tetrastrum glabrum*	++	++	++

藻类	对照塘	浮床塘覆盖区	浮床塘敞水区
异刺四星藻 *Tetrastrum heterocanthum*	++	++	++
孔纹四星藻 *Tetrastrum punctatum*	++	++	++
短刺四星藻 *Tetrastrum staurogeniaeforme*	++	++	++
顶锥十字藻 *Crucigenia apiculata*	++	++	++
华美十字藻 *Crucigenia lauterbornii*			+
四角十字藻 *Crucigenia quadrata*	++	++	++
四足十字藻 *Crucigenia tetrapedia*	++	+++	+++
双月藻 *Dicloster acuatus*	++	++	++
四链藻 *Tetradesmus wisconsinense*	+	++	++
集星藻 *Actinastrum hantzschii*	++	++	++
河生集星藻 *Actinastrum fluviatile*	++	++	++
空星藻 *Coelastrum sphaericum*	++	++	++
小空星藻 *Coelastrum microporum*	++	+++	+++
多形丝藻 *Ulothrix variabilis*	+	++	+
厚顶新月藻 *Closterium dianae*		+	++
小新月藻 *Closterium venus*		+	
纤细新月藻 *Closterium gracile*			+
双浆鼓藻 *Cosmarium bireme*	+	+	+
项圈鼓藻 *Cosmarium moniliforme*		+	
具齿角星鼓藻 *Staurastrum indentatum*	+		++
矩形角丝鼓藻 *Desmidium baileyi*	++	++	++
隐藻门 Cryptophyta			
尖尾蓝隐藻 *Chroomonas acuta*	++	+++	++
具尾蓝隐藻 *Chroomonas caudata*	++	++	++
卵形隐藻 *Cryptomonas ovata*	+++	+++	+++
啮蚀隐藻 *Cryptomonas erosa*	+++	+++	+++
裸藻门 Euglenophyta			
弯曲袋鞭藻 *Peranema deflexum*	++	++	++
叉状袋鞭藻 *Peranema furcatum*	+	+	+
膝曲裸藻 *Euglena geniculata*	++	++	++
梭形裸藻 *Euglena acus*	++	++	++
带形裸藻 *Euglena ehrenbergii*	++	++	++
尖尾裸藻 *Euglena oxyuris*	+	++	++
易变裸藻 *Euglena mutabilis*	+	+	+
纤细裸藻 *Euglena gracilis*	+	++	+
绿色裸藻 *Euglena viridis*	+	++	++
多形裸藻 *Euglena polymorpha*	++	+	++

藻类	对照塘	浮床塘覆盖区	浮床塘敞水区
囊形柄裸藻 *Colacium vesiculosum*	+	+	
附生柄裸藻 *Colacium epiphyticum*	+	+	
细粒囊裸藻 *Trachelomonas granulosa*	++	++	++
糙纹囊裸藻 *Trachelomonas scabra*	+		+
长梭囊裸藻 *Trachelomonas nodsoni*		+	
糙膜陀螺藻 *Strombomonas schauinslandii*		+	+
喙状鳞孔藻 *Lepocinclis playfairiana*	+	++	++
秋鳞孔藻 *Lepocinclis autumnalis*	+	+	++
纺锤鳞孔藻 *Lepocinclis fusiformis*	+	+	+
椭圆鳞孔藻 *Lepocinclis steinii*			+
哑铃扁裸藻 *Phacus peteloti*	++	++	++
梨形扁裸藻 *Phacus pyrum*	++	++	++
弯曲扁裸藻 *Phacus inflexus*	+	+	
长尾扁裸藻 *Phacus longicauda*		++	++
蓝藻门 Cyanophyta			
隐杆藻属一种 *Aphanothece* sp.	+	+	+
粘杆藻属一种 *Gloeothece* sp.	++	++	++
细长聚球藻 *Synechococcus elongatus*	++	++	++
水生集胞藻 *Synechocystis aquatilis*	+++	+++	+++
惠氏集胞藻 *Synechocystis willei*		+	
佩瓦集胞藻 *Synechocystis pevalikii*	+	+	
细小隐球藻 *Aphanocapsa elachista*	++	++	++
高氏隐球藻 *Aphanocapsa koordersii*	++	++	++
格氏隐球藻 *Aphanocapsa grevillei*	++	++	++
巴纳隐球藻 *Aphanocapsa banaresensis*	+	++	+
细小平裂藻 *Merismopedia minima*	+++	+++	+++
微小平裂藻 *Merismopedia tenuissima*	+++	+++	+++
点形平裂藻 *Merismopedia punctata*	++	++	++
密集微囊藻 *Microcystis densa*	+++	+++	+++
假丝微囊藻 *Microcystis pseudofilamentosa*	++	++	++
不定微囊藻 *Microcystis incerta*	++	+++	+++
坚实微囊藻 *Microcystis firma*	+	+	+
微小微囊藻 *Microcystis minutissima*		+	+
鱼害微囊藻 *Microcystis ichthyoblabe*	+		
颗粒粘球藻 *Gloeocapsa granosa*	++	++	+
立方藻属一种 *Eucapsis* sp.	++	++	++
湖沼色球藻 *Chroococcus limneticus*	+++	+++	+++

续表

藻类	对照塘	浮床塘覆盖区	浮床塘敞水区
拟短形颤藻 *Oscillatoria subbrevis*	++	+++	+++
近旋颤藻 *Oscillatoria subcontorta*		+	
巨颤藻 *Oscillatoria princeps*		+	
威利颤藻 *Oscillatoria willei*	+	++	+
小颤藻 *Oscillatoria tenuis*		+	
鞘丝藻属一种 *Lyngbya* sp.	+	+	+
大螺旋藻 *Spirulina major*	++	++	++
盐泽螺旋藻 *Spirulina subsalsa*	+	++	+
螺旋鱼腥藻 *Anabaena spiroides*	+	+	
弯形小尖头藻 *Raphidiopsis curvata*	+	+	+
中华小尖头藻 *Raphidiopsis sinensis*	++	++	++
小型念珠藻 *Nostoc minutum*		+	+
金藻门 Chrysophyta			
卵形色金藻 *Chromulina ovalis*	++	++	++
鱼鳞藻属一种 *Mallomonas* sp.	+	++	++
黄藻门 Xanthophyta			
葡萄藻 *Botryococcus braunii*	+		
中华膝口藻 *Gonyostomum sinense*	++	++	++
硅藻门 Bacillariophyta			
颗粒直链藻 *Melosira granulata*	++	++	++
颗粒直链藻极狭变种 *Melosira granulata* var. *angustissima*	++	++	++
岛直链藻 *Melosira islandica*	++	++	++
变异直链藻 *Melosira varians*	.	+	++
意大利直链藻 *Melosira italica*	+	+	+
梅尼小环藻 *Cyclotella meneghiniana*	++	+++	++
花环小环藻 *Cyclotella operculata*	+++	+++	+++
库津小环藻 *Cyclotella kuetzingiana*	++	++	++
扭曲小环藻 *Cyclotella comta*		++	++
新星形冠盘藻 *Stephanodiscus neoastraea*			+
等片藻属一种 *Diatoma* sp.		+	
短线脆杆藻 *Fragilaria brevistriata*	++	+++	+++
钝脆杆藻 *Fragilaria capucina*			+
钝脆杆藻披针形变种 *Fragilaria capucina* var. *lanceolata*		++	+
尖针杆藻 *Synedra acus*	++	+++	++
平片针杆藻 *Synedra tabulata*	++	++	++
肘状针杆藻 *Synedra ulna*	++	++	++
柏洛林针杆藻 *Synedra berolinensis*		+	++

藻类	对照塘	浮床塘覆盖区	浮床塘敞水区
双头辐节藻 *Stauroneis anceps*	++	++	++
披针形舟形藻 *Navicula lanceolata*	+	++	
小型舟形藻 *Navicula minuscula*	++	++	++
卡里舟形藻 *Navicula cari*		+	
桥弯藻属一种 *Cymbella* sp.		+	
窄异极藻 *Gomphonema angustatum*	++	+	++
尖顶异极藻 *Gomphonema augur*			+
新月拟菱形藻 *Nitzschia closterium*	++	+++	++
尖刺菱形藻 *Nitzschia pungens*	++	++	++
细齿菱形藻 *Nitzschia denticula*		+	
椭圆波缘藻缢缩变种 *Cymatopleura elliptica* var. *constricta*		+	
卵形双菱藻 *Surirella ovata*	+	+	+
卵形双菱藻羽纹变种 *Surirella ovata* var. *pinnata*		+	+
甲藻门 Dinophyta			
裸甲藻 *Gymnodinium aeruginosum*	++	++	++
真蓝裸甲藻 *Gymnodinium eucyaneum*	+++	+++	++
威氏多甲藻 *Peridinium willei*	+		+
微小多甲藻 *Peridinium pusillum*		+	+
佩纳形拟多甲藻 *Peridiniopsis penardiforme*	+	+	
合计	188	213	206

注:"+++"表示优势种,"++"表示常见种,"+"表示稀有种,空白表示未出现

附　图

附图 1　浮床上生长的水蕹菜（A）及其生长期发达的须根（B）

附图 2　水蕹菜育苗场（A）与不同苗龄的幼苗（B）

附图 3　浮床水蕹菜移栽期（A）、生长盛期（B）、收割后（C）和收割后恢复生的长植株（D）

附图 4　沟渠改造前后比较

A. 改造中的进水干渠；B. 改造后的进水干渠（镂空水泥板护坡处长满绿色植物，水泥全覆盖处没有生长任何植物）；

C. 改造中的生态沟渠；D. 改造后的生态沟渠与进水干渠间的节制闸